Walter Strampp

Lineare Algebra mit Mathematica und Maple

Walter Strampp

Lineare Algebra mit Mathematica und Maple

Repetitorium und Aufgaben mit Lösungen

Prof. Dr. Walter Strampp
Gh-Universität Kassel
FB 17 Mathematik/Informatik
Heinrich-Plett-Str. 40
34109 Kassel
strampp@hrz.uni-kassel.de

Der Verlag Vieweg ist ein Unternehmen der Bertelsmann Fachinformation GmbH.

http://www.vieweg.de

Konzeption und Layout des Umschlags: Ulrike Weigel, www.CorporateDesignGroup.de

Gedruckt auf säurefreiem Papier

ISBN-13: 978-3-528-06978-0 e-ISBN-13: 978-3-322-80306-1
DOI: 10.1007/978-3-322-80306-1

Vorwort

Das vorliegende Übungsbändchen beschäftigt sich mit Vektoren, Matrizen und linearen Gleichungssystemen. Die Vektorrechnung wird aus dem dreidimensionalen Anschauungsraum heraus aufgebaut. Mit dem Kapitel über komplexe Zahlen soll eine solide Grundlage für komplexe Vektorräume gelegt werden. Computeralgebrasysteme erleichtern Routinerechnungen, dienen aber auch wesentlich dem begrifflichen und inhaltlichen Verständnis. Mathematica und Maple sind die Computeralgebrasysteme mit der größten Verbreitung. Man hätte die Rechnungen natürlich auch mit einem anderen geeigneten System machen können.

Das Buch besteht aus drei Komponenten.

- Repetitorium:
  Jeder Abschnitt beginnt mit einem kurzen Abriß der Theorie. Hierbei werden Definitionen und Sätze nicht besonders gekennzeichnet. Es soll ein Leitfaden für die Wiederholung gegeben werden und Werkzeuge für konkrete Aufgaben bereitgestellt werden. Die eingeführten Begriffe werden zur Erleichterung der Orientierung auf der Randspalte hervorgehoben. (ca. 20% des Buchumfangs).

- Aufgaben mit Lösungen:
  Die Aufgaben reichen in drei Stufen von der Einübung über die Festigung eines Begriffs bis zu anwendungsorientierten Problemstellungen. Sie wurden in Lehrveranstaltungen und Klausuren erprobt. Die angegeben Lösungen sollten als Vorschläge und Hinweise verstanden werden, die oft ergänzt, optimiert und abgekürzt werden können. Mit der Aufgabenstellung wird stets ein Übungsziel (operative Festigung eines Begriffs) oder ein Lernziel (Umgang mit einem Begriff im Kontext) verbunden. Diese Ziele werden jeweils auf der Randspalte komprimiert. (ca. 60% des Buchumfangs).

- Mathematica und Maple-Notebooks:
  Der Einsatz von Mathematica und Maple ist als Unterstützung für das interaktive Selbststudium gedacht und soll Anregungen und Vorschläge für eigene Experimente geben. Durch den Umgang am Rechner werden die Begriffe der konkreten Anwendung zugänglich gemacht. Mathematica- und Maple-Rechnungen werden jeweils durch die Symbole und auf der Randspalte gekennzeichnet. Die verwendeten Mathematica- und Maple-Befehle werden ebenfalls hervorgehoben. Im Text werden typische Anwendungssituationen der Befehle kurz erläutert. Bei völlig identischen Befehlen wird nur die Erläuterung des Mathematica-Befehles gegeben. Der Einsatz von Mathematica und Maple wurde so einfach wie nur möglich gestaltet, damit diese Softwarepakete den Charakter von Hilfsmitteln behalten und nicht ein Buch über Mathematica und Maple entsteht. Die durchgeführten Rechnungen wurden insbesondere bei umfangreichen Standardanwendungen nicht in den Text aufgenommen, können aber in den Materialien im Netz eingesehen werden. (ca. 20% des Buchumfangs).

Für die mathematischen Begriffe, sowie für die Mathematica- und Maple-Befehle wird jeweils ein eigenes Verzeichnis am Ende des Buches angelegt.

Der theoretische Hintergrund wird durch das Buch:

W. Strampp: Höhere Mathematik mit Mathematica , Band I,

vermittelt, an das sich der Theorieteil stark anlehnt.

Die Aufgabenstellungen sowie die Mathematica- und Maple-Rechnungen werden ins Netz gestellt, so daß der Benutzer leicht zu jeder Aufgabe die entsprechenden Computerrechnungen auffinden und ergänzen kann:

`http://www.db.informatik.uni-kassel.de/~strampp/`

`http://vieweg.de/welcome/downloads/supplements.htm`

In der Kombination aus Buch und Netz entsteht somit ein flexibles, modernes Lernmittel zur Wiederholung und Einübung des Stoffs von zentralen Gebieten der Linearen Algebra.

Man kann auch so mit dem Material arbeiten, daß man zuerst die Aufgabenstellung im Netz anschaut. Wenn man damit nichts anzufangen weiß, können als nächstes die theoretischen Werkzeuge aus den entsprechenden Abschnitten herangezogen werden. Dann kann nachgesehen werden, ob Mathematica- bzw. Maple-Rechnungen hilfreich sind. Zum Schluß können die selbst gefundenen mit den angegeben Lösungen verglichen werden.

Mein Dank gilt den Herren Daniel Bock und Stefan Schüler für viele wertvolle Hilfen bei der inhaltlichen Ausrichtung und äußeren Gestaltung des Buches. Meiner Tochter Pia danke für die Unterstützung bei den Schreib- und Rechenarbeiten. Herrn Schwarz vom Verlag Vieweg gebührt mein Dank für die Förderung dieses Buches während seiner ganzen Entstehung.

Inhaltsverzeichnis

1 Vektorrechnung im $\mathbb{V}^3$

1.1 Vektoren als Pfeile

Als Grundlage der Vektorrechnung führen wir zunächst den dreidimensionalen Punktraum ein.

Der Punktraum $\mathbb{R}^3 = \{(x, y, z) \mid x, y, z \in \mathbb{R}\}$ besteht aus allen geordneten Zahlentripeln. Die Elemente von $\mathbb{R}^3$ heißen Punkte $P = (x, y, z)$ mit Koordinaten x, y, z.

Punktraum

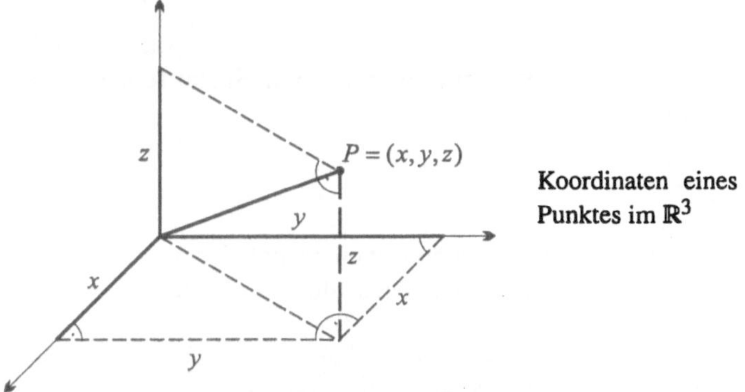

Koordinaten eines Punktes im $\mathbb{R}^3$

Im Punktraum $\mathbb{R}^3$ betrachten wir Verschiebungen.

Sei $a = (x_a, y_a, z_a) \in \mathbb{R}^3$. Die Zuordnung

$$\vec{a} : \mathbb{R}^3 \longrightarrow \mathbb{R}^3, \quad \vec{a}(P) = \vec{a}(x, y, z) = (x_a + x, y_a + y, z_a + z),$$

die jedem Punkt $(x, y, z) \in \mathbb{R}^3$ genau einen Punkt

$$(x_a + x, y_a + y, z_a + z) \in \mathbb{R}^3$$

zuordnet, heißt Verschiebung im $\mathbb{R}^3$. Eine Verschiebung $\vec{a} = (x_a, y_a, z_a)$ bezeichnen wir auch als Verschiebungsvektor oder kurz als Vektor mit den Komponenten x_a, y_a, z_a.

Vektor

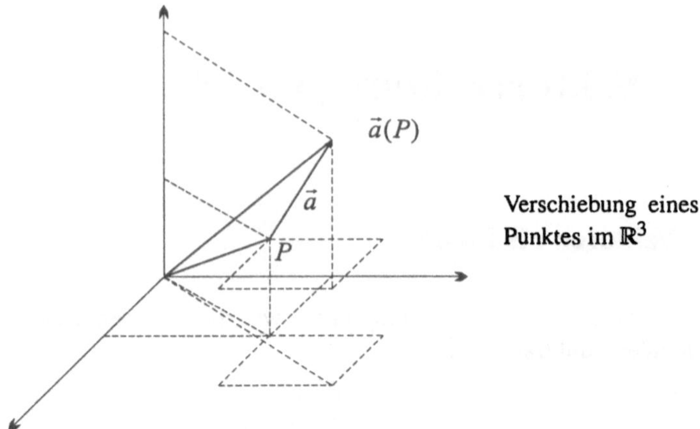

Verschiebung eines Punktes im $\mathbb{R}^3$

Vektoren werden komponentenweise addiert:

Addition zweier Vektoren

$$\vec{a}+\vec{b}=(x_a+x_b, y_a+y_b, z_a+z_b).$$

Ein Vektor wird komponentenweise mit einem Skalar (einer reellen Zahl) multipliziert:

Multiplikation von Vektoren mit Skalaren

$$\lambda\,\vec{a}=(\lambda\,x_a, \lambda\,y_a, \lambda\,z_a).$$

Die Verschiebungsvektoren bilden einen bezüglich der Addition und der Multiplikation mit Skalaren abgeschlossenen Raum.

Rechnen im Vektorraum $\mathbb{V}^3$

Mit den Operationen Addition und Multiplikation mit Skalaren bilden die Verschiebungsvektoren den Vektorraum $\mathbb{V}^3$. Es gilt:

1.) $\vec{a}+\vec{b}=\vec{b}+\vec{a}$,

2.) $\vec{a}+\left(\vec{b}+\vec{c}\right)=\left(\vec{a}+\vec{b}\right)+\vec{c}$,

3.) $\vec{a}+\vec{0}=\vec{a}$ und $\vec{a}+(-\vec{a})=\vec{0}$,

4.) $\lambda\,(\mu\,\vec{a})=(\lambda\,\mu)\,\vec{a}$,

5.) $\lambda\,\left(\vec{a}+\vec{b}\right)=\lambda\,\vec{a}+\lambda\,\vec{b}$,

6.) $(\lambda+\mu)\,\vec{a}=\lambda\,\vec{a}+\mu\,\vec{a}$.

Mit den Verschiebungsvektoren ist die Auffassung von Vektoren als Pfeilen (oder gerichteten Strecken) verknüpft.

Seien $P = (x_P, y_P, z_P)$ und $Q = (x_Q, y_Q, z_Q)$ zwei Punkte. Dann gibt es genau einen Verschiebungsvektor $\vec{a}_{PQ}$, der den Punkt P in den Punkt Q überführt:

$$\vec{a}_{PQ} = (x_Q - x_P, y_Q - y_P, z_Q - z_P).$$

Der Verschiebungsvektor $\vec{PQ} = \vec{a}_{PQ}$ heißt Pfeil (oder gerichtete Strecke) von P nach Q.

Pfeil

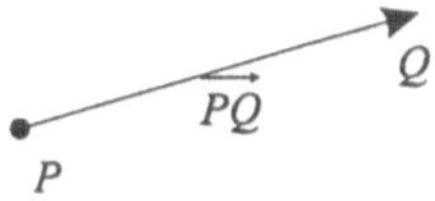

Die gerichtete Strecke $\vec{PQ}$

Pfeile gleicher Richtung und gleicher Länge werden nicht unterschieden.

Zwei Pfeile $\vec{PQ}$ und $\vec{P'Q'}$ sind genau dann gleich $\vec{PQ} = \vec{P'Q'}$, wenn gilt:

$$\begin{aligned} x_Q - x_P &= x_{Q'} - x_{P'}, \\ y_Q - y_P &= y_{Q'} - y_{P'}, \\ z_Q - z_P &= z_{Q'} - z_{P'}. \end{aligned}$$

Man sagt dann, die Pfeile sind gleich lang und gleichgerichtet.

Gleich lange und gleich gerichtete Pfeile

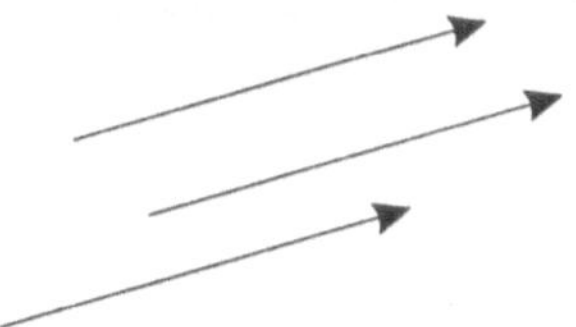

Vektoren gleicher Richtung und gleicher Länge

Sind zwei Vektoren lediglich gleichgerichtet oder entgegengesetzt gleichgerichtet, so nennen wir sie linear abhängig.

Zwei Vektoren $\vec{a}$ und $\vec{b}$ sind linear abhängig, wenn es eine Darstellung $\vec{b} = \lambda \vec{a}, \lambda \neq 0$, oder $\vec{a} = \mu \vec{b}, \mu \neq 0$ gibt. Andernfalls sind die Vektoren linear unabhängig.

Lineare Abhängigkeit zweier Vektoren

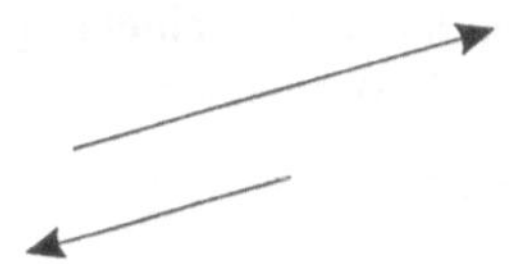

Zwei linear abhängige Vektoren

Die Summe zweier Vektoren läßt sich leicht geometrisch darstellen:

Parallelogrammregel

Man verschiebt den Vektor $\vec{b}$ parallel, bis der Anfangspunkt von $\vec{b}$ im Endpunkt von $\vec{a}$ liegt. Der Vektor $\vec{a} + \vec{b}$ wird dargestellt durch einen Pfeil, dessen Anfangspunkt mit dem Anfangspunkt von $\vec{a}$ und dessen Endpunkt mit dem Endpunkt des parallel verschobenen Vektors $\vec{b}$ übereinstimmt.
Für je drei Punkte P, Q, R aus $\mathbb{R}^3$ gilt:

$$\vec{RP} + \vec{PQ} = \vec{RQ}\,.$$

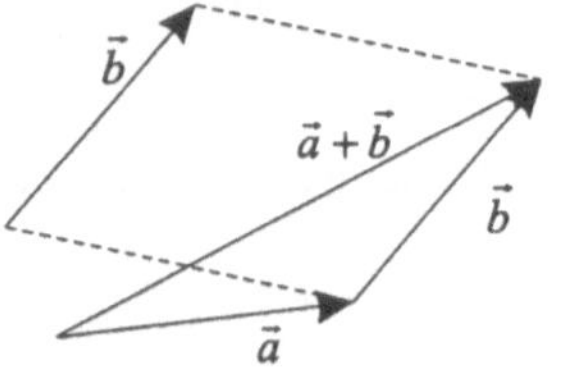

Addition zweier Vektoren nach der Parallelogrammregel

Eine ausgezeichnete Bedeutung kommt dem Ortsvektor eines Punktes P zu, weil seine Komponenten gleich den Koordinaten von P sind.

Ortsvektor

Sei $P = (x_P, y_P, z_P)$ ein beliebiger Punkt und $O = (0, 0, 0)$ der Nullpunkt. Der Verschiebungsvektor $\vec{OP}$ heißt Ortsvektor des Punktes P.

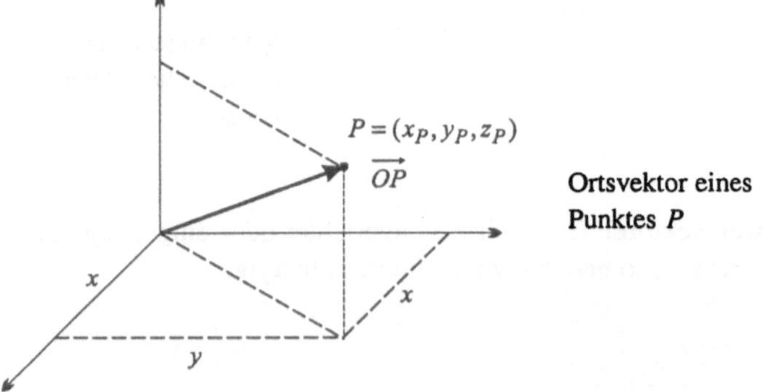

Ortsvektor eines Punktes P

Einen Punkt im Raum verschieben

Aufgabe 1.1 In welchen Punkt Q wird der Punkt $P = (3, 0, 5)$ überführt, wenn man ihn nacheinander der Verschiebung durch die Vektoren $\vec{a} = (2, 1, 1)$ und $\vec{b} = (7, 3, 5)$ unterwirft.

Lösung: Man kann die Verschiebungen nacheinander ausführen:

$$Q = ((3 + 2) + 7, (0 + 1) + 3, (5 + 1) + 5) = (12, 4, 11)$$

oder gleich mit $\vec{a} + \vec{b} = (8, 4, 6)$ verschieben.

Mathematica: Man kann Vektoren als Listen in geschweiften Klammern eingeben und (komponentenweise) addieren.

$$\mathbf{P} = \{3, 0, 5\};\ \mathbf{a} = \{2, 1, 1\};\ \mathbf{b} = \{7, 3, 5\};$$

$$\mathbf{P + a + b}$$

$$\{12, 4, 11\}$$

Maple: Man kann Vektoren als Listen in eckigen Klammern eingeben und (komponentenweise) addieren.

```
> P:=[3,0,5]: a:=[2,1,1]: b:=[7,3,5];
> P+a+b;
```

$$[12,\ 4,\ 11]$$

Gleichungen mit Vektoren lösen

Aufgabe 1.2 Gegeben seien die Vektoren

$$\vec{a} = \left(\frac{1}{2}, 3, 5\right), \vec{b} = \left(2, 1, \frac{1}{3}\right), \vec{c} = \left(1, \frac{1}{4}, 6\right).$$

Man berechne einen Vektor $\vec{d}$ mit:

$$3\vec{d} - 10\vec{a} = \vec{b} - 5\vec{c}.$$

Lösung: Mit Hilfe der Rechenoperationen ergibt sich:

$$\begin{aligned} \vec{d} &= \frac{1}{3}(10\vec{a} + b - 5\vec{c}) \\ &= \frac{1}{3}\left(10\left(\frac{1}{2}, 3, 5\right) + \left(2, 1, \frac{1}{3}\right) - 5\left(1, \frac{1}{4}, 6\right)\right) \\ &= \frac{1}{3}\left(2, \frac{119}{4}, \frac{61}{3}\right). \\ &= \left(\frac{2}{3}, \frac{119}{12}, \frac{61}{9}\right). \end{aligned}$$

Mathematica: Listen können (komponentenweise) mit Zahlen multipliziert werden.

$$\mathbf{a} = \{\frac{1}{2}, 3, 5\};\ \mathbf{b} = \{2, 1, \frac{1}{3}\};\ \mathbf{c} = \{1, \frac{1}{4}, 6\};$$

$$\frac{1}{3}(\mathbf{10a + b - 5c})$$

$$\{\frac{2}{3}, \frac{119}{12}, \frac{61}{9}\}$$

Maple:

```
> a:=[1/2,3,5]: b:=[2,1,1/3]: c:=[1,1/4,6]:
> (1/3)*(10*a+b-5*c);
```

$$\left[\frac{2}{3}, \frac{119}{12}, \frac{61}{9}\right]$$

Lineare Abhängigkeit zweier Vektoren überprüfen

Aufgabe 1.3 Man prüfe, ob folgende Vektoren linear abhängig sind:

(a) $(2, 3, -4)\,, \quad (-6, -9, 12)\,,$

(b) $\left(1, \frac{1}{2}, \frac{1}{3}\right)\,, \quad (5, 4, 3)\,.$

Lösung: **(a)** Offensichtlich gilt:

$$(-6, -18, 12) = -3\,(2, 3, -4)\,,$$

so daß die Vektoren linear abhängig sind.

(b) Es kann kein $\lambda \in \mathbb{R}$ geben mit

$$(5, 4, 3) = \lambda \left(1, \frac{1}{2}, \frac{1}{3}\right)\,,$$

denn sonst müßten die folgenden Gleichungen gelten:

$$5 = \lambda\,, \quad 4 = \frac{\lambda}{2}\,, \quad 3 = \frac{\lambda}{3}\,.$$

Schnittpunkt der Diagonalen eines Parallelogramms berechnen

Aufgabe 1.4 Durch die Eckpunkte $A, B, C, D \in \mathbb{R}^3$ werde ein Parallelogramm $ABCD$ gegeben. S sei der Schnittpunkt der Diagonalen dieses Parallelogramms. Man zeige mittels Vektorrechnung:

$$\vec{AS} = \frac{1}{2}\left(\vec{AB} + \vec{AD}\right)\,, \quad \vec{BS} = \frac{1}{2}\left(\vec{AD} - \vec{AB}\right)\,.$$

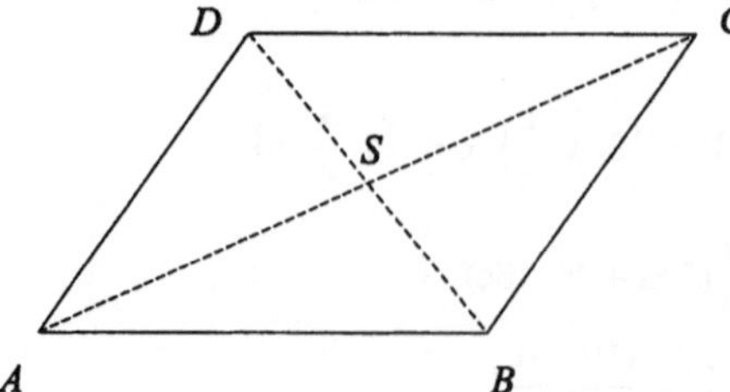

Parallelogramm A, B, C, D mit Diagonalenschnittpunkt S

Lösung: Damit die Vektoren $\vec{AB}$ und $\vec{AD}$ ein Parallelogramm aufspannen können, müssen sie linear unabhängig sein. Es gilt mit Skalaren λ und μ:

$$\vec{AS} = \lambda\,\vec{AC} = \lambda\,(\vec{AB} + \vec{AD}) \text{ und } \vec{BS} = \mu\,\vec{BD} = \mu\,(\vec{AD} - \vec{AB})\,.$$

Außerdem besteht die Beziehung: $\vec{AS} - \vec{BS} = \vec{AB}$. Hieraus ergibt sich:

$$\lambda\,(\vec{AB} + \vec{AD}) - \mu\,(\vec{AD} - \vec{AB}) = \vec{AB}\,,$$

bzw.

$$(\lambda + \mu - 1)\,\vec{AB} + (\lambda - \mu)\,\vec{AB} = \vec{0}\,.$$

Wäre einer der Skalare $\lambda + \mu - 1$ oder $\lambda - \mu$ ungleich Null, so ergäbe sich ein Widerspruch zur linearen Unabhängigkeit der Vektoren $\vec{AB}$ und $\vec{AD}$. Also bekommen wir das Gleichungssystem:

$$\lambda + \mu = 1\,, \quad \lambda - \mu = 0$$

welches nur die Lösung $\lambda = \mu = \dfrac{1}{2}$ zuläßt.

Aufgabe 1.5 Durch die Eckpunkte $A, B, C \in \mathbb{R}^3$ werde ein Dreieck gegeben. Die Seitenhalbierenden des Dreiecks ABC schneiden sich in einem Punkt S. Man zeige mittels Vektorrechnung:

$$\vec{OS} = \frac{1}{3}\left(\vec{OA} + \vec{OB} + \vec{OC}\right).$$

Schnittpunkt der Seitenhalbierenden eines Dreiecks berechnen

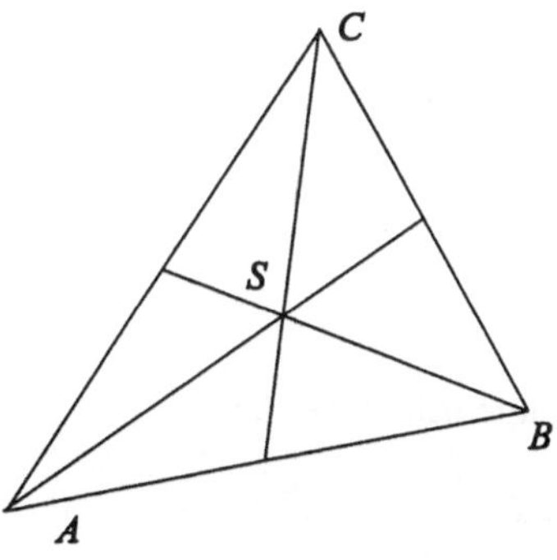

Dreieck A, B, C mit Schnittpunkt S der Seitenhalbierenden

Lösung: Die Punkte P auf der Halbierenden der Seite $\overline{BC}$ und die Punkte Q auf der Halbierenden der Seite $\overline{AC}$ werden durch folgende Ortsvektoren beschrieben:

$$\vec{OP} = \vec{OA} + \lambda\left(\vec{AB} + \frac{1}{2}\,\vec{BC}\right),\ 0 \le \lambda \le 1$$

bzw.

$$\vec{OQ} = \vec{OB} + \mu\left(\vec{BA} + \frac{1}{2}\,\vec{AC}\right),\ 0 \le \mu \le 1\,.$$

Im Schnittpunkt $S = P = Q$ gilt:

$$\vec{OA} + \lambda\left(\vec{AB} + \frac{1}{2}\,\vec{BC}\right) = \vec{OB} + \mu\left(\vec{BA} + \frac{1}{2}\,\vec{AC}\right).$$

Mit $\vec{AB} = \vec{AC} - \vec{BC}$ ergibt sich:

$$\vec{OA} + \lambda\left(\vec{AC} - \frac{1}{2}\vec{BC}\right) = \vec{OB} + \mu\left(\vec{BC} - \frac{1}{2}\vec{AC}\right)$$

und mit $\vec{OA} - \vec{OB} = \vec{BC} - \vec{AC}$:

$$\vec{BC} - \vec{AC} + \lambda\left(\vec{AC} - \frac{1}{2}\vec{BC}\right) - \mu\left(\vec{BC} - \frac{1}{2}\vec{AC}\right) = 0.$$

Durch Umformen bekommt man:

$$\left(\lambda + \frac{1}{2}\mu - 1\right)\vec{AC} + \left(-\frac{1}{2}\lambda - \mu + 1\right)\vec{BC} = \vec{0}.$$

Wären die Vektoren $\vec{AC}$ und $\vec{BC}$ linear abhängig, so könnte kein Dreieck aufgespannt werden. Also muß gelten:

$$\lambda + \frac{1}{2}\mu - 1 = 0, \quad -\frac{1}{2}\lambda - \mu + 1 = 0.$$

Dieses Gleichungssystem läßt nur die Lösung $\lambda = \mu = \frac{2}{3}$ zu, und durch Einsetzen ergibt sich:

$$\begin{aligned}
\vec{OS} &= \vec{OA} + \frac{2}{3}\left(\vec{AB} + \frac{1}{2}\vec{BC}\right) \\
&= \vec{OA} + \frac{2}{3}\left(\vec{OB} - \vec{OA} + \frac{1}{2}\left(\vec{OC} - \vec{OB}\right)\right) \\
&= \frac{1}{3}\left(\vec{OA} + \vec{OB} + \vec{OC}\right).
\end{aligned}$$

1.2 Das skalare Produkt

Jedem Vektor kann eine Länge zugeordnet werden:

Länge eines Vektors

Die Länge des Vektors $\vec{a} = (x_a, y_a, z_a) \in \mathbb{V}^3$ wird gegeben durch:

$$||\vec{a}|| = \sqrt{x_a^2 + y_a^2 + z_a^2}.$$

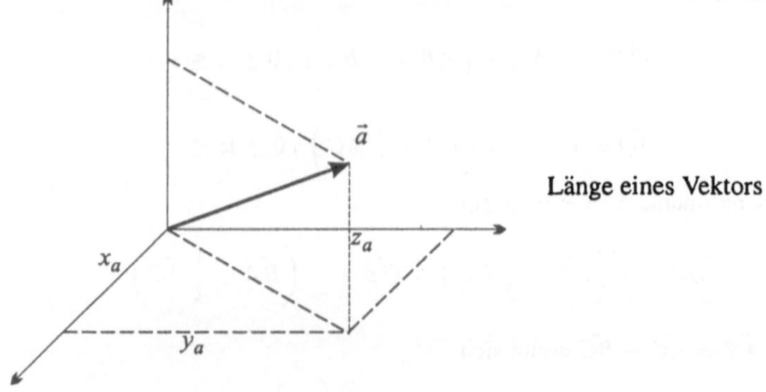

Länge eines Vektors

Die folgenden Eigenschaften der Länge ergeben sich unmittelbar.

Eigenschaften der Länge

1.) $||\vec{a}|| > 0 \quad$ für $\quad \vec{a} \neq \vec{0} \quad$ (und $||\vec{0}|| = 0$),

2.) $||\lambda \vec{a}|| = |\lambda| \, ||\vec{a}||$.

Die Länge kann als Sonderfall des skalaren Produkts aufgefaßt werden:

Skalares Produkt

Das skalare Produkt zweier Vektoren $\vec{a} = (x_a, y_a, z_a) \in \mathbb{V}^3$ und $\vec{b} = (x_b, y_b, z_b) \in \mathbb{V}^3$ ist eine reelle Zahl, die durch

$$\vec{a} \, \vec{b} = x_a \, x_b + y_a \, y_b + z_a \, z_b$$

den Vektoren $\vec{a}$ und $\vec{b}$ zugeordnet wird.

Das skalare Produkt besitzt folgende Eigenschaften.

Eigenschaften des skalaren Produkts

1.) $\vec{a} \, \vec{a} = ||a||^2, \quad \vec{a} \, \vec{a} = 0 \quad \Longleftrightarrow \quad \vec{a} = \vec{0}$,

2.) $\vec{a} \, \vec{b} = \vec{b} \, \vec{a}$,

3.) $(\vec{a} + \vec{b}) \, \vec{c} = \vec{a} \, \vec{c} + \vec{b} \, \vec{c}$,

4.) $(\lambda \vec{a}) \vec{b} = \lambda \vec{a} \, \vec{b}$,

5.) $||\vec{a} + \vec{b}|| \leq ||\vec{a}|| + ||\vec{b}||$, (Dreiecksungleichung).

Neben der Länge stellt der Winkel eine grundlegende geometrische Größe dar.

Winkel

Zwei Vektoren $\vec{a} \neq \vec{0}$, $\vec{b} \neq \vec{0}$ aus $\mathbb{V}^3$ schließen einen Winkel $0 \leq \alpha(\vec{a}, \vec{b}) \leq \pi$ ein, für den gilt:

$$\cos\Big(\alpha(\vec{a}, \vec{b})\Big) = \frac{\vec{a} \, \vec{b}}{||\vec{a}|| \, ||\vec{b}||}.$$

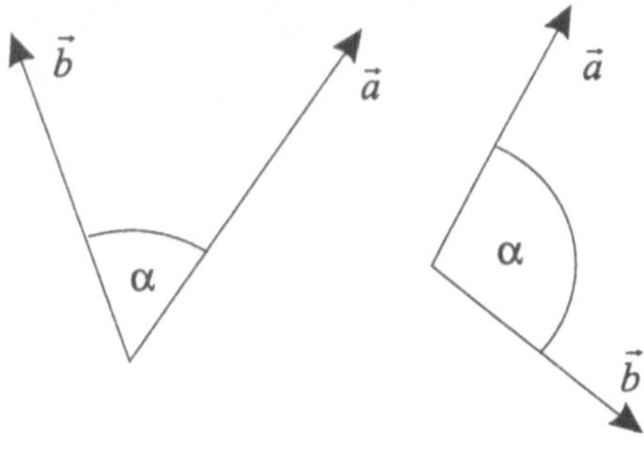

Von zwei Vektoren eingeschlossener Winkel

Mit dem skalaren Produkt können senkrecht aufeinander stehende Vektoren charakterisiert werden.

Senkrechte Vektoren

Sei $\vec{a}, \vec{b} \neq \vec{0}$. Dann gilt:

$$\vec{a}\,\vec{b} > 0 \iff 0 \leq \alpha < \frac{\pi}{2},$$

$$\vec{a}\,\vec{b} = 0 \iff \alpha = \frac{\pi}{2},$$

$$\vec{a}\,\vec{b} < 0 \iff \frac{\pi}{2} < \alpha \leq \pi.$$

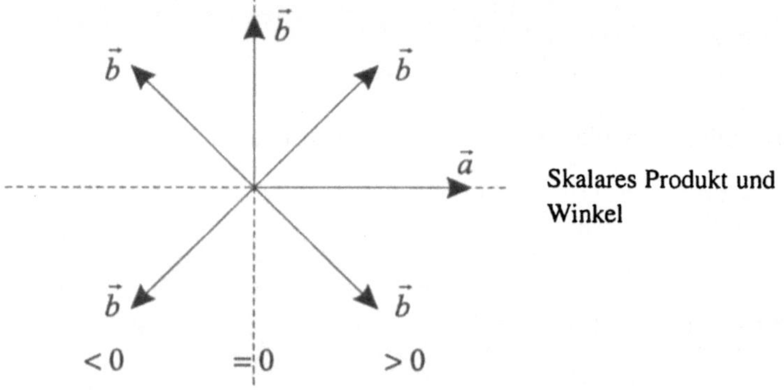

Skalares Produkt und Winkel

Wir zeichnen Vektoren mit der Länge 1 aus:

Einheitsvektor

$$||\vec{e}|| = \sqrt{x_e^2 + y_e^2 + z_e^2} = 1.$$

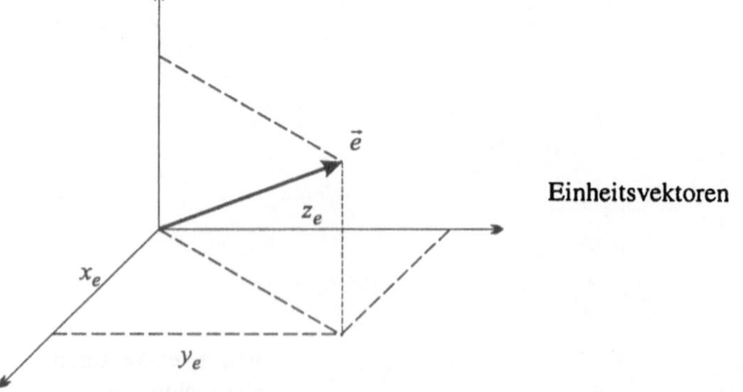

Einheitsvektoren

Die Einheitsvektoren in Richtung der Koordinatenachsen stehen paarweise senkrecht aufeinander und spielen eine ausgezeichnete Rolle.

Einheitsvektoren in Richtung der Koordinatenachsen

Für die Einheitsvektoren in Richtung der Koordinatenachsen
$\vec{e}_x = (1, 0, 0)$, $\vec{e}_y = (0, 1, 0)$, $\vec{e}_z = (0, 0, 1)$,
gilt:

$$\vec{e}_x \vec{e}_y = 0, \quad \vec{e}_y \vec{e}_z = 0, \quad \vec{e}_z \vec{e}_x = 0.$$

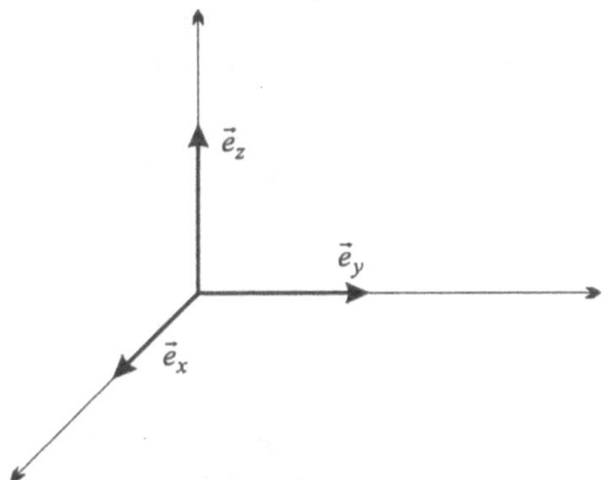

Einheitsvektoren in Richtung der Koordinatenachsen $\vec{e}_x, \vec{e}_y, \vec{e}_z$

Ein Vektor kann durch Projektion auf Einheitsvektoren in Komponenten zerlegt werden.

Projektion

Sei $\vec{a}$ ein Vektor und $\vec{e}$ ein Einheitsvektor. Der Vektor

$$\vec{a}' = (\vec{a}\,\vec{e})\,\vec{e}$$

heißt Projektion des Vektors $\vec{a}$ in Richtung $\vec{e}$.

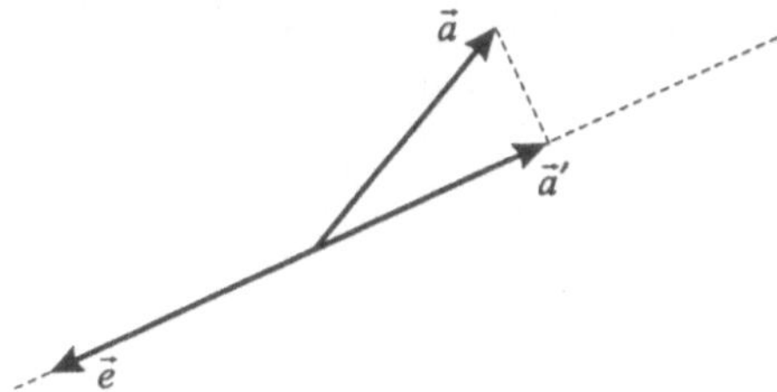

Projektion des Vektors $\vec{a}$ in Richtung eines Einheitsvektors $\vec{e}$

Ein Einheitsvektor wird durch die mit den Koordinatenachsen eingeschlossenen Winkel festgelegt.

Richtungscosinus

Für die Komponenten eines Einheitsvektors $\vec{e} = (x_e, y_e, z_e) = x_e\vec{e}_x + y_e\vec{e}_y + z_e\vec{e}_z$ gilt:

$$x_e = \vec{e}\,\vec{e}_x = \cos(\alpha(\vec{e}, \vec{e}_x)) ,$$
$$y_e = \vec{e}\,\vec{e}_y = \cos\left(\alpha(\vec{e}, \vec{e}_y)\right) ,$$
$$z_e = \vec{e}\,\vec{e}_z = \cos(\alpha(\vec{e}, \vec{e}_z)) .$$

Die Cosinus der Winkel, die der Einheitsvektor $\vec{e}$ mit den Einheitsvektoren $\vec{e}_x$, $\vec{e}_y$ bzw. $\vec{e}_z$ einschließt, heißen Richtungskosinus:

$$\cos^2(\alpha(\vec{e}, \vec{e}_x)) + \cos^2\left(\alpha(\vec{e}, \vec{e}_y)\right) + \cos^2(\alpha(\vec{e}, \vec{e}_z)) = 1 .$$

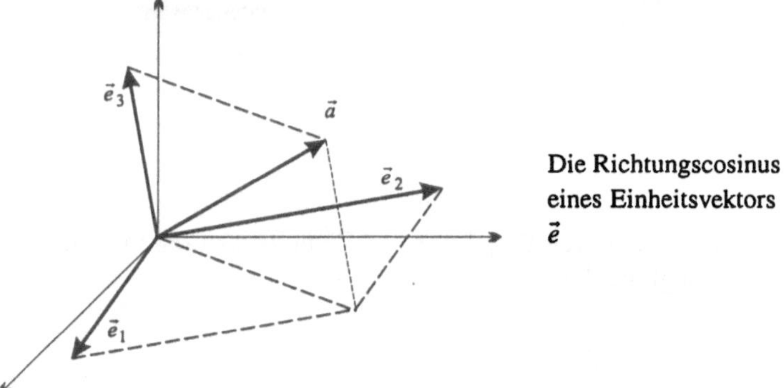

Die Richtungscosinus eines Einheitsvektors $\vec{e}$

Allgemeiner kann man folgende Zerlegung eines Vektors durch Projektion vornehmen.

Zerlegung eines Vektors durch Projektion

Sind $\vec{e}_1$, $\vec{e}_2$, $\vec{e}_3$ drei Einheitsvektoren, die paarweise senkrecht aufeinander stehen, dann gilt für einen beliebigen Vektor $\vec{a}$:

$$\vec{a} = (\vec{a}\,\vec{e}_1)\,\vec{e}_1 + (\vec{a}\,\vec{e}_2)\,\vec{e}_2 + (\vec{a}\,\vec{e}_3)\,\vec{e}_3 .$$

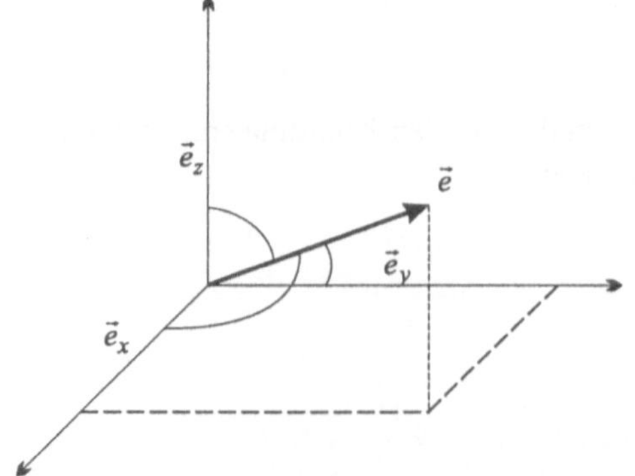

Zerlegung eines Vektors $\vec{a}$ durch Projektion auf drei beliebige paarweise senkrecht stehende Einheitsvektoren $\vec{e}_1$, $\vec{e}_2$, $\vec{e}_3$

Aufgabe 1.6 Gegeben seien die Vektoren $\vec{a_1} = (5, 2, 2)$ und $\vec{a_2} = (3, 1, -2)$. Man berechne $||\vec{a_1}||$, $||\vec{a_2}||$, den von $\vec{a_1}, \vec{a_2}$ eingeschlossenen Winkel sowie die Richtungscosinus der Einheitsvektoren $\vec{a_1}^{\,0} = \frac{\vec{a_1}}{||\vec{a_1}||}$ und $\vec{a_2}^{\,0} = \frac{\vec{a_2}}{||\vec{a_2}||}$.

Skalare Produkte und Winkel berechnen

Lösung: Es gilt:

$$||\vec{a_1}|| = \sqrt{5^2 + 2^2 + 2^2} = \sqrt{33}\,,$$

$$||\vec{a_2}|| = \sqrt{3^2 + 1^2 + 2^2} = \sqrt{14}$$

und

$$\vec{a_1}\,\vec{a_2} = 15 + 2 - 4 = 13\,.$$

Damit bekommen wir für den Cosinus des eingeschlossenen Winkels:

$$\cos(\alpha(\vec{a_1}, \vec{a_2})) = \frac{\vec{a_1}\,\vec{a_2}}{||\vec{a_1}||\,||\vec{a_2}||} = \frac{13}{\sqrt{33}\,\sqrt{14}}$$

und

$$\alpha(\vec{a_1}, \vec{a_2}) = \arccos\left(\frac{13}{\sqrt{33}\,\sqrt{14}}\right)\,.$$

Die Richtungscosinus ergeben sich wie folgt:

$$\vec{a_1}^{\,0}\vec{e}_x = \frac{5}{\sqrt{33}}\,, \quad \vec{a_1}^{\,0}\vec{e}_y = \frac{2}{\sqrt{33}}\,, \quad \vec{a_1}^{\,0}\vec{e}_z = \frac{2}{\sqrt{33}}\,,$$

und

$$\vec{a_2}^{\,0}\vec{e}_x = \frac{3}{\sqrt{14}}\,, \quad \vec{a_2}^{\,0}\vec{e}_y = \frac{1}{\sqrt{14}}\,, \quad \vec{a_2}^{\,0}\vec{e}_z = -\frac{2}{\sqrt{14}}\,.$$

Mathematica: Das skalare Produkt zweier Vektoren kann einfach mit einem Punkt als Operationszeichen berechnet werden. Zur Berechnung des eingeschlossenen Winkels geht man definitionsgemäß vor und benutzt die Arcuscosinusfunktion. Mit der Funktion N läßt man sich einen dezimalen Näherungswert für das Bogenmaß des Winkels ausgeben. Die Umwandlung in das Gradmaß nimmt man entspechend der Umrechnungsformel vor.

N

a1 = {5, 2, 2}; a2 = {3, 1, −2};

a1.a2

13

$$\arccos\left[\frac{\mathbf{a1.a2}}{\sqrt{\mathbf{a1.a1}}\sqrt{\mathbf{a2.a2}}}\right]$$

$$\arccos\left[\frac{13}{\sqrt{462}}\right]$$

N[%]

0.921263

N[180 * %/π]

52.7845

Maple: Das Paket Linalg beinhaltet verschiedene für die Vektorrechnung geschaffene Funktionen.

Mit Dotprod berechnet man das skalare Produkt. Mit Norm berechnet man die Länge eines Vektors. Mit Angle kann der Winkel zwischen zwei Vektoren ermittelt werden. Mit dem Befehl Convert und der Option Degrees wird der Winkel in das Gradmaß umgewandelt. Mit Evalf bekommen wir eine dezimale Näherung für eine Zahl.

`linalg` `dotprod` `norm` `convert, degrees` `evalf`

```
> with(linalg);
> a1:=[5,2,2]: a2:=[3,1,-2]:
> dotprod(a1,a2);
```

$$13$$

```
> norm(a1,2);
```

$$\sqrt{33}$$

```
> angle(a1,a2);
```

$$\arccos(\frac{13}{462}\sqrt{33}\sqrt{14})$$

```
> convert(angle(a1,a2),degrees);
```

$$180\,\frac{\arccos(\frac{13}{462}\sqrt{33}\sqrt{14})\,degrees}{\pi}$$

```
> evalf(convert(angle(a1,a2),degrees));
```

$$52.78448833\,degrees$$

Skalare Produkte, Längen und Winkel berechnen

Aufgabe 1.7 Seien $\vec{a_1}$ und $\vec{a_2}$ Einheitsvektoren aus $\mathbb{R}^3$, die den Winkel $\frac{2}{3}\pi$ einschließen. Man berechne die Länge der Vektoren

$$\vec{b_1} = 4\,\vec{a_1} - \vec{a_2}\,, \quad \vec{b_2} = 4\,\vec{a_1} + 6\,\vec{a_2}$$

sowie den von $\vec{b_1}$ und $\vec{b_2}$ eingeschlossenen Winkel.

Lösung: Wir berechnen mit $\cos\left(\frac{2}{3}\pi\right) = -\frac{1}{2}$ die skalaren Produkte:

$$\begin{aligned}
\vec{b_1}\,\vec{b_1} &= (4\,\vec{a_1} - \vec{a_2})\,(4\,\vec{a_1} - \vec{a_2}) \\
&= 16\,\vec{a_1}\,\vec{a_1} + \vec{a_2}\,\vec{a_2} - 8\,\vec{a_1}\,\vec{a_2} \\
&= 16 + 1 - 8\,\cos\left(\frac{2}{3}\pi\right) = 21\,, \\
\vec{b_2}\,\vec{b_2} &= (4\,\vec{a_1} + 6\,\vec{a_2})\,(4\,\vec{a_1} + 6\,\vec{a_2}) \\
&= 16\,\vec{a_1}\,\vec{a_1} + 36\,\vec{a_2}\,\vec{a_2} + 48\,\vec{a_1}\,\vec{a_2} \\
&= 16 + 36 + 48\,\cos\left(\frac{2}{3}\pi\right) = 28\,, \\
\vec{b_1}\,\vec{b_2} &= (4\,\vec{a_1} - \vec{a_2})\,(4\,\vec{a_1} + 6\,\vec{a_2}) \\
&= 16\,\vec{a_1}\,\vec{a_1} - 6\,\vec{a_2}\,\vec{a_2} + 20\,\vec{a_1}\,\vec{a_2} \\
&= 16 - 6 + 20\,\cos\left(\frac{2}{3}\pi\right) = 0\,.
\end{aligned}$$

Damit ergibt sich:

$$||\vec{b_1}|| = \sqrt{21}\,, \quad ||\vec{b_2}|| = \sqrt{28}\,, \quad \alpha(\vec{b_1}, \vec{b_2}) = \frac{\pi}{2}\,.$$

Aufgabe 1.8 Welchen Winkel schließen die Vektoren $\vec{a_1}$ und $\vec{a_2}$ ein, wenn gilt:

$$(3\vec{a_1} + \vec{a_2})\,(\vec{a_1} - 2\vec{a_2}) = 0 \quad \text{und} \quad ||\vec{a_1}|| = 2 \text{ und } ||\vec{a_2}|| = 3\,.$$

Skalare Produkte und Winkel berechnen

Lösung: Durch Ausrechnen des skalaren Produkts bekommen wir zunächst:

$$\begin{aligned}
(3\vec{a_1} + \vec{a_2})\,(\vec{a_1} - 2\vec{a_2}) &= 3\,||\vec{a_1}||^2 - 2\,||\vec{a_2}||^2 - 5\,\vec{a_1}\,\vec{a_2} \\
&= 12 - 18 - 5\,\vec{a_1}\,\vec{a_2}\,.
\end{aligned}$$

Hieraus folgt: $\vec{a_1}\,\vec{a_2} = -\frac{6}{5}$ und

$$\cos(\alpha(\vec{a_1}, \vec{a_2})) = \frac{\vec{a_1}\,\vec{a_2}}{||\vec{a_1}||\,||\vec{a_2}||} = -\frac{1}{5}$$

bzw.

$$\alpha(\vec{a_1}, \vec{a_2}) = \arccos\left(-\frac{1}{5}\right).$$

Aufgabe 1.9 Man bestimme zwei linear unabhängige Vektoren, die auf dem Vektor $\vec{a} = (2, -1, 4)$ senkrecht stehen.

Senkrecht stehende Vektoren finden

Lösung: Der Vektor $\vec{b} = (x_b, y_b, z_b)$ steht senkrecht auf dem Vektor $\vec{a}$, wenn gilt:

$$(x_b, y_b, z_b)\,(2, -1, 4) = 0 \quad \text{bzw.} \quad 2\,x_b - y_b + 4\,z_b = 0\,.$$

Die Vektoren

$$\vec{b} = \left(1, 0, -\frac{1}{2}\right) \quad \text{und} \quad \vec{b} = (1, 2, 0)$$

genügen dieser Bedingung und sind offenbar linear unabhängig.

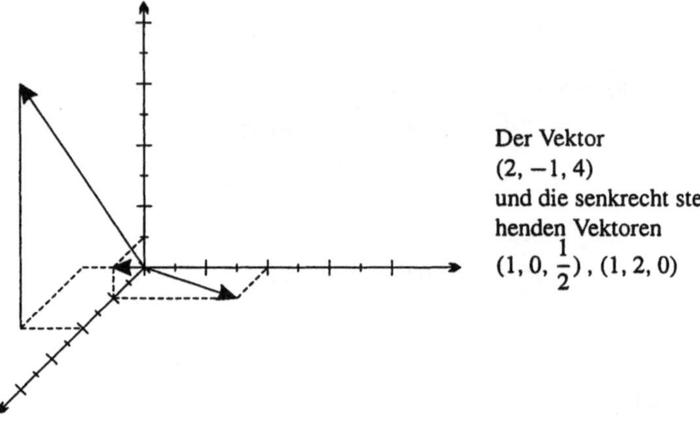

Der Vektor $(2, -1, 4)$ und die senkrecht stehenden Vektoren $(1, 0, \frac{1}{2})$, $(1, 2, 0)$

Solve

Mathematica: Man kann bei Verwendung von Solve in einer Option angeben, nach welchen Variablen aufgelöst werden soll. Die Variable x_b wird durch y_b und z_b ausgedrückt.

Solve[2xb − yb + 4zb == 0, {xb, yb, zb}]

$$\left\{\left\{\mathbf{xb} \to \frac{\mathbf{yb}}{2} - 2\mathbf{zb}\right\}\right\}$$

solve

Maple: Man kann bei Verwendung von Solve in einer Option angeben, nach welchen Variablen aufgelöst werden soll. Die Variablen x_b, y_b, z_b werden durch x_b und z_b ausgedrückt.

```
> solve(2*xb-yb+4*zb=0,{xb,yb,zb});
```

$$\{yb = 2\,xb + 4\,zb,\; xb = xb,\; zb = zb\}$$

Einen Vektor als Summe zweier Vektoren darstellen

Aufgabe 1.10 Man stelle den Vektor $\vec{a} = (1, 2, 3)$ als Summe $\vec{a} = \lambda_1\,\vec{a}_1 + \lambda_2\,\vec{a}_2$ dar. Dabei soll der Vektor $\vec{a}_1$ senkrecht auf $(2, 1, 2)$ stehen und der Vektor $\vec{a}_2$ parallel zu $(2, 2, 4)$ sein.

Lösung: Den Vektor $\vec{a}_2$ können wir schreiben: $\vec{a}_2 = \mu\,(2, 2, 4)$, so daß wir gleich zur Darstellung übergehen können:

$$\vec{a} = \lambda_1\,\vec{a}_1 + \lambda_2\,(2, 2, 4)\,.$$

Wenn $\vec{a}_1$ senkrecht auf $(2, 1, 2)$ stehen soll, dann folgt aus der Darstellung als Summe:

$$\begin{aligned}\vec{a}_1\,(2, 1, 2) &= (\vec{a} - \lambda_2\,(2, 2, 4))\,(2, 1, 2)\\ &= 2\,(1 - 2\,\lambda_2) + (2 - 2\,\lambda_2) + 2\,(3 - 4\,\lambda_2)\\ &= 0\,,\end{aligned}$$

d. h. $10 - 14\lambda_2 = 0$ bzw. $\lambda_2 = \frac{5}{7}$. Damit müßte $\vec{a}$ die Darstellung besitzen:

$$\vec{a} = \lambda_1 \vec{a}_1 + \frac{5}{7}(2, 2, 4).$$

Hieraus folgt sofort: $\frac{1}{7}(-3, 4, 1) = \lambda_1 \vec{a}_1$ und die Darstellung:

$$\vec{a} = \frac{1}{7}(-3, 4, 1) + \frac{5}{7}(2, 2, 4).$$

Offensichtlich gilt: $(-3, 4, 1)(2, 1, 2) = 0$.

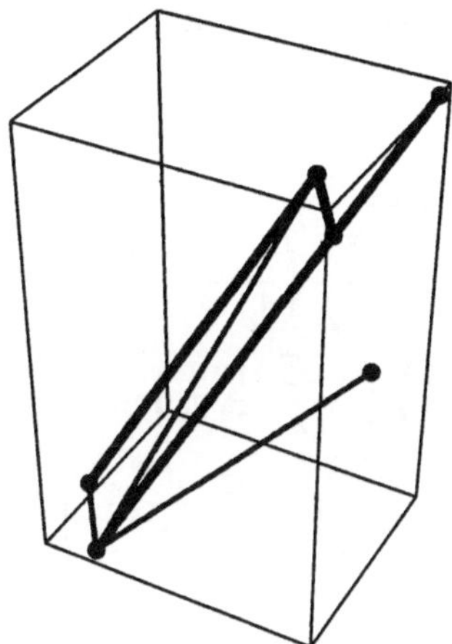

Der Vektor $(1, 2, 3)$ als Summe eines auf dem Vektor $(2, 1, 2)$ senkrecht stehenden Vektors und eines zum Vektor $(2, 2, 4)$ parallelen Vektors

Aufgabe 1.11 Man bestätige, daß die Vektoren

Einen Vektor durch Projektion auf Einheitsvektoren zerlegen

$$\vec{e}_1 = \left(\frac{1}{4}, \frac{\sqrt{3}}{4}, \frac{\sqrt{3}}{2}\right), \vec{e}_2 = \left(-\frac{\sqrt{3}}{2}, \frac{1}{2}, 0\right),$$

$$\vec{e}_3 = \left(\frac{\sqrt{3}}{4}, \frac{3}{4}, -\frac{1}{2}\right),$$

paarweise senkrecht aufeinander stehende Einheitsvektoren sind. Für einen beliebigen Vektor $\vec{a} = (x_a, y_a, z_a)$ zeige man durch Nachrechnen, daß gilt:

$$\vec{a} = (\vec{a}\,\vec{e}_1)\,\vec{e}_1 + (\vec{a}\,\vec{e}_2)\,\vec{e}_2 + (\vec{a}\,\vec{e}_3)\,\vec{e}_3.$$

Lösung: Es gilt:

$$\begin{aligned}
\vec{e}_1\,\vec{e}_1 &= \frac{1}{16}+\frac{3}{16}+\frac{3}{4}=1\,,\\
\vec{e}_2\,\vec{e}_2 &= \frac{3}{4}+\frac{1}{4}=1\,,\\
\vec{e}_3\,\vec{e}_3 &= \frac{3}{16}+\frac{9}{16}+\frac{1}{4}=1\,,\\
\vec{e}_1\,\vec{e}_2 &= -\frac{\sqrt{3}}{8}+\frac{\sqrt{3}}{8}=0\,,\\
\vec{e}_2\,\vec{e}_3 &= -\frac{3}{8}+\frac{3}{8}=0\,,\\
\vec{e}_1\,\vec{e}_3 &= \frac{\sqrt{3}}{16}+\frac{3\sqrt{3}}{16}-\frac{\sqrt{3}}{4}=0\,.
\end{aligned}$$

Ferner ergibt sich für die Summe:

$$\begin{aligned}
&(\vec{a}\,\vec{e}_1)\,\vec{e}_1+(\vec{a}\,\vec{e}_2)\,\vec{e}_2+(\vec{a}\,\vec{e}_3)\,\vec{e}_3\\
&= \left(x_a\,\frac{1}{4}+y_a\,\frac{\sqrt{3}}{4}+z_a\,\frac{\sqrt{3}}{2}\right)\left(\frac{1}{4},\frac{\sqrt{3}}{4},\frac{\sqrt{3}}{2},\right)\\
&\quad+\left(-x_a\,\frac{\sqrt{3}}{2}+y_a\,\frac{1}{2}\right)\left(-\frac{\sqrt{3}}{2},\frac{1}{2},0,\right)\\
&\quad+\left(x_a\,\frac{\sqrt{3}}{4}+y_a\,\frac{3}{4}-z_a\,\frac{1}{2}\right)\left(\frac{\sqrt{3}}{4},\frac{3}{4},-\frac{1}{2},\right)\\
&= (x_a,y_a,z_a)\,.
\end{aligned}$$

Simplify

Mathematica: Mit Simplify werden Ausdrücke vereinfacht.

$$\mathbf{e1}=\{\frac{1}{4},\frac{\sqrt{3}}{4},\frac{\sqrt{3}}{2}\};\ \mathbf{e2}=\{-\frac{\sqrt{3}}{2},\frac{1}{2},0\};$$

$$\mathbf{e3}=\{\frac{\sqrt{3}}{4},\frac{3}{4},-\frac{1}{2}\};$$

$$\mathbf{a}=\{\mathbf{xa},\mathbf{ya},\mathbf{za}\};$$

Simplify[a.e1e1 + a.e2e2 + a.e3e3]

{xa, ya, za}

Maple: Zur Berechnung der Vektorsumme verwendet man den Befehl Evalm aus der Matrizenrechnung. Mit Simplify werden Ausdrücke vereinfacht. (Map veranlaßt Simplify, jede Komponente zu vereinfachen).

evalm
map
simplify

```
> with(linalg):
> e1:=[1/4,sqrt(3)/4,sqrt(3)/2]: e2:=[-sqrt(3)/2,1/2,0]:
> e3:=[sqrt(3)/4,3/4,-1/2]:
> a:=[xa,ya,za]:
> map(simplify,evalm(
> dotprod(a,e1)*e1+dotprod(a,e2)*e2+dotprod(a,e3)*e3));
```

$$[xa,\ ya,\ za]$$

Aufgabe 1.12 Durch die Eckpunkte $A, B, C, D \in \mathbb{R}^3$ werde ein Parallelogramm $ABCD$ gegeben. Man zeige mittels Vektorrechnung, daß die Diagonalen $\overline{AC}$ und $\overline{BD}$ genau dann gleich lang sind, wenn das Parallelogramm $ABCD$ ein Rechteck ist.

Diagonalen im Rechteck sind gleich lang

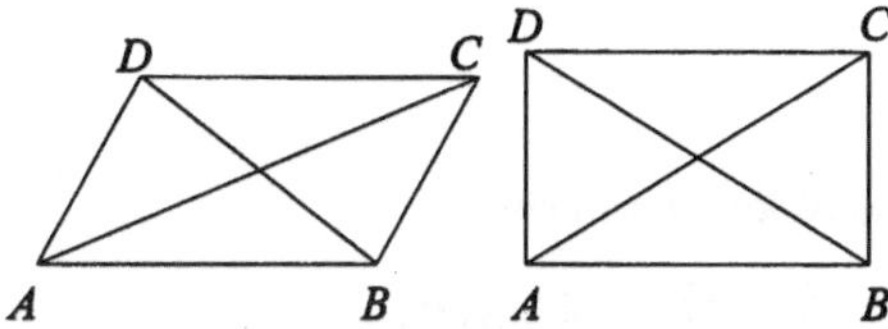

Parallelogramm $ABCD$ und Rechteck $ABCD$ mit Diagonalen

Lösung: Die Diagonalen sind genau dann gleich lang, wenn gilt:

$$\|\vec{AC}\|^2 = \|\vec{BD}\|^2 .$$

Wegen $\vec{AC} = \vec{AB} + \vec{BC}$ und $\vec{BD} = \vec{BC} - \vec{AB}$ ist dies gleichbedeutend mit:

$$(\vec{AB} + \vec{BC})\,(\vec{AB} + \vec{BC}) = (\vec{BC} - \vec{AB})\,(\vec{BC} - \vec{AB})$$

bzw.

$$4\,\vec{AB}\,\vec{BC} = 0 .$$

Da ein Parallelogramm aufgespannt werden soll, kann weder $\vec{AB}$ noch $\vec{BC}$ gleich dem Nullvektor sein. Also stehen die Vektoren $\vec{AB}$ und $\vec{BC}$ senkrecht aufeinander.

Aufgabe 1.13 Durch die Eckpunkte $A, B, C, D \in \mathbb{R}^3$ werde ein Parallelogramm $ABCD$ gegeben. Man zeige mittels Vektorrechnung:

$$2\,(\|\vec{AB}\|^2 + \|\vec{BC}\|^2) = \|\vec{AC}\|^2 + \|\vec{BD}\|^2 .$$

Längen im Parallelogramm in Beziehung setzen

Lösung: Mit $\vec{AC} = \vec{AB} + \vec{BC}$ und $\vec{BD} = \vec{BC} - \vec{AB}$ gilt:

$$\begin{aligned} \|\vec{AC}\|^2 &= (\vec{AB} + \vec{BC})\,(\vec{AB} + \vec{BC}) \\ &= \|\vec{AB}\|^2 + 2\,\vec{AB}\,\vec{BC} + \|\vec{BC}\|^2 \end{aligned}$$

und

$$\begin{aligned} \|\vec{BD}\|^2 &= (\vec{BC} - \vec{AB})(\vec{BC} - \vec{AB}) \\ &= \|\vec{BC}\|^2 - 2\,\vec{BC}\,\vec{AB} + \|\vec{AB}\|^2 . \end{aligned}$$

Durch Addition der Gleichungen folgt sofort die Behauptung.

Nachweisen, daß sich die Winkelhalbierenden eines Dreiecks in einem Punkt schneiden

Aufgabe 1.14 Durch die Eckpunkte $A, B, C \in \mathbb{R}^3$ werde ein Dreieck ABC gegeben. Man zeige mittels Vektorrechnung, daß sich die drei Winkelhalbierenden in einem Punkt schneiden.

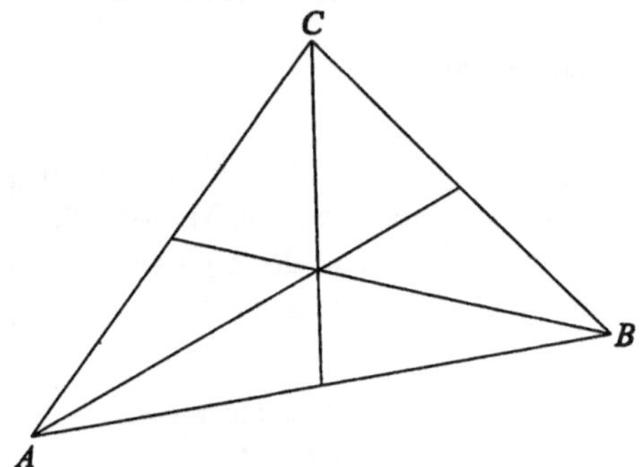

Dreieck ABC mit Winkelhalbierenden

Lösung: Wir führen folgende Abkürzungen ein:

$$\vec{a} = \vec{BC}, \quad \vec{b} = \vec{AC}, \quad \vec{c} = \vec{AB},$$

$$\vec{a}^{\,0} = \frac{\vec{a}}{\|\vec{a}\|}, \quad \vec{b}^{\,0} = \frac{\vec{b}}{\|\vec{b}\|}, \quad \vec{c}^{\,0} = \frac{\vec{c}}{\|\vec{c}\|}.$$

Offensichtlich gilt: $\vec{c} = \vec{b} - \vec{a}$, $\quad \vec{c} = \frac{\vec{b} - \vec{a}}{\|\vec{c}\|} = \frac{\vec{b} - \vec{a}}{\|\vec{b} - \vec{a}\|}$. Da in einer Raute die Diagonalen die Winkel halbieren, können wir die Winkelhalbierenden der Winkel BAC, ABC und ACB jeweils durch folgende Ortsvektoren beschreiben:

$$\begin{aligned} \vec{OP} &= \vec{OA} + \lambda\left(\vec{b}^{\,0} + \vec{c}^{\,0}\right), \quad 0 \le \lambda, \\ \vec{OQ} &= \vec{OB} + \mu\left(\vec{a}^{\,0} - \vec{c}^{\,0}\right), \quad 0 \le \mu, \\ \vec{OR} &= \vec{OC} + \nu\left(-\vec{a}^{\,0} - \vec{b}^{\,0}\right), \quad 0 \le \nu. \end{aligned}$$

Schneiden wir die Halbierenden der Winkel BAC und ABC, so ergibt sich:

$$\vec{OA} + \lambda\left(\vec{b}^{\,0} + \vec{c}^{\,0}\right) = \vec{OB} + \mu\left(\vec{a}^{\,0} - \vec{c}^{\,0}\right)$$

bzw.

$$-\mu\,\vec{a}^{\,0} + \lambda\,\vec{b}^{\,0} + (\lambda + \mu)\,\vec{c}^{\,0} - \vec{c} = \vec{0}.$$

Ersetzt man hierin $\vec{c} = \vec{b} - \vec{a}$ und $\vec{c}^{\,0} = \frac{\vec{b} - \vec{a}}{\|\vec{c}\|}$, so erhält man:

$$\left(-\frac{\mu}{\|\vec{a}\|} - \frac{\lambda + \mu}{\|\vec{c}\|} + 1\right)\vec{a} + \left(\frac{\lambda}{\|\vec{b}\|} + \frac{\lambda + \mu}{\|\vec{c}\|} - 1\right)\vec{b} = \vec{0}.$$

Die Vektoren $\vec{a}$ und $\vec{b}$ sind linear unabhängig, sonst bekommt man kein Dreieck ABC. Also gilt im Schnittpunkt:

$$\begin{aligned} -\frac{1}{\|\vec{c}\|}\lambda + \left(-\frac{1}{\|\vec{a}\|} - \frac{1}{\|\vec{c}\|}\right)\mu &= -1\,, \\ \left(\frac{1}{\|\vec{b}\|} + \frac{1}{\|\vec{c}\|}\right)\lambda + \frac{1}{\|\vec{c}\|}\mu &= 1\,, \end{aligned}$$

d. h.

$$\lambda = \frac{\|\vec{b}\|\,\|\vec{c}\|}{\|\vec{a}\| + \|\vec{b}\| + \|\vec{c}\|}\,, \qquad \nu = \frac{\|\vec{a}\|\,\|\vec{c}\|}{\|\vec{a}\| + \|\vec{b}\| + \|\vec{c}\|}\,.$$

Der Schnittpunkt selbst besitzt schließlich den Ortsvektor

$$\vec{OS} = \vec{OA} + \frac{\|\vec{b}\|\,\|\vec{c}\|}{\|\vec{a}\| + \|\vec{b}\| + \|\vec{c}\|}\left(\vec{b}^{\,0} + \vec{c}^{\,0}\right).$$

Schneiden wir die Halbierenden der Winkel BAC und ACB, so ergibt sich:

$$\vec{OA} + \lambda\left(\vec{b}^{\,0} + \vec{c}^{\,0}\right) = \vec{OC} + \nu\left(-\vec{a}^{\,0} - \vec{b}^{\,0}\right)$$

bzw.

$$\nu\,\vec{a}^{\,0} + (\lambda + \nu)\,\vec{b}^{\,0} - \vec{b} + \lambda\,\vec{c}^{\,0} = \vec{0}\,.$$

Ersetzt man hierin wieder $\vec{c}^{\,0} = \dfrac{\vec{b} - \vec{a}}{\|\vec{c}\|}$, so erhält man:

$$\left(\frac{\nu}{\|\vec{a}\|} - \frac{\lambda}{\|\vec{c}\|}\right)\vec{a} + \left(\frac{\lambda}{\|\vec{c}\|} + \frac{\lambda + \nu}{\|\vec{b}\|} - 1\right)\vec{b} = \vec{0}\,.$$

Also gilt im Schnittpunkt:

$$-\frac{1}{\|\vec{c}\|}\lambda + \frac{1}{\|\vec{a}\|}\nu = 0\,, \qquad \left(\frac{1}{\|\vec{b}\|} + \frac{1}{\|\vec{c}\|}\right)\lambda + \frac{1}{\|\vec{b}\|}\nu = 1\,,$$

d. h.

$$\lambda = \frac{\|\vec{b}\|\,\|\vec{c}\|}{\|\vec{a}\| + \|\vec{b}\| + \|\vec{c}\|}\,, \qquad \nu = \frac{\|\vec{a}\|\,\|\vec{b}\|}{\|\vec{a}\| + \|\vec{b}\| + \|\vec{c}\|}\,.$$

Da der Parameter λ in beiden Fällen übereinstimmt, werden wir auf denselben Schnittpunkt S wie oben geführt, und die Behauptung ist bewiesen.

1.3 Das vektorielle Produkt

Zwei Vektoren kann durch Produktbildung auch ein neuer Vektor zugeordnet werden.

Vektorielles Produkt

Seien $\vec{a} = (x_a, y_a, z_a)$ und $\vec{b} = (x_b, y_b, z_b)$ Vektoren aus $\mathbb{V}^3$. Dann heißt der Vektor

$$\vec{a} \times \vec{b} = (y_a z_b - z_a y_b,\, z_a x_b - x_a z_b,\, x_a y_b - y_a x_b)$$

vektorielles Produkt der Vektoren $\vec{a}$ und $\vec{b}$.

Man kann sich das vektorielle Produkt mit dem folgenden Schema merken.

Schema für das vektorielle Produkt

$$\begin{aligned} \vec{a} \times \vec{b} &= \begin{vmatrix} \vec{e}_x & x_a & x_b \\ \vec{e}_y & y_a & y_b \\ \vec{e}_z & z_a & z_b \end{vmatrix} \\ &= \vec{e}_x \begin{vmatrix} y_a & y_b \\ z_a & z_b \end{vmatrix} - \vec{e}_y \begin{vmatrix} x_a & x_b \\ z_a & z_b \end{vmatrix} + \vec{e}_z \begin{vmatrix} x_a & x_b \\ y_a & y_b \end{vmatrix} \\ &= \vec{e}_x \, (y_a \, z_b - z_a \, y_b) + \vec{e}_y \, (z_a \, x_b - x_a \, z_b) \\ &\quad + \vec{e}_z \, (x_a \, y_b - y_a \, x_b) \,. \end{aligned}$$

Folgende Eigenschaften erleichtern den Umgang mit dem vektoriellen Produkt.

Eigenschaften des vektoriellen Produkts

1.) $\vec{a} \times \vec{b} = -\vec{b} \times \vec{a} \,, \quad \vec{a} \times \vec{a} = \vec{0} \,,$

2.) $(\vec{a} \times \vec{b}) \, \vec{a} = (\vec{a} \times \vec{b}) \, \vec{b} = 0 \,,$

3.) $(\lambda \, \vec{a}) \times \vec{b} = \lambda \, (\vec{a} \times \vec{b}) \,,$

4.) $(\vec{a} + \vec{b}) \times \vec{c} = \vec{a} \times \vec{c} + \vec{b} \times \vec{c} \,.$

Mit dem vektoriellen Produkt läßt sich entscheiden, ob zwei Vektoren parallel sind:

Vektorielles Produkt linear abhängiger Vektoren

Wenn das vektorielle Produkt zweier Vektoren den Nullvektor ergibt:

$$\vec{a} \times \vec{b} = \vec{0} \,,$$

dann ist dies gleichbedeutend damit, daß die beiden Vektoren linear abhängig sind.

Vektorielles und skalares Produkt sind durch folgende Gleichung verknüpft.

Zusammenhang zwischen vektoriellem und skalarem Produkt

$$||\vec{a} \times \vec{b}||^2 = ||\vec{a}||^2 \; ||\vec{b}||^2 - (\vec{a} \, \vec{b})^2 \,.$$

Wir betrachten nun die geometrischen Eigenschaften des vektoriellen Produkts.

Die Länge des vektoriellen Produkts $\vec{a} \times \vec{b}$ ist gleich dem Flächeninhalt des von den Vektoren $\vec{a}$ und $\vec{b}$ aufgespannten Parallelogramms:

$$||\vec{a} \times \vec{b}|| = ||\vec{a}||\,||\vec{b}||\,\sin(\alpha(\vec{a}, \vec{b}))\,.$$

Länge des vektoriellen Produkts

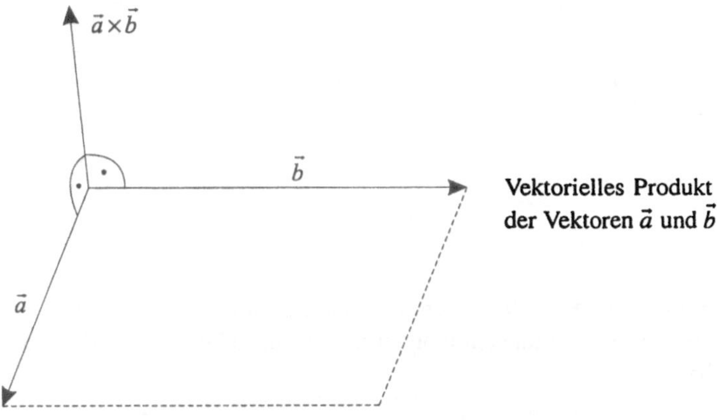

Vektorielles Produkt der Vektoren $\vec{a}$ und $\vec{b}$

Die Richtung des vektoriellen Produkts ergibt sich mit der folgenden Regel:

Die Vektoren $\vec{a}$, $\vec{b}$ und $\vec{a} \times \vec{b}$ können wie Daumen, Zeigefinger und Mittelfinger der rechten Hand angeordnet werden.
Man sagt dafür auch: die Vektoren $\vec{a}$, $\vec{b}$ und $\vec{a} \times \vec{b}$ bilden ein Rechtssystem.

Dreifingerregel der rechten Hand

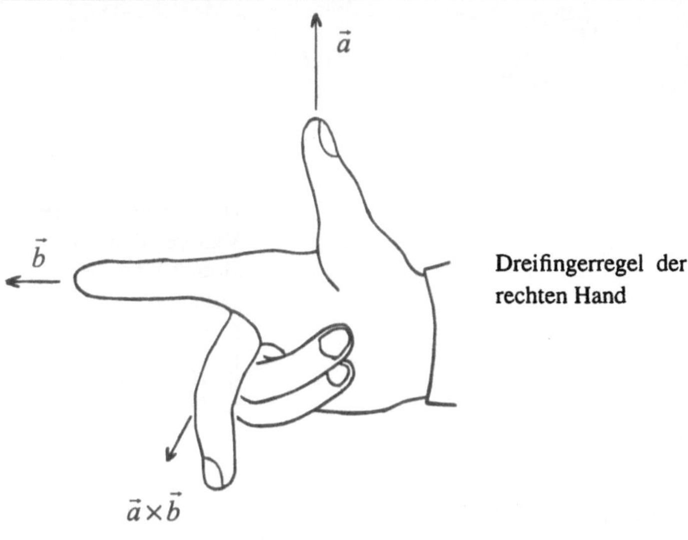

Dreifingerregel der rechten Hand

Wir betrachten als nächstes eine Kombination aus dem vektoriellen und dem skalaren Produkt.

Spatprodukt

Das Skalarprodukt der Vektoren $\vec{a} \times \vec{b}$ und $\vec{c}$ heißt Spatprodukt:

$$[\vec{a}, \vec{b}, \vec{c}] = (\vec{a} \times \vec{b})\,\vec{c}\,.$$

Beim Berechnen des Spatprodukts geht man am besten nach folgendem Schema vor.

Rechenschema für das Spatprodukt

$$\begin{aligned}[\vec{a}, \vec{b}, \vec{c}] &= x_a y_b z_c + y_a z_b x_c + z_a x_b y_c \\ &\quad -z_a y_b x_c - x_a z_b y_c - y_a x_b z_c \\ &= \begin{vmatrix} x_a & y_a & z_a \\ x_b & y_b & z_b \\ x_c & y_c & z_c \end{vmatrix}\,.\end{aligned}$$

Die Reihenfolge der Vektoren darf beim Spatprodukt zyklisch vertauscht werden, vertauscht man antizyklisch, so ändert sich das Vorzeichen.

Eigenschaften des Spatprodukts

1.) $[\vec{a}, \vec{b}, \vec{c}] = [\vec{b}, \vec{c}, \vec{a}] = [\vec{c}, \vec{a}, \vec{b}]$ (Zyklisches Vertauschen),

2.) $[\vec{a} + \vec{a}', \vec{b}, \vec{c}] = [\vec{a}, \vec{b}, \vec{c}] + [\vec{a}', \vec{b}, \vec{c}]$,

3.) $[\lambda\vec{a}, \vec{b}, \vec{c}] = \lambda[\vec{a}, \vec{b}, \vec{c}]$.

Das Spatprodukt hat folgende geometrische Bedeutung:

Volumen eines Spats

Seien $\vec{a}$, $\vec{b}$ und $\vec{c}$ drei Vektoren, die ein Spat (Parallelflach) aufspannen. Der Betrag des Spatprodukts $|[\vec{a}, \vec{b}, \vec{c}]|$ stellt das Volumen des Spats dar.

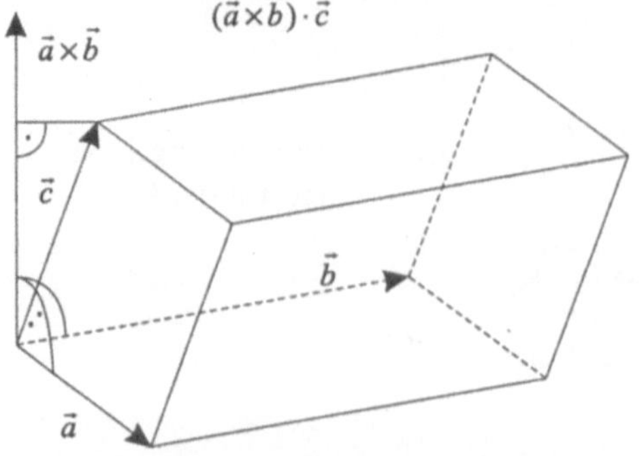

Das Spatprodukt der Vektoren $\vec{a}$, $\vec{b}$ und $\vec{c}$. Grundfläche des Spats: $||\vec{a} \times \vec{b}||$. Höhe des Spats: $\left|\vec{c}\,\frac{\vec{a} \times \vec{b}}{||\vec{a} \times \vec{b}||}\right|$

An diese geometrische Eigenschaft schließt sich der folgende Begriff an:

Drei Vektoren $\vec{a}$, $\vec{b}$ und $\vec{c}$ mit

$$[\vec{a}, \vec{b}, \vec{c}] = 0$$

heißen linear abhängig. Verschwindet das Spatprodukt nicht, dann heißen die Vektoren linear unabhängig. Anschaulich bedeutet die lineare Unabhängigkeit dreier Vektoren, daß man sie durch Parallelverschiebung nicht in ein und dieselbe Ebene legen kann.

Lineare Abhängigkeit dreier Vektoren

Aufgabe 1.15 Man vereinfache folgende Ausdrücke:

$$(3\vec{a} + \vec{b}) \times (\vec{a} - 2\vec{b}),$$

$$(\vec{a} + \vec{b}) \times (\vec{c} - \vec{b}) + \vec{c} \times (\vec{a} - \vec{b}) - (\vec{c} - \vec{a}) \times (\vec{a} + \vec{b}).$$

Rechenregeln für das vektorielle Produkt benutzen

Lösung: Mit den Eigenschaften des vektoriellen Produkts formt man um:

$$\begin{aligned} &(3\vec{a} + \vec{b}) \times (\vec{a} - 2\vec{b}) \\ &= 3\vec{a} \times \vec{a} + \vec{b} \times \vec{a} - 6\vec{a} \times \vec{b} - 2\vec{b} \times \vec{b} \\ &= -7\vec{a} \times \vec{b}, \end{aligned}$$

und

$$\begin{aligned} &(\vec{a} + \vec{b}) \times (\vec{c} - \vec{b}) + \vec{c} \times (\vec{a} - \vec{b}) - (\vec{c} - \vec{a}) \times (\vec{a} + \vec{b}) \\ &= \vec{a} \times \vec{c} + \vec{b} \times \vec{c} - \vec{a} \times \vec{b} - \vec{b} \times \vec{b} + \vec{c} \times \vec{a} - \vec{c} \times \vec{b} \\ &- \vec{c} \times \vec{a} + \vec{a} \times \vec{a} - \vec{c} \times \vec{b} + \vec{a} \times \vec{b} \\ &= \vec{a} \times \vec{c} + 3\vec{b} \times \vec{c}. \end{aligned}$$

Mathematica: Zur Berechnung des vektoriellen Produkts benutzt man Cross (oder direkt ×).

Cross

a = {xa, ya, za}; b = {xb, yb, zb}; c = {xc, yc, zc}

(3a + b) × (a − 2b)

{7ybza − 7yazb, −7xbza + 7xazb, 7xbya − 7xayb}

(a + b) × (c − b) + c × (a − b) − (c − a) × (a + b)

{−ycza − 3yczb + yazc + 3ybzc, xcza + 3xczb − xazc − 3xbzc,
−xcya − 3xcyb + xayc + 3xbyc}

crossprod
map
simplify

Maple: Man lädt zunächst das Paket Linalg. Danach kann das vektorielle Produkt mit Crossprod berechnet werden. Das Ergebnis wird mit der Befehlskombination Map(Simplify,...) vereinfacht.

```
> with(linalg);
> a:=[xa,ya,za]: b:=[xb,yb,zb]: c:=[xc,yc,zc]:
> map(simplify,crossprod(3*a+b,a-2*b));
```

$$[7\,yb\,za - 7\,ya\,zb,\ 7\,zb\,xa - 7\,za\,xb,\ 7\,xb\,ya - 7\,xa\,yb]$$

Geometrische Eigenschaften des vektoriellen Produkts benutzen

Aufgabe 1.16 Die Vektoren $\vec{a}, \vec{b}, \vec{c}$ aus $\mathbb{R}^3$ spannen einen Tetraeder auf. Jeder der vier Tetraederflächen werde ein Vektor mit folgenden Eigenschaften zugeordnet: Der Betrag des Vektors ist gleich dem Inhalt der entsprechenden Tetraederfläche, der Vektor steht senkrecht auf der Fläche und weist aus dem Tetraeder hinaus. Man zeige, daß die Summe der so definierten vier Vektoren den Nullvektor ergibt.

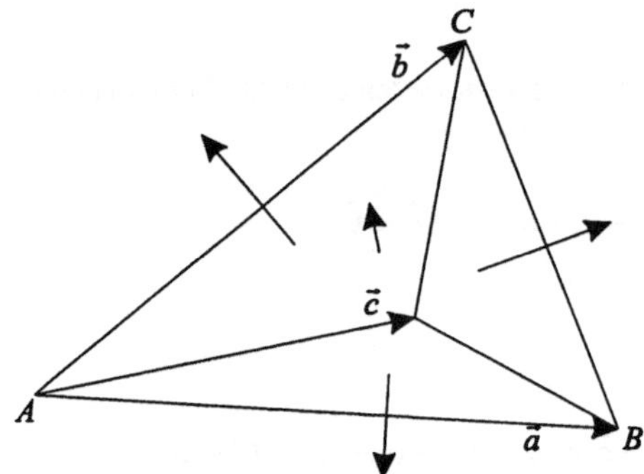

Von den Vektoren $\vec{a}, \vec{b}, \vec{c}$ aufgespannter Tetraeder mit nach außen weisenden auf einer Tetraederfläche senkrecht stehenden Vektoren

Lösung: Wir bezeichnen die Eckpunkte des Tetraeders mit A, B, C, D und schreiben:

$$\vec{a} = \vec{AB}\,, \vec{b} = \vec{AC}\,, \vec{c} = \vec{AD}\,.$$

Den vier Tetraederflächen ABC, ABD, ACD, BCD werden dann jeweils die Vektoren zugeordnet:

$$\vec{f_1} = -\frac{1}{2}\vec{a} \times \vec{b}\,, \quad \vec{f_2} = -\frac{1}{2}\vec{a} \times \vec{c}\,,$$

$$\vec{f_3} = \frac{1}{2}\vec{b} \times \vec{c}\,, \quad \vec{f_4} = -\frac{1}{2}(\vec{b} - \vec{a}) \times (\vec{c} - \vec{a})\,.$$

Für die Summe erhält man:

$$\begin{aligned} &2(\vec{f_1} + \vec{f_2} + \vec{f_3} + \vec{f_4}) \\ &= -\vec{a} \times \vec{b} - \vec{a} \times \vec{c} + \vec{b} \times \vec{c} - \vec{b} \times \vec{c} + \vec{a} \times \vec{c} + \vec{a} \times \vec{b} - \vec{a} \times \vec{b} \\ &= \vec{0}\,. \end{aligned}$$

Aufgabe 1.17 Man prüfe, ob folgende Vektoren linear unabhängig sind:

Lineare Abhängigkeit von drei Vektoren überprüfen

$$(3,2,1)\,,\,(5,-2,1)\,,\,(-4,9,6)\,.$$

Kann man $\alpha \in \mathbb{R}$ so wählen, daß die folgenden Vektoren linear abhängig sind:

$$(3,2,1)\,,\,(5,-2,\alpha)\,,\,(-4,9,6)\,.$$

Lösung: Wir berechnen das Spatprodukt und prüfen, ob ein echt positives Volumen entsteht:

$$\begin{aligned}[(3,2,1),(5,-2,1),(-4,9,6)] &= (3,2,1)\times(5,-2,1)\,(-4,9,6)\\ &= (4,2,-16)\,(-4,9,6)\\ &= -94\,.\end{aligned}$$

Die Vektoren sind also linear unabhängig.

Das Spatprodukt:

$$\begin{aligned}[(3,2,1),(5,-2,\alpha),(-4,9,6)] &= (3,2,1)\times(5,-2,\alpha)\,(-4,9,6)\\ &= (2\alpha+2,5-3\alpha,-16)\,(-4,9,6)\\ &= -59-35\alpha\end{aligned}$$

zeigt, daß die Vektoren bei $\alpha = -\dfrac{59}{35}$ linear abhängig sind.

Mathematica:

$$\{\mathbf{3,2,1}\}\times\{\mathbf{5,-2,1}\}.\{\mathbf{-4,9,6}\}$$

$$-94$$

$$\mathbf{Simplify}[\{\mathbf{3,2,1}\}\times\{\mathbf{5,-2,\alpha}\}.\{\mathbf{-4,9,6}\}]$$

$$-59-35\alpha$$

Maple:

```
> with(linalg);
> dotprod(crossprod([3,2,1],[5,-2,1]),[-4,9,6]);
```

$$-94$$

```
> dotprod(crossprod([3,2,1],[5,-2,alpha]),[-4,9,6]);
```

$$-59-35\,\alpha$$

Darstellung eines Vektors als Linearkombination von drei Vektoren

Aufgabe 1.18 Man zeige, daß die Vektoren:

$$\vec{a} = (1, 1, 1), \vec{b} = (0, -2, -2), \vec{c} = (1, 0, 1)$$

linear unabhängig sind und stelle den Vektor $\vec{r} = (5, 7, 3)$ unter Verwendung des Spatproduktes als Linearkombination dar:

$$\lambda \vec{a} + \mu \vec{b} + \nu \vec{c} = \vec{r}.$$

Lösung: Wegen

$$[(1, 1, 1), (0, -2, -2), (1, 0, 1)] = -2$$

sind die Vektoren linear unabhängig. Wir bilden zuerst das vektorielle Produkt

$$\vec{r} \times \vec{b} = \lambda (\vec{a} \times \vec{b}) + \mu \underbrace{(\vec{b} \times \vec{b})}_{=0} + \nu (\vec{c} \times \vec{b})$$

und anschließend das sakalare Produkt

$$(\vec{r} \times \vec{b}) \cdot \vec{c} = \lambda (\vec{a} \times \vec{b}) \cdot \vec{c} + \nu \underbrace{(\vec{c} \times \vec{b}) \cdot \vec{c}}_{=0},$$

woraus sich λ ergibt. Völlig analog bekommt man die Skalare μ und ν:

$$\lambda = \frac{[\vec{r}, \vec{b}, \vec{c}]}{[\vec{a}, \vec{b}, \vec{c}]} = 9, \quad \mu = \frac{[\vec{a}, \vec{r}, \vec{c}]}{[\vec{a}, \vec{b}, \vec{c}]} = 1, \quad \nu = \frac{[\vec{a}, \vec{b}, \vec{r}]}{[\vec{a}, \vec{b}, \vec{c}]} = -4.$$

1.4 Gerade und Ebene im Raum

Durch einen Punkt P_0 und einen Richtungsvektor $\vec{a}$ wird eine Gerade festgelegt.

Punkt-Richtungsform der Geradengleichung

$$\vec{OP} = \vec{OP_0} + t\,\vec{a}, \quad \vec{r} = \vec{r}_0 + t\vec{a}.$$

Durch zwei Punkte P_0 und P_1 wird eine Richtung und damit eine Gerade festgelegt.

Zwei-Punkte-Form der Geradengleichung

$$\vec{OP} = \vec{OP_0} + t\,\vec{P_0P_1}, \quad \vec{r} = \vec{r}_0 + t\,\vec{P_0P_1}.$$

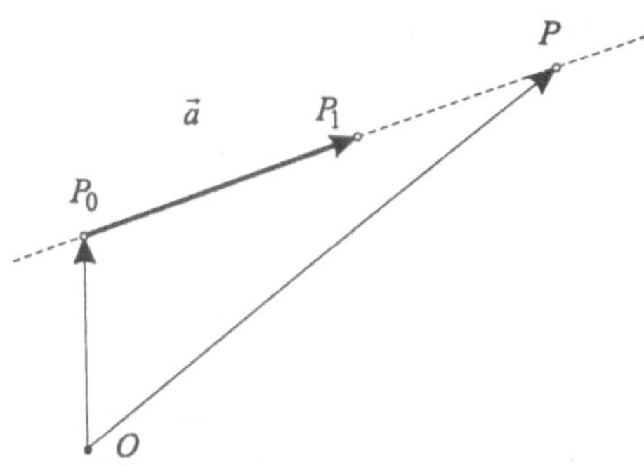

Gerade durch die Punkte P_0 und P_1 mit Richtungsvektor $\vec{a}$

In Komponenten erhält man:

$$x = x_0 + t\, x_a\,, \quad y = y_0 + t\, y_a\,, \quad z = z_0 + t\, z_a\,.$$

Parameterdarstellung der Geradengleichung

Man kann eine Gerade auch parameterfrei darstellen:

$$\vec{a} \times (\vec{r} - \vec{r}_0) = \vec{0}\,.$$

Parameterfreie Darstellung der Gerade

Zwei Geraden im Raum: $g_1 : \vec{r} = \vec{r}_1 + t\,\vec{a}_1$ und $g_2 : \vec{r} = \vec{r}_2 + s\,\vec{a}_2$ stehen in folgender Beziehung zueinander:

1.) Die Richtungsvektoren $\vec{a}_1$ und $\vec{a}_2$ sind linear abhängig. Die Geraden sind parallel. Sonderfall: Der Punkt mit dem Ortsvektor $\vec{r}_2$ liegt auf der Geraden g_1: $\vec{r}_2 = \vec{r}_1 + t_2\vec{a}_1$, das heißt, die Vektoren $\vec{a}_1$ und $\vec{r}_2 - \vec{r}_1$ sind linear abhängig. Die Geraden sind gleich.

2.) Die Richtungsvektoren sind linear unabhängig, und die Geraden schneiden sich in einem Punkt.

3.) Die Richtungsvektoren sind linear unabhängig, und die Geraden schneiden sich in keinem Punkt. Die Geraden sind windschief.

Parallele, sich schneidende und windschiefe Geraden

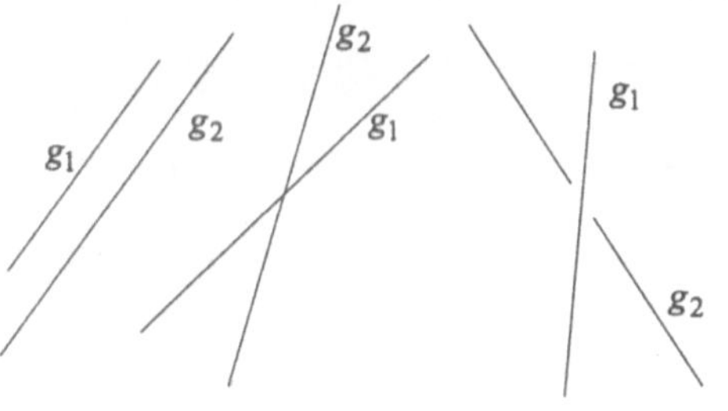

Parallele, sich schneidende und windschiefe Geraden g_1, g_2

Der Abstand des Punktes P_1 mit dem Ortsvektor $\vec{r}_1$ von der Geraden $g : \vec{r} = \vec{r}_0 + t\,\vec{a}$ beträgt:

Abstand eines Punktes von einer Geraden

$$d = \frac{|\vec{a} \times (\vec{r}_1 - \vec{r}_0)|}{||\vec{a}||}.$$

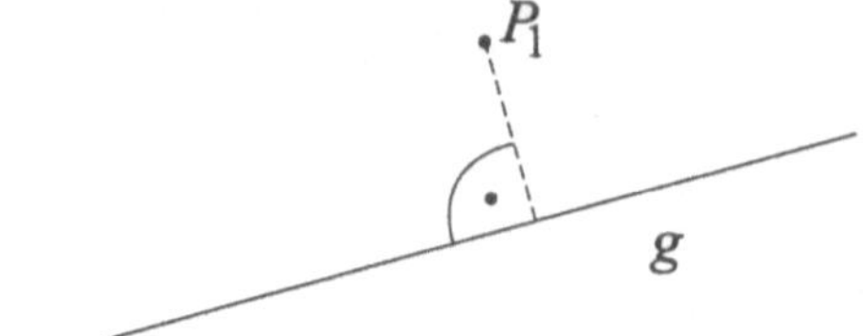

Abstand eines Punktes von einer Geraden

Der Abstand zweier windschiefer Geraden $g_1 : \vec{r}_1 = \vec{r}_1 + t\vec{a}_1$ und $g_2 : \vec{r}_2 = \vec{r}_2 + s\vec{a}_2$ beträgt:

Abstand zweier windschiefer Geraden

$$d = \frac{|[\vec{a}_1, \vec{a}_2, \vec{r}_2 - \vec{r}_1]|}{||\vec{a}_1 \times \vec{a}_2||}.$$

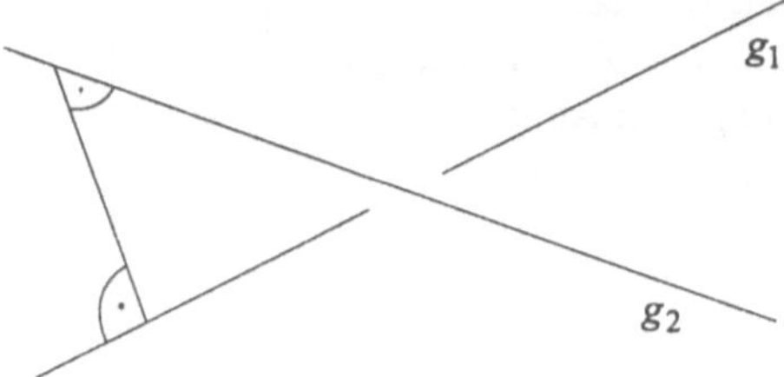

Abstand zweier windschiefer Geraden

Durch einen Punkt P_0 und zwei linear unabhängige Vektoren $\vec{a}$ und $\vec{b}$ wird eine Ebene festgelegt.

Punkt-Richtungsform der Ebenengleichung

$$\vec{OP} = \vec{OP_0} + s\,\vec{a} + t\,\vec{b}, \quad \vec{r} = \vec{r}_0 + s\,\vec{a} + t\,\vec{b}.$$

Durch drei Punkte P_1, P_2, P_3, die nicht auf einer Geraden liegen, werden zwei linear unabhängige Richtungsvektoren und damit eine Ebene festgelegt:

Drei-Punkte-Form der Ebenengleichung

$$\vec{OP} = \vec{OP_1} + s\,\vec{P_1P_2} + t\,\vec{P_1P_3}, \quad \vec{r} = \vec{r}_0 + s\,\vec{P_1P_2} + t\,\vec{P_1P_3}.$$

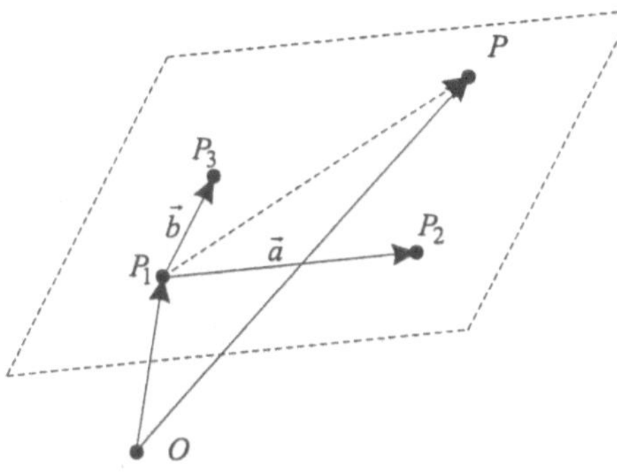

Ebene durch die Punkte P_1, P_2 und P_3 mit Richtungsvektoren $\vec{a}$ und $\vec{b}$

Mit Hilfe der Richtungsvektoren ergeben sich sofort die auf der Ebene senkrecht stehenden Vektoren.

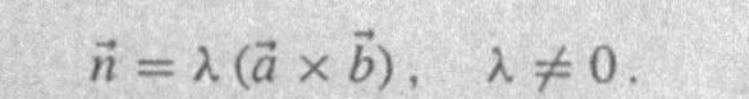

$$\vec{n} = \lambda\,(\vec{a} \times \vec{b}), \quad \lambda \neq 0 .$$

Normalenvektoren einer Ebene

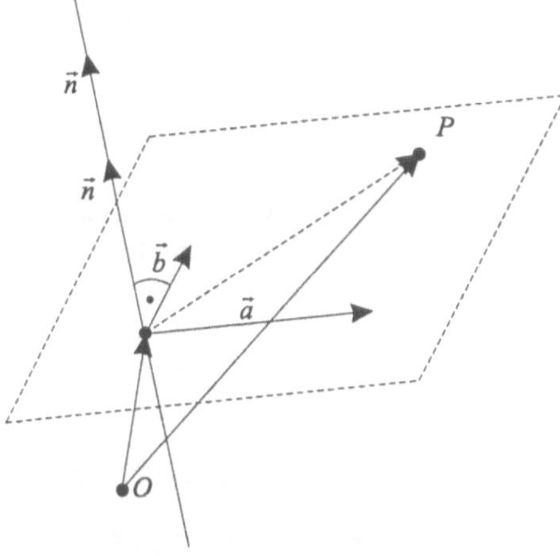

Normalenvektoren einer Ebene

In Komponenten nimmt die Ebenengleichung folgende Gestalt an:

$$\begin{aligned} x &= x_0 + s x_a + t x_b , \\ y &= y_0 + s y_a + t y_b , \\ z &= z_0 + s z_a + t z_b . \end{aligned}$$

Parameterdarstellung der Ebenenengleichung

Eliminieren der Parameter führt auf die:

$$\vec{n}\,(\vec{r} - \vec{r}_0) = [\vec{a}\,, \vec{b}\,, \vec{r} - \vec{r}_0] = 0 .$$

Parameterfreie Darstellung der Ebene

Zwei Ebenen im Raum
$E_1 : \vec{r} = \vec{r}_1 + s\vec{a}_1 + t\vec{b}_1$ und $E_2 : \vec{r} = \vec{r}_2 + \sigma\vec{a}_2 + \tau\vec{b}_2$
stehen in folgender Beziehung zueinander:

1.) Die Normalenvektoren $\vec{n}_1 = \vec{a}_1 \times \vec{b}_1$ und $\vec{n}_2 = \vec{a}_2 \times \vec{b}_2$ sind linear abhängig, und der Punkt mit dem Ortsvektor $\vec{r}_2$ liegt auf der Ebene E_1: $\vec{n}_1 \times \vec{n}_2 = \vec{0}$ und $\vec{a}_1, \vec{b}_1, \vec{r}_2 - \vec{r}_1] = 0$. Die Ebenen sind gleich.

Parallele und sich schneidende Ebenen

2.) Die Normalenvektoren $\vec{n}_1$ und $\vec{n}_2$ sind wieder linear abhängig, aber der Punkt mit dem Ortsvektor $\vec{r}_2$ liegt nicht auf der Ebene E_1: Das heißt:

$$\vec{n}_1 \times \vec{n}_2 = \vec{0} \qquad \text{und} \qquad [\vec{a}_1, \vec{b}_1, \vec{r}_2 - \vec{r}_1] \neq 0 .$$

Die Ebenen sind parallel, aber nicht gleich.

3.) Die Normalenvektoren $\vec{n}_1$ und $\vec{n}_2$ sind linear unabhängig: $\vec{n}_1 \times \vec{n}_2 \neq \vec{0}$. Die Ebenen besitzen eine Schnittgerade mit dem Richtungsvektor: $\vec{n}_1 \times \vec{n}_2$.

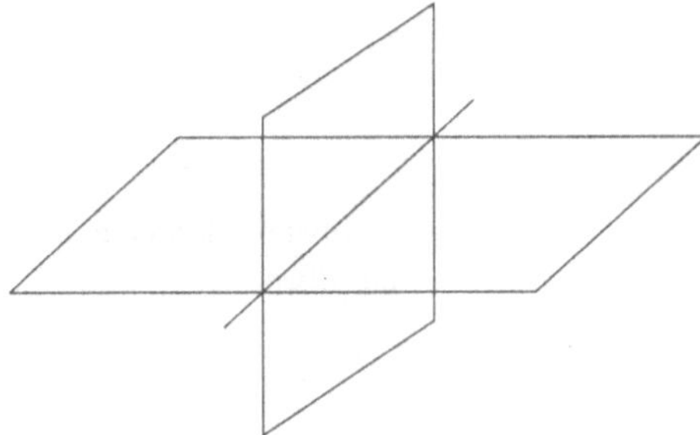

Zwei sich schneidende Ebenen mit Schnittgerade

Aus der parameterfreien Form kann man den Abstand des Nullpunktes von der Ebene ablesen:

Abstand des Nullpunktes von einer Ebene

$$d = |\vec{n}_0 \, \vec{r}_0| , \quad \vec{n}_0 = \frac{\vec{n}}{||\vec{n}||} .$$

Mit einem Einheitsnormalenvektor ergibt sich die Hessesche Normalform aus der parameterfreien Gleichung.

Hessesche Normalform der Ebenengleichung

$$\vec{n}_0 \, \vec{r} - \vec{n}_0 \, \vec{r}_0 = 0 .$$

Ausgehend von der Hesseschen Normalform bekommt man den Abstand eines Punktes P_1 mit dem Ortsvektor $\vec{r}_1$ von einer Ebene:

Abstand eines Punktes von einer Ebene

$$|\vec{n}_0 \, \vec{r}_1 - \vec{n}_0 \, \vec{r}_0| .$$

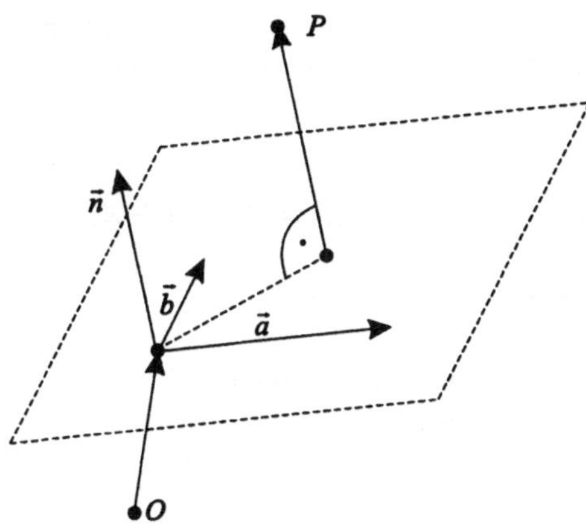

Abstand eines Punktes von einer Ebene

Zwei-Punkte-Form der Geradengleichung aufstellen und komponentenweise aufschreiben

Aufgabe 1.19 Durch die Punkte

$$P_0 = (3, 1, 7) \quad \text{und} \quad P_1 = \left(-\frac{1}{2}, 5, -3\right)$$

werde eine Gerade gelegt. Liegen die Punkte

$$Q = (-4, 9, -13) \quad \text{bzw.} \quad R = \left(\frac{1}{2}, \frac{1}{2}, 1\right)$$

auf dieser Geraden?

Lösung: Mit $\vec{P_0P_1} = (-\frac{7}{2}, 4, -10)$ lautet die Gleichung der Gerade durch P_0 und P_1:

$$\vec{r} = (3, 1, 7) + t\left(-\frac{7}{2}, 4, -10\right)$$

bzw. in Komponentendarstellung:

$$x = 3 - t\,\frac{7}{2}, \quad y = 1 + t\,4, \quad z = 7 - t\,10.$$

Das System:

$$-4 = 3 - t\,\frac{7}{2}, \quad 9 = 1 + t\,4, \quad -13 = 7 - t\,10,$$

besitzt die Lösung $t = 2$, so daß $Q = (3, 1, 7) + 2\left(-\frac{7}{2}, 4, -10\right)$ auf der Geraden liegt.

Das System:

$$\frac{1}{2} = 3 - t\,\frac{7}{2}, \quad \frac{1}{2} = 1 + t\,4, \quad 1 = 7 - t\,10,$$

besitzt jedoch keine Lösung. (Aus der ersten Gleichung bekommt man $t = \frac{5}{7}$, während aus der zweiten $t = -\frac{1}{8}$ folgt. Also liegt R nicht auf der Geraden.

Solve

Mathematica: Die drei Gleichungen werden jeweils eingegeben und mit Solve gelöst. Im ersten Fall bekommt man die Lösung im zweiten Fall eine leere Lösungsmenge.

$$\mathbf{Gleichung1 := -4 == 3 - \frac{t7}{2}; Gleichung2 := 9 == 1 + t4;}$$

$$\mathbf{Gleichung3 := -13 == 7 - t10;}$$

Solve[{Gleichung1, Gleichung2, Gleichung3}, t]

$$\{\{t \to 2\}\}$$

$$\mathbf{Gleichung1 := \frac{1}{2} == 3 - \frac{t7}{2}; Gleichung2 := \frac{1}{2} == 1 + t4;}$$

$$\mathbf{Gleichung3 := 1 == 7 - t10;}$$

Solve[{Gleichung1, Gleichung2, Gleichung3}, t]

$$\{\}$$

solve

Maple: Die drei Gleichungen werden jeweils eingegeben und mit Solve gelöst. Im ersten Fall bekommt man die Lösung im zweiten Fall bekommt man kein Ergebnis.

```
> Gleichung1:=-4=3-t*(7/2);
> Gleichung2:=9=1+t*4;
> Gleichung3:=-13=7-t*10;
```

$$Gleichung1 := -4 = 3 - \frac{7}{2}t$$

$$Gleichung2 := 9 = 1 + 4t$$

$$Gleichung3 := -13 = 7 - 10t$$

```
> solve({Gleichung1,Gleichung2,Gleichung3},t);
```

$$\{t = 2\}$$

```
> Gleichung1:=1/2=3-t*(7/2);
> Gleichung2:=1/2=1+t*4;
> Gleichung3:=1=7-t*10;
```

$$Gleichung1 := \frac{1}{2} = 3 - \frac{7}{2}t$$

$$Gleichung2 := \frac{1}{2} = 1 + 4t$$

$$Gleichung3 := 1 = 7 - 10t$$

```
> solve({Gleichung1,Gleichung2,Gleichung3},t);
```

Schnittpunkt einer Gerade mit einer Ebene berechnen

Aufgabe 1.20 Gegeben sei eine Gerade:

$$x = 2 + 3t\,, \quad y = \frac{1}{3} + t\,, \quad z = -4 + t\,,$$

($t \in \mathbb{R}$) und eine Ebene im $\mathbb{R}^3$:

$$x = \sigma + 2\tau\,, \quad y = -\frac{1}{4} + 3\sigma - 4\tau\,, \quad z = 3 - 2\sigma - \tau\,,$$

($\sigma, \tau \in \mathbb{R}$). Man prüfe, ob sich die Gerade und die Ebene schneiden und berechne gegebenenfalls den Schnittpunkt.

Lösung: Die Gerade besitzt den Richtungsvektor $\vec{a} = (3, 1, 1)$. Die Ebene besitzt die Richtungsvektoren $\vec{a}_1 = (1, 3, -2)$, $\vec{b}_1 = (2, -4, -1)$. Damit bekommen wir den Normalenvektor der Ebene:

$$\vec{n} = (1, 3, -2) \times (2, -4, -1) = (-11, -3, -10)\,.$$

Nun berechnen wir das skalare Produkt:

$$\vec{n}\,\vec{a} = -46 \neq 0\,.$$

Hieraus folgt, daß es genau einen Schnittpunkt gibt.

Zur Berechnung des Schnittpunktes gehen wir zur parameterfreien Darstellung der Ebene über:

$$\vec{n}\,\vec{r} = \vec{n}\,\vec{r}_0 = (-11, -3, -10)\left(0, -\frac{1}{4}, 3\right) = -\frac{117}{4}\,.$$

Der Schnittpunkt S erfüllt die Bedingungen:

$$\vec{r}_S = \left(2, \frac{1}{3}, -4\right) + t_S\,(3, 1, 1)$$

und

$$(-11, -3, -10)\,\vec{r}_S = -\frac{117}{4}\,.$$

Multiplizieren wir die erste Bedingung skalar mit dem Normalenvektor $(-11, -3, -10)$, so folgt:

$$-\frac{117}{4} = (-11, -3, -10)\left(2, \frac{1}{3}, -4\right) + t_S\,(-11, -3, -10)\,(3, 1, 1)\,,$$

also: $t_S = \dfrac{185}{184}$ und $\vec{r}_S = \left(\dfrac{923}{184}, \dfrac{739}{184}, -\dfrac{551}{184}\right)$. Wir können auch den Schnittpunkt mit Hilfe des folgenden Gleichungssystems bestimmen:

$$\left(2, \frac{1}{3}, -4\right) + t\,\vec{a} = \left(0, -\frac{1}{4}, 3\right) + \sigma\,\vec{a}_1 + \tau\,\vec{a}_2\,,$$

d.h.

$$t\,\vec{a} - \sigma\,\vec{a}_1 - \tau\,\vec{a}_2 = \left(-2, -\frac{7}{12}, 7\right)\,.$$

Da für das Spatprodukt gilt:

$$[\vec{a}\,,-\vec{a}_1\,,-\vec{a}_2]=[\vec{a}\,,\vec{a}_1\,,\vec{a}_2]=(\vec{a}_1\times\vec{a}_2)\,\vec{a}=\vec{n}\,\vec{a}\neq 0\,,$$

bekommen wir:

$$t_S=\frac{\left[\left(-2,-\frac{7}{12},7\right)\,,-\vec{a}_1\,,-\vec{a}_2\right]}{[\vec{a}\,,-\vec{a}_1\,,-\vec{a}_2]}=\frac{185}{184}\,.$$

Mathematica:

$$\mathbf{a=\{3,1,1\};\,a1=\{1,3,-2\};\,b1=\{2,-4,-1\};\,r0=\{0,-\frac{1}{4},3\};}$$

$$\mathbf{n=a1\times b1}$$

$$\{-11,-3,-10\}$$

$$\mathbf{n.a}$$

$$-46$$

$$\mathbf{Solve[n.r0==n.\{2,\frac{1}{3},-4\}+tSn.a]}$$

$$\{\{tS\to\frac{185}{184}\}\}$$

$$\mathbf{\{2,\frac{1}{3},-4\}+\frac{185a}{184}}$$

$$\{\frac{923}{184},\frac{739}{552},-\frac{551}{184}\}$$

$$\mathbf{N[\%]}$$

$$\{5.0163,1.33877,-2.99457\}$$

Maple:

```
> with(linalg);
> a:=[3,1,1]: a1:=[1,3,-2]: b1:=[2,-4,-1]: r0:=[0,-1/4,3];
> n:=crossprod(a1,b1);
```

$$n:=[-11,\,-3,\,-10]$$

```
> solve(dotprod(n,r0)=dotprod(n,[2,1/3,-4])
> +tS*dotprod(n,a));
```

$$\frac{185}{184}$$

```
> [2,1/3,-4]+(185/184)*a;
```

$$\left[\frac{923}{184}, \frac{739}{552}, \frac{-551}{184}\right]$$

```
> evalf(%);
```

$$[5.016304348,\ 1.338768116,\ -2.994565217]$$

Aufgabe 1.21 Welche Lage haben die beiden folgenden Geraden zueinander:

Lage zweier Geraden zueinander bestimmen

(a) $(4, 2, -1) + t\,(12, 6, -24)$ und $(7, 3, 2) + s\,(3, -2, 1)$,

(b) $(5, 4, 6) + t\,(2, 4, 6)$ und $(-2, -2, 1) + s\,(3, 2, 1)$.

Lösung: **(a)** Offenbar sind die Richtungsvektoren linear unabhängig. Die Bedingung für einen Schnittpunkt lautet:

$$(4, 2, -1) + t\,(12, 6, -24) = (7, 3, 2) + s\,(3, -2, 1)$$

bzw.

$$\begin{aligned} 12t - 3s &= 3, \\ 6t + 2s &= 1, \\ -24t - s &= 3. \end{aligned}$$

Aus den ersten beiden Gleichungen ergibt sich durch Eliminieren von t: $-7s = 1$ und damit:

$$s = -\frac{1}{7}, \quad t = \frac{3}{14}.$$

Setzt man diese Werte in die dritte Gleichung ein, so ergibt sich der Widerspruch: $\frac{45}{14} = 1$. Die Geraden sind somit windschief.

(b) Offenbar sind die Richtungsvektoren wieder linear unabhängig. Die Bedingung für einen Schnittpunkt lautet:

$$(5, 4, 6) + t\,(2, 4, 6) = (-2, -2, 1) + s\,(3, 2, 1)$$

bzw.

$$\begin{aligned} 2t - 3s &= -7, \\ 4t - 2s &= -6, \\ 6t - s &= -5. \end{aligned}$$

Aus den ersten beiden Gleichungen ergibt sich durch Eliminieren von t: $4s = 8$ und daraus

$$s = 2, \quad t = -\frac{1}{2}.$$

Mit diesen Werten wird auch die dritte Gleichung erfüllt, so daß die Geraden einen Schnittpunkt besitzen.

Mathematica:

Gleichung1 := 2t − 3s == −7; Gleichung2 := 4t − 2s == −6;

Gleichung3 := 6t − s == −5;

Solve[{Gleichung1, Gleichung2, Gleichung3}, {t, s}]

$$\left\{\left\{t \to -\frac{1}{2}, s \to 2\right\}\right\}$$

Maple:

```
> Gleichung1:=2*t-3*s=-7;Gleichung2:=4*t-2*s=-6;
> Gleichung3:=6*t-s=-5;
```

$$Gleichung1 := 2\,t - 3\,s = -7$$
$$Gleichung2 := 4\,t - 2\,s = -6$$
$$Gleichung3 := 6\,t - s = -5$$

```
> solve({Gleichung1,Gleichung2,Gleichung3},{t,s});
```

$$\left\{t = \frac{-1}{2},\ s = 2\right\}$$

Vektorielles Produkt, lineare Abhängigkeit und Geraden- bzw. Ebenengleichung in Beziehung setzen

Aufgabe 1.22 Seien P_1, P_2, P_3, P_4 Punkte im $\mathbb{R}^3$. Man gebe eine Bedingung dafür, daß P_1, P_2, P_3 auf einer Geraden und P_1, P_2, P_3, P_4 in einer Ebene liegen.

Lösung: Die drei Punkte P_1, P_2, P_3 liegen genau dann auf einer Geraden, wenn die Vektoren $\vec{P_1P_2}$ und $\vec{P_1P_3}$ linear abhängig sind, d.h. das vektorielle Produkt muß den Nullvektor ergeben:

$$\vec{P_1P_2} \times \vec{P_1P_3} = \vec{0}\,.$$

Die vier Punkte P_1, P_2, P_3, P_4 liegen genau dann in einer Ebene, wenn die Vektoren $\vec{P_1P_2}$, $\vec{P_1P_3}$ und $\vec{P_1P_4}$ linear abhängig sind, d.h. das Spatprodukt muß Null ergeben:

$$[\vec{P_1P_2}, \vec{P_1P_3}, \vec{P_1P_4}] = 0\,.$$

Schnittgerade zweier Ebenen berechnen

Aufgabe 1.23 Durch die Punkte $P_1 = (0, 0, 3)$, $P_2 = (0, 3, 0)$ und $P_3 = (1, 1, 4)$ wird eine Ebene E_1 gegeben. Durch die Gleichung $2x + 4y - 6z = 8$ wird eine Ebene E_2 gegeben. Man bestimme die Schnittgerade von E_1 und E_2.

Lösung: Wir berechnen zuerst einen Normalenvektor der Ebene E_1:

$$\vec{n} = \vec{P_1P_2} \times \vec{P_1P_3} = (0, 3, -3) \times (1, 1, 1) = (6, -3, -3)\,.$$

Damit bekommen wir eine parameterfreie Darstellung der Ebene E_1:

$$(6, -3, -3)\,((x, y, z) - (0, 0, 3)) = 6\,x - 3\,y - 3\,z + 9 = 0$$

bzw. $2\,x - y - z = -3$. Durch Subtraktion der ersten Ebenengleichung von der zweiten findet man, daß auf der Schnittgeraden gelten muß:

$$2x - y - z = -3\,, \quad 5y - 5z = 11\,.$$

Setzen wir $z = t \in \mathbb{R}$, so ergibt sich:

$$y = t + \frac{11}{5}\,, \quad x = t - \frac{2}{5}$$

und die Schnittgerade:

$$(x, y, z) = \left(-\frac{2}{5}, \frac{11}{5}, 0\right) + t\,(1, 1, 1)\,.$$

Mathematica:

Gleichung1 := **2x − y − z == −3**; **Gleichung2** := **2x + 4y − 6z == 8**;

Solve[{Gleichung1, Gleichung2}, {x, y}]

$$\left\{\left\{x \to \frac{1}{5}(-2+5z),\, y \to \frac{1}{5}(11+5z)\right\}\right\}$$

Maple:

```
> Gleichung1:=2*x-y-z=-3:Gleichung2:=2*x+4*y-6*z=8:
> solve({Gleichung1,Gleichung2},{x,y});
```

$$\{x = z - \frac{2}{5},\, y = z + \frac{11}{5}\}$$

Aufgabe 1.24 Durch die Punkte $P_1 = (-3, -1, -2)$ und $P_2 = (4, -4, 1)$ werde eine Gerade g gegeben. Vom Punkt $P_0 = (1, 2, -1)$ werde das Lot auf g gefällt. Man bestimme den Abstand des Punktes P_0 von g und den Fußpunkt des Lots auf g.

Lot von einem Punkt auf eine Gerade fällen

Lösung: Die Gerade g hat die Parameterdarstellung:

$$\vec{OP_1} + t\,\vec{P_1P_2} = (-3, -1, -2) + t\,(7, -3, 3)\,.$$

Wir suchen nun einen Punkt P_F, der auf g liegt, und die folgende Eigenschaft besitzt:

$$\vec{P_0P_F}\;\vec{P_1P_2} = 0\,.$$

Das heißt, $\vec{P_0P_F}$ steht senkrecht auf dem Richtungsvektor der Geraden g. Offenbar stellt P_F den Fußpunkt des Lotes dar und $\vec{P_0P_F}$ einen Richtungsvektor des Lotes.

Mit einem t_F gilt dann:

$$\vec{P_0P_F} = (-3, -1, -2) + t_F\,(7, -3, 3)$$

und

$$((-3, -1, -2) + t_F\,(7, -3, 3))\,(7, -3, 3) = 0\,.$$

Hieraus folgt sofort $67t_F - 24 = 0$ und $t_F = \dfrac{24}{67}$. Damit berechnet sich der Fußpunkt zu:

$$P_F = \left(-\frac{33}{67}, -\frac{139}{67}, -\frac{62}{67}\right).$$

Der Abstand des Punktes P_0 von g ist gleich der Länge des Vektors $\vec{P_0P_F}$:

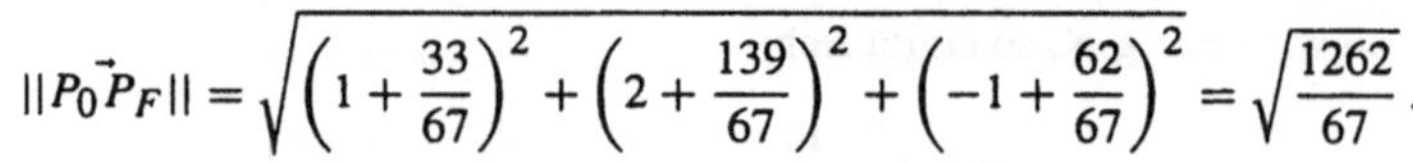

$$\|\vec{P_0P_F}\| = \sqrt{\left(1+\frac{33}{67}\right)^2 + \left(2+\frac{139}{67}\right)^2 + \left(-1+\frac{62}{67}\right)^2} = \sqrt{\frac{1262}{67}}.$$

Mathematica:

Solve[({−3, −1, −2} + tF{7, −3, 3}).{7, −3, 3} == 0, tF]

$$\{\{tF \to \frac{24}{67}\}\}$$

PF = {−3, −1, −2} + $\mathbf{\frac{24}{67}}$ **{7, −3, 3}**

$$\{-\frac{33}{67}, -\frac{139}{67}, -\frac{62}{67}\}$$

Sqrt[({1, 2, −1} − PF).({1, 2, −1} − PF)]

$$\sqrt{\frac{1262}{67}}$$

Maple:

```
> solve(dotprod(([-3, -1, -2]+tF*[7, -3,3]),[7, -3, 3])
> =0,tF);
```

$$\frac{24}{67}$$

```
> PF:=[-3,-1,-2]+24/67*[7,-3,3];
```

$$PF := [\frac{-33}{67}, \frac{-139}{67}, \frac{-62}{67}]$$

```
> norm([1,2,-1]-PF,2);
```

$$\frac{1}{67}\sqrt{84554}$$

Abstand zweier windschiefer Geraden berechnen

Aufgabe 1.25 Sei g die Gerade durch die Punkte $(1, -1, 0)$ und $(3, -2, 3)$. Sei h die Gerade durch die Punkte $(-1, 2, -1)$ und $(1, 0, 0)$. Man bestimme den Abstand der beiden Geraden und ihr gemeinsames Lot.

Lösung: In Parameterform nimmt g die Gestalt an:

$$(1, -1, 0) + t\,((3, -2, 3) - (1, -1, 0)) = (1, -1, 0) + t\,(2, -1, 3)$$

und h:

$$(-1, 2, -1) + s\,((1, 0, 0) - (-1, 2, -1)) = (-1, 2, -1) + s\,(2, -2, 1).$$

Da die Richtungsvektoren offenbar linear unabhängig sind, können wir den Abstand d der Geraden berechnen:

$$d = \frac{[(2, -1, 3), (2, -2, 1), (-2, 3, 1)]}{\|(2, -1, 3) \times (2, -2, 1)\|} = \frac{4}{\sqrt{45}}.$$

Somit sind die beiden Geraden windschief und besitzen ein gemeinsames Lot.

Sei P ein Punkt auf g und Q ein Punkt auf h, so daß der Vektor $\vec{PQ}$ sowohl auf g als auch auf h senkrecht steht. Mit

$$\begin{aligned}\vec{OP} &= (1,-1,0)+t_P\,(2,-1,3)\,,\\ \vec{OQ} &= (-1,2,-1)+s_Q\,(2,-2,1)\,,\\ \vec{PQ} &= (-2,3,-1)+s_Q\,(2,-2,1)-t_P\,(2,-1,3)\,,\end{aligned}$$

ergeben sich folgende Bedingungen:

$$\begin{aligned}((-2,3,-1)+s_Q\,(2,-2,1)-t_P\,(2,-1,3))\,(2,-1,3) &= 0\,,\\ ((-2,3,-1)+s_Q\,(2,-2,1)-t_P\,(2,-1,3))\,(2,-2,1) &= 0\,.\end{aligned}$$

Rechnet man die skalaren Produkte aus, so bekommt man:

$$-14\,t_P+9\,s_Q=10\,,\quad -9\,t_P+9\,s_Q=11\,,$$

und $t_P=\frac{1}{5}$, $s_Q=\frac{64}{45}$. Das gemeinsame Lot ist also die Gerade, die durch die Punkte festgelegt wird:

$$P=\left(\frac{7}{5},-\frac{6}{5},\frac{3}{5}\right),\quad Q=\left(\frac{83}{45},-\frac{38}{45},\frac{19}{45}\right).$$

Mathematica:

```
Solve[
  {(({-2, 3, -1} + sQ{2, -2, 1} - tP{2, -1, 3}).{2, -1, 3} == 0,
    ({-2, 3, -1} + sQ{2, -2, 1} - tP{2, -1, 3}).{2, -2, 1} == 0},
  {tP, sQ}]
```

$$\left\{\left\{\mathbf{tP}\to\frac{1}{5},\mathbf{sQ}\to\frac{64}{45}\right\}\right\}$$

$$\{\mathbf{1},-\mathbf{1},\mathbf{0}\}+\frac{\mathbf{1}}{\mathbf{5}}\{\mathbf{2},-\mathbf{1},\mathbf{3}\}$$

$$\left\{\frac{7}{5},-\frac{6}{5},\frac{3}{5}\right\}$$

$$\{-\mathbf{1},\mathbf{2},-\mathbf{1}\}+\frac{\mathbf{64}}{\mathbf{45}}\{\mathbf{2},-\mathbf{2},\mathbf{1}\}$$

$$\left\{\frac{83}{45},-\frac{38}{45},\frac{19}{45}\right\}$$

Maple:

```
> with(linalg);

> solve({dotprod([-2,3,-1]+sQ*[2,-2,1]
> -tP*[2,-1,3],[2,-1,3])=0,
> dotprod([-2,3,-1]+sQ*[2,-2,1]
> -tP*[2,-1,3],[2,-2,1])=0},{tP,sQ});
```

$$\{sQ = \frac{64}{45}, tP = \frac{1}{5}\}$$

```
> P:=[1,-1,0]+(1/5)*[2,-1,3];
```

$$P := [\frac{7}{5}, \frac{-6}{5}, \frac{3}{5}]$$

```
> Q:=[-1,2,-1]+(64/45)*[2,-2,1];
```

$$Q := [\frac{83}{45}, \frac{-38}{45}, \frac{19}{45}]$$

Lot von einem Punkt auf eine Ebene fällen, Lotgerade bestimmen

Aufgabe 1.26 Durch die Punkte $P_1 = (1,1,0)$, $P_2 = (1,1,1)$ und $P_3 = (1,0,1)$ werde eine Ebene E gegeben. Vom Punkt $P_0 = (2,2,1)$ wird das Lot auf E gefällt. Man gebe die Gleichung der Lotgerade an.

Lösung: Die Gleichung der Ebene E lautet in Parameterform:

$$\vec{OP} = \vec{OP_1} + s\,\vec{P_1P_2} + t\,\vec{P_1P_3}$$

bzw. $(x, y, z) = (1, 1, 0) + s\,(0, 0, 1) + t\,(0, -1, 1)$. E besitzt den Normalenvektor:

$$\vec{n} = (0, 0, 1) \times (0, -1, 1) = (1, 0, 0).$$

Der Vektor $\vec{n}$ liefert einen Richtungsvektor der Lotgerade, die folgende Gestalt annimmt:

$$\vec{OP} = \vec{OP_0} + t\,\vec{n},$$

also

$$(x, y, z) = (2, 2, 1) + t\,(1, 0, 0).$$

Abstand eines Punktes von einer Ebene berechnen

Aufgabe 1.27 Gegeben seien die Punkte $P_0 = (1,1,1)$, $P_1 = (1,0,0)$ und $P_2 = (1,1,0)$. Welchen Abstand hat der Punkt $Q = (3,4,1)$ von der Ebene E, die durch die drei Punkte P_0, P_1, P_2 festgelegt wird. Man bestätige das Ergebnis durch eine geometrische Überlegung.

Lösung: Die Gleichung der gesuchten Ebene E lautet in Parameterform:

$$\vec{OP} = \vec{OP_0} + s\,\vec{P_0P_1} + t\,\vec{P_0P_2}$$

bzw. $(x, y, z) = (1, 1, 1) + s\,(0, -1, -1) + t\,(0, 0, -1)$. Die Ebene besitzt den Normalenvektor:

$$\vec{n} = (0, -1, -1) \times (0, 0, -1) = (1, 0, 0).$$

Die Gleichung der Ebene E lautet in parameterfreier Form:

$$((x, y, z) - (1, 1, 1))\,(1, 0, 0) = 0,$$

also $x - 1 = 0$. Dies stellt bereits die Hessesche Normalform dar, so daß wir den Abstand des Punktes Q von E wie folgt bekommen:

$$d = |3 - 1| = 2.$$

Da die Ebene E parallel zur $y-z$-Ebene verläuft, wird der Abstand des Punktes P durch den Betrag der Differenz des Abstandes von E zu der $y-z$-Ebene und der x-Koordinate von P gegeben.

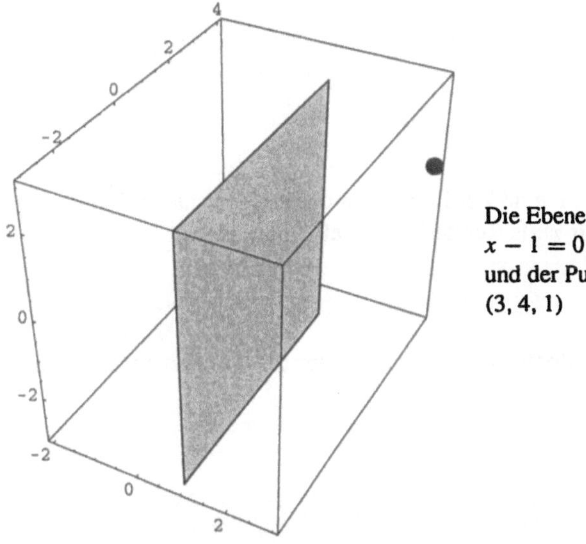

Die Ebene
$x - 1 = 0$
und der Punkt
$(3, 4, 1)$

2 Komplexe Zahlen

2.1 Rechnen mit komplexen Zahlen

Sei $z = x + y\,i$ eine Zahl aus $\mathbb{C}$ in cartesischer Darstellung, dann bezeichnen wir x als Realteil und y als Imaginärteil:

Realteil und Imaginärteil

$$\Re(z) = \Re(x + y\,i) = x\,, \quad \Im(z) = \Im(x + y\,i) = y\,.$$

Mit folgenden Rechenoperationen bilden die komplexen Zahlen einen Körper.

Rechenoperationen mit komplexen Zahlen

Addition:

$$x_1 + y_1\,i + x_2 + y_2\,i = (x_1 + x_2) + (y_1 + y_2)\,i\,,$$

Subtraktion:

$$x_1 + y_1\,i - (x_2 + y_2\,i) = (x_1 - x_2) + (y_1 - y_2)\,i\,,$$

Multiplikation:

$$(x_1 + y_1\,i)\,(x_2 + y_2\,i) = (x_1\,x_2 - y_1\,y_2) + (x_1\,y_2 + y_1\,x_2)\,i\,,$$

Division:

$$\frac{x_1 + y_1\,i}{x_2 + y_2\,i} = \frac{x_1\,x_2 + y_1\,y_2}{x_2^2 + y_2^2} + \frac{-x_1\,y_2 + x_2\,y_1}{x_2^2 + y_2^2}\,i\,,$$

falls $x_2 + y_2\,i \neq 0$.

Die Division kann man sich als Erweiterung mit der konjugiert komplexe Zahl einprägen:

Konjugiert komplexe Zahl

Die komplexe Zahl: $\bar{z} = x - y\,i$ heißt die zu $z = x + y\,i$ konjugiert komplexe Zahl.

Beim Rechnen mit der konjugiert komplexen Zahl sind folgende Eigenschaften nützlich.

1.) $\bar{\bar{z}} = z$,

2.) $\frac{1}{2}(z+\bar{z}) = \Re(z)$, $\frac{1}{2i}(z-\bar{z}) = \Im(z)$,

3.) $z\bar{z} = \Re(z)^2 + \Im(z)^2$,

4.) $\overline{z_1 + z_2} = \overline{z_1} + \overline{z_2}$, $\overline{z_1 z_2} = \overline{z_1}\,\overline{z_2}$,

5.) $z = \bar{z} \iff z \in \mathbb{R}$.

Eigenschaften der konjugiert komplexen Zahl

Veranschaulicht man sich eine komplexe Zahl z durch einen Zeiger in der Gaußschen Ebene, der vom Nullpunkt ausgehend zum Punkt z weist, so bedeutet der Betrag von z die Länge des Zeigers.

Die reelle Zahl $|z| = \sqrt{x^2 + y^2}$ heißt Betrag der komplexen Zahl $z = x + y\,i$.

Betrag einer komplexen Zahl

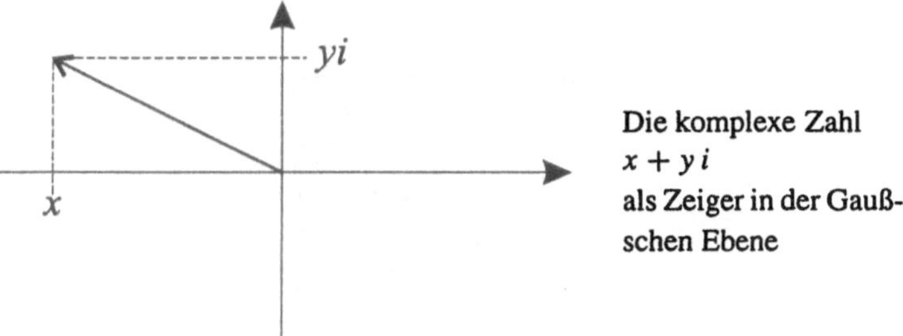

Die komplexe Zahl $x + y\,i$ als Zeiger in der Gaußschen Ebene

Wir stellen folgende Eigenschaften des Betrags einer komplexen Zahl zusammen.

1.) $|z| \geq 0$, $|z| = 0 \iff z = 0$,

2.) $|z|^2 = z\bar{z}$,

3. $|z| = |-z| = |\bar{z}|$,

4.) $|z_1 z_2| = |z_1|\,|z_2|$,

5.) $|z_1 + z_2| \leq |z_1| + |z_2|$, $|z_1| - |z_2| \leq |z_1 + z_2|$.

Eigenschaften des Betrags einer komplexen Zahl

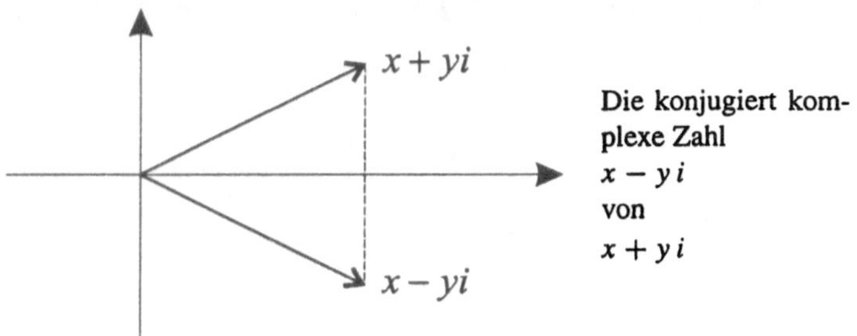

Die konjugiert komplexe Zahl $x - y\,i$ von $x + y\,i$

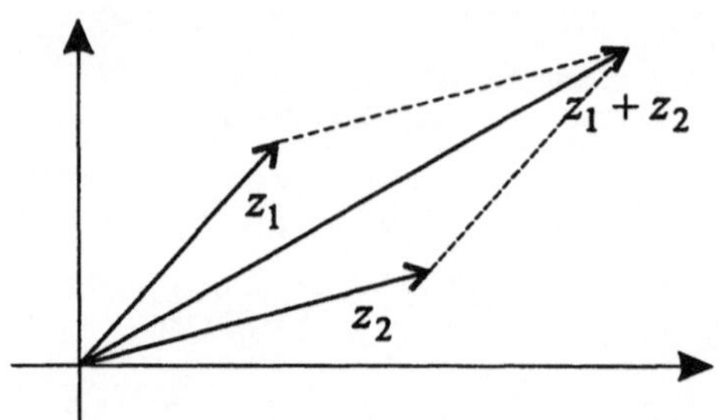

Die Dreiecksungleichung

Mit Real- und Imaginärteil rechnen

Aufgabe 2.1 Gegeben sind die komplexen Zahlen:

$$z_1 = 3 + \frac{i}{2\cos\left(\frac{\pi}{6}\right) - 1} + 2\pi - i\,, \quad z_2 = 3 + i\,\frac{\sqrt{3}-3}{2}\,.$$

Man berechne die Differenz $z_1 - z_2$.

Lösung: Wir formen z_1 um:

$$\begin{aligned} z_1 &= 3 + 2\pi + \left(\frac{1}{2\cos\left(\frac{\pi}{6}\right) - 1} - 1\right) i \\ &= 3 + 2\pi + \left(\frac{1}{\sqrt{3}-1} - 1\right) i \\ &= 3 + 2\pi + \left(\frac{\sqrt{3}+1}{2} - 1\right) i \\ &= 3 + 2\pi + \frac{\sqrt{3}-1}{2}\, i\,. \end{aligned}$$

Damit ergibt sich: $z_1 - z_2 = 2\pi + i$.

I
Simplify

Mathematica: Die komplexen Zahlen werden eingegeben und ihre Differenz mit Simplify vereinfacht. Die komplexe Zahl i wird als I eingegeben, erscheint in der Standardform aber wieder als i.

$$\mathbf{z1 = 3 + \frac{i}{2\cos\left[\frac{\pi}{6}\right] - 1} + 2\pi - i}$$

$$(3 - i) + \frac{i}{-1 + \sqrt{3}} + 2\pi$$

$$\mathbf{z2 = 3 + \frac{1}{2} i(\sqrt{3} - 3)}$$

$$3 + \frac{1}{2} i(-3 + \sqrt{3})$$

Simplify[z1 − z2]

$$i + 2\pi$$

Maple: Die komplexen Zahlen werden eingegeben und ihre Differenz mit Simplify vereinfacht. Die komplexe Zahl i wird als I eingegeben und auch ausgegeben.

`I`
`simplify`

```
> z1:=3+(I/(2*cos(Pi/6)-1))+2*Pi-I;
```

$$zI := 3 + \frac{I}{\sqrt{3}-1} + 2\pi - I$$

```
> z2:=3+I*(1/2)*(sqrt(3)-3);
```

$$z2 := 3 + \frac{1}{2} I (\sqrt{3} - 3)$$

```
> Simplify(z1-z2)=simplify(z1-z2);
```

$$\mathrm{Simplify}(\frac{I}{\sqrt{3}-1} + 2\pi - I - \frac{1}{2} I (\sqrt{3} - 3)) = 2\pi + I$$

Aufgabe 2.2 Man berechne Real- und Imaginärteil von:

Rechengesetze anwenden, Real- und Imaginärteil bestimmen

(a) $z = (2+3i)^2 + 3 - 4i$,

(b) $z = \dfrac{1-2i}{1+3i} - \dfrac{1-3i}{(1-2i)^2}$,

(c) $z = \dfrac{(1+i)(2-3i)}{(4-6i)(1+2i)}$.

Lösung: **(a)** Mit den Rechenregeln ergibt sich:

$$z = -5 + 3 + 12i - 4i = -2 + 8i\,.$$

(b) Mit den Rechenregeln ergibt sich durch Erweitern mit der konjugiert komplexen Zahl:

$$\begin{aligned} z &= \frac{(1-2i)(1-3i)}{10} - \frac{(1-3i)(1+2i)^2}{25} \\ &= \frac{1}{50}(5(1-6-5i) - 2(1-3i)(-3+4i)) \\ &= \frac{1}{50}(-25-25i) - 2(9+13i)) \\ &= -\frac{43}{50} - \frac{51}{50}i\,. \end{aligned}$$

(c) Anwenden der Regeln und Kürzen ergibt:

$$\begin{aligned} z &= \frac{(1+i)(2-3i)}{(4-6i)(1+2i)} \\ &= \frac{1}{2}\,\frac{1+i}{1+2i} = \frac{1}{10}(1+i)(1-2i)) \\ &= \frac{3}{10} - \frac{1}{10}i\,. \end{aligned}$$

Mathematica: Nach Eingabe der Zahl erfolgt sofort die Vereinfachung.

$$\frac{(\mathbf{1}+\mathbf{i})(\mathbf{2}-\mathbf{3i})}{(\mathbf{4}-\mathbf{6i})(\mathbf{1}+\mathbf{2i})}$$

$$\frac{3}{10}-\frac{i}{10}$$

Maple:

```
> (1+I)*(2-3*I)/((4-6*I)*(1+2*I));
```

$$\frac{3}{10}-\frac{1}{10}I$$

Rechengesetze anwenden, Real- und Imaginärteil bestimmen

Aufgabe 2.3 Man berechne Real- und Imaginärteil von:

(a) $z_1 = \dfrac{i}{1+\frac{1}{i+1}} + \dfrac{1}{1-\frac{1}{i-1}}$,

(b) $z_2 = -\dfrac{i}{1-\frac{1}{i-1}} + \dfrac{1}{1+\frac{1}{i+1}}$.

Lösung: **(a)** Wir formen z_1 um:

$$\begin{aligned} z_1 &= \frac{i}{1+\frac{-i+1}{2}} + \frac{1}{1-\frac{-i-1}{2}} \\ &= \frac{2i}{3-i} + \frac{2}{3+i} \\ &= \frac{2i\,(3+i)}{10} + \frac{2\,(3-i)}{10} = \frac{2}{10}\,(2+2i)\,. \end{aligned}$$

Das heißt:

$$\Re(z_1) = \frac{2}{5}, \quad \Im(z_1) = \frac{2}{5}.$$

Mathematica: Mit den Funktionen Re bzw. Im wird der Realteil bzw. der Imaginärteil berechnet.

`Re`
`Im`

$$\text{z1}= \frac{i}{1+\frac{1}{i+1}} + \frac{1}{1-\frac{1}{i-1}};$$

Re[z1]

$$\frac{2}{5}$$

Im[z1]

$$\frac{2}{5}$$

Maple:

Re
Im

```
> z1:=I/(1+1/(I+1))+1/(1-1/(I-1));
```

$$z1 := \frac{2}{5} + \frac{2}{5}\,I$$

```
> Re(z1);
```

$$\frac{2}{5}$$

```
> Im(z1);
```

$$\frac{2}{5}$$

Lösung: **(b)** Man kann dieselben Rechnungen wie in Teil (a) durchführen oder die Eigenschaften der konjugiert komplexen Zahl und das Ergebnis von Teil (a) benutzen:

$$\begin{aligned} z_2 &= -\frac{i}{1-\frac{1}{i-1}} + \frac{1}{1+\frac{1}{i+1}} \\ &= \frac{-i}{1+\frac{1}{-i+1}} + \frac{1}{1-\frac{1}{-i-1}} = \bar{z_1}\,. \end{aligned}$$

Also ergibt sich:

$$\Re(z_2) = \frac{2}{5}, \quad \Im(z_2) = -\frac{2}{5}\,.$$

Conjugate

Mathematica: Mit der Funktion Conjugate wird die konjugiert komplexe Zahl berechnet.

$$\mathbf{z2} = -\frac{\mathbf{i}}{\mathbf{1}-\frac{\mathbf{1}}{\mathbf{i}-\mathbf{1}}} + \frac{\mathbf{1}}{\mathbf{1}+\frac{\mathbf{1}}{\mathbf{i}+\mathbf{1}}};$$

Re[z2]

$$\frac{2}{5}$$

Im[z2]

$$-\frac{2}{5}$$

z2 − Conjugate[z1]

0

Maple:

conjugate

```
> z2:=-I/(1-1/(I-1))+1/(1+1/(I+1));
```

$$z2 := \frac{2}{5} - \frac{2}{5}\,I$$

```
> Re(z2);
```

$$\frac{2}{5}$$

```
> Im(z2);
```

$$\frac{-2}{5}$$

```
> z2-conjugate(z1);
```

$$0$$

Regel für die Konjugation einer Potenz verdeutlichen

Aufgabe 2.4 Aus den Eigenschaften der konjugiert komplexen Zahl erhält man sofort:

$$\overline{(a+b\,i)^n} = (a-b\,i)^n\,, \quad a, b \in \mathbb{R}, n \in \mathbb{N}.$$

Man überzeuge sich nochmals von dieser Gleichung für $n = 3$, indem man die linke und die rechte Seite ausrechnet.

Lösung: Aus $(a+b\,i)^3 = a^3 - 3\,a\,b^2 + (3\,a\,b - b^3)\,i$ folgt

$$\overline{(a+b\,i)^3} = a^3 - 3\,a\,b^2 - (3\,a\,b - 3\,b^3)\,i\,,$$

während sich auf der rechten Seite ergibt:

$$\begin{aligned}(a-b\,i)^3 &= a^3 - 3\,a\,(-b)^2 + (3\,a\,(-b) - (-b)^3)\,i \\ &= a^3 - 3\,a\,b^2 - (3\,a\,b - b^3)\,i\,.\end{aligned}$$

ComplexExpand

Mathematica: Mit ComplexExpand und Conjugate wird die linke Seite ausgerechnet, mit ComplexExpand die rechte.

ComplexExpand[Conjugate[(a + bi)^3]]

$$a^3 - 3ia^2b - 3ab^2 + ib^3$$

ComplexExpand[(a − bi)^3]

$$a^3 - 3ia^2b - 3ab^2 + ib^3$$

evalc

Maple: Mit Evalc und Conjugate wird die linke Seite ausgerechnet, mit Evalc die rechte.

```
> evalc(conjugate((a+b*I)^3));
```

$$\mathrm{Evalc}(\mathrm{Conjugate}((a+I\,b)^3)) = a^3 - 3\,a\,b^2 + I\,(-3\,a^2\,b + b^3)$$

```
> evalc((a-b*I)^3);
```

$$\mathrm{Evalc}((a-I\,b)^3) = a^3 - 3\,a\,b^2 + I\,(-3\,a^2\,b + b^3)$$

Kurven in der komplexen Ebene durch eine Gleichung beschreiben

Aufgabe 2.5 Welche Kurven werden in der Gaußschen Ebene durch

$$\Im\left(\frac{z+1}{z-1}\right) = c$$

bei konstantem $c \in \mathbb{R}$ gegeben?

Lösung: Mit $z = x + y\,i$ berechnen wir zuerst den Imaginärteil von $\frac{z+1}{z-1}$:

$$\frac{z+1}{z-1} = \frac{z+1}{z-1}\,\frac{\bar{z}-1}{\bar{z}-1} = \frac{(x+1+y\,i)\,(x-1-y\,i)}{(x-1)^2+y^2}\,,$$

also:

$$\Im\left(\frac{z+1}{z-1}\right) = -\frac{2\,y}{(x-1)^2+y^2}\,, \qquad z \neq 1\,.$$

Ist $c = 0$, so ergibt sich die Gerade: $y = 0$. Ist $c \neq 0$, so ergeben sich Kreise:

$$(x-1)^2 + y^2 + \frac{2}{c}\,y = 0$$

bzw.

$$(x-1)^2 + \left(y + \frac{1}{c}\right)^2 = \frac{1}{c^2}\,.$$

Es handelt sich damit um Kreise mit dem Mittelpunkt $\left(1, -\frac{1}{c}\right)$ und dem Radius $\frac{1}{c}$.

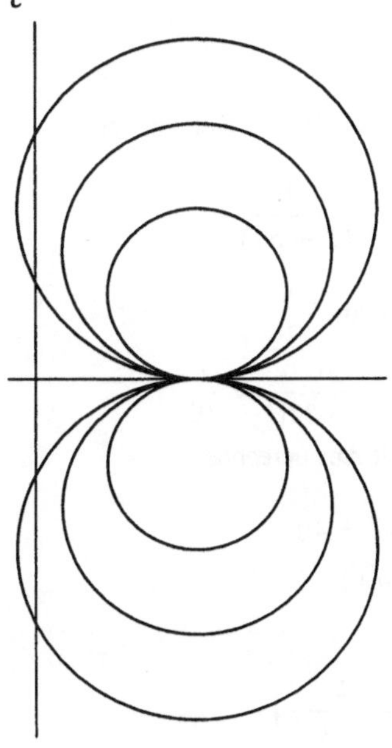

Die Kurven $\Im\left(\frac{z+1}{z-1}\right) = c$ in der komplexen Ebene

Aufgabe 2.6 Welche Menge komplexer Zahlen wird beschrieben durch:

$$\cos(2\,t) + \sin(t)\,i\,, \qquad t \in \mathbb{R}\,.$$

Eine Kurve in der komplexen Ebene in Parameterdarstellung angeben

Lösung: Mit $\cos(2t) = 1 - 2(\sin(t))^2$ können wir umformen:

$$\cos(2t) + \sin(t)\, i = (1 - 2(sin(t))^2) + \sin(t)\, i\,.$$

Durchläuft t ein Intervall der Länge 2π, so durchläuft $\sin(t)$ das Intervall $-1 \leq \sin(t) \leq 1$. Damit werden folgende komplexen Zahlen beschrieben:

$$(1 - \tau^2) + \tau\, i\,, \quad -1 \leq \tau \leq 1\,,$$

die auf einem Parabelbogen in der Gaußschen Ebene liegen.

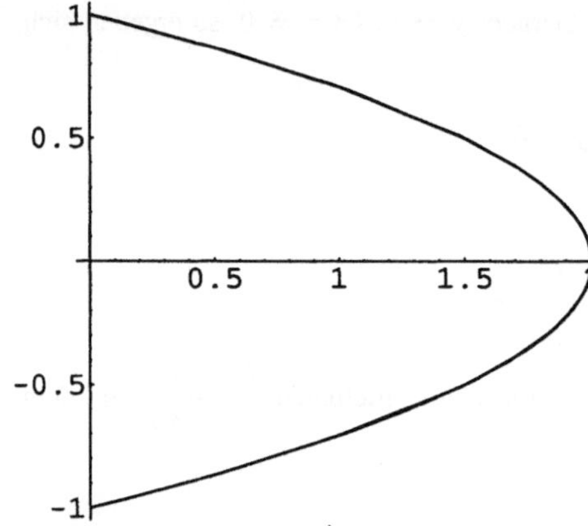

Die Kurve $\cos(2t) + \sin(t)\, i$ in der komplexen Ebene

Beträge ausrechnen

Aufgabe 2.7 Man berechne jeweils den Betrag von:

$$3 + 2i\,, \quad \frac{1}{(1-3i)^2}\,.$$

Lösung: Es gilt: $|3 + 2i| = \sqrt{13}$ und

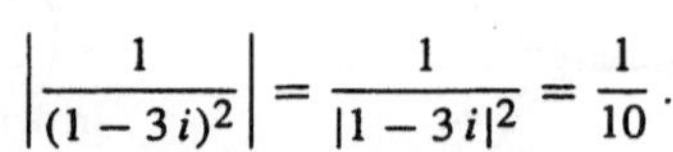

$$\left|\frac{1}{(1-3i)^2}\right| = \frac{1}{|1-3i|^2} = \frac{1}{10}\,.$$

Mathematica: Beträge werden mit Abs berechnet.

Abs

Abs[3 + 2i]

$\sqrt{13}$

Abs[$\frac{1}{(1-3i)^2}$]

$\frac{1}{10}$

Maple:

abs

```
> abs(3+2*I);
```

$$\text{Abs}(3+2\,I) = \sqrt{13}$$

```
> abs(1/(1-3*I)^2);
```

$$\text{Abs}(-\frac{2}{25}+\frac{3}{50}\,I) = \frac{1}{10}$$

Aufgabe 2.8 Welche Kurven werden in der Gaußschen Ebene durch die folgenden Beziehungen gegeben:

Gleichungen und Ungleichungen mit Beträgen lösen

(a) $|z-i| = \Im(z+i)$,

(b) $|z-3| > \left|z-\frac{1}{2}\right|$,

(c) $|z+3\,i|+|z-1| = 6$.

Lösung: **(a)** Ist $z = x + yi$, dann ergibt sich:

$$\sqrt{(x-1)^2+y^2} = y+1\,, \quad y \geq -1\,.$$

Dies ist gleichbedeutend mit:

$$x^2+(y-1)^2 = (y+1)^2\,, \quad y \geq -1\,.$$

Wir bekommen also die Parabel: $y = \dfrac{x^2}{4}$.

(b) Die angegebene Bedingung lautet:

$$(x-3)^2+y^2 > \left(x-\frac{1}{2}\right)^2+y^2 \iff (x-3)^2 > \left(x-\frac{1}{2}\right)^2$$

d.h.

$$-3\,x+9 > -x+\frac{1}{4} \iff -5\,x > -\frac{35}{4}\,,$$

bzw. $x < \dfrac{7}{4}$.

(c) Definitionsgemäß besitzen die Punkte auf einer Ellipse eine konstante Summe der Abstände von zwei festen Punkten. Also wird eine Ellipse mit den Brennpunkten $-3i$ und 1 beschrieben. Der Abstand der Brennpunkte beträgt $\sqrt{10}$. Die große Halbachse ergibt sich aus $2\,a = 6$ zu 3. Die kleine Halbachse ergibt sich aus: $b^2+(\dfrac{\sqrt{10}}{2})^2 = 3^2$ zu $\dfrac{\sqrt{26}}{2}$.

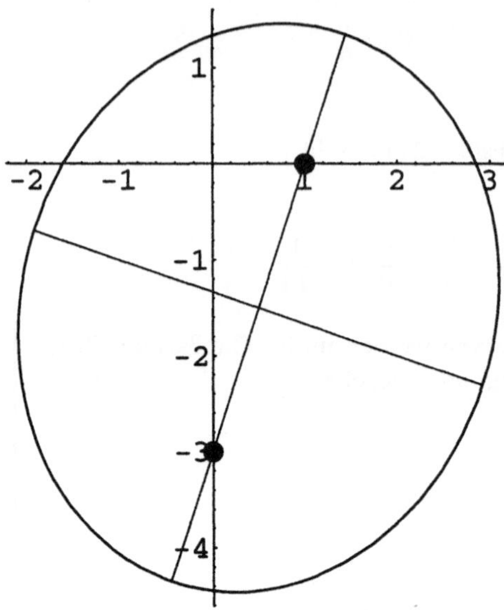

Die Ellipse $|z+3i|+|z-1|=6$ in der komplexen Ebene

Kurven in der komplexen Ebene durch eine Betragsgleichung beschreiben

Aufgabe 2.9 Welche Kurven werden in der Gaußschen Ebene durch die Beziehung

$$\left|\frac{z+1}{z-1}\right| = c$$

bei konstantem $c \in \mathbb{R}$, $c \geq 0$, gegeben?

Lösung: Da $z-1=0$ keinen Sinn macht, bekommen wir

$$|z+1| = c\,|z-1|$$

bzw. mit $z = x + y\,i$:

$$(x+1)^2 + y^2 = c^2\left((x-1)^2 + y^2\right).$$

Ist $c = 0$, so wird der Punkt $z = -1$ durch die Beziehung festgelegt. Ist $c = 1$, so wird die y-Achse, $x = 0$, durch die Beziehung festgelegt.

Für $c \neq 1$ formen wir um:

$$x^2 + 2\,\frac{1+c^2}{1-c^2}\,x + 1 + y^2 = 0$$

und erhalten durch quadratisches Ergänzen:

$$\left(x + \frac{1+c^2}{1-c^2}\right)^2 + y^2 = -1 + \left(\frac{1+c^2}{1-c^2}\right)^2 = \frac{4c^2}{(1-c^2)^2}$$

$$= \left(\frac{2c}{|1-c^2|}\right)^2.$$

Hieraus ersieht man, daß für $c > 0$, $c \neq 1$, ein Kreis mit dem Mittelpunkt $(-\frac{1+c^2}{1-c^2}, 0)$ und dem Radius $\frac{2c}{|1-c^2|}$ gegeben wird.

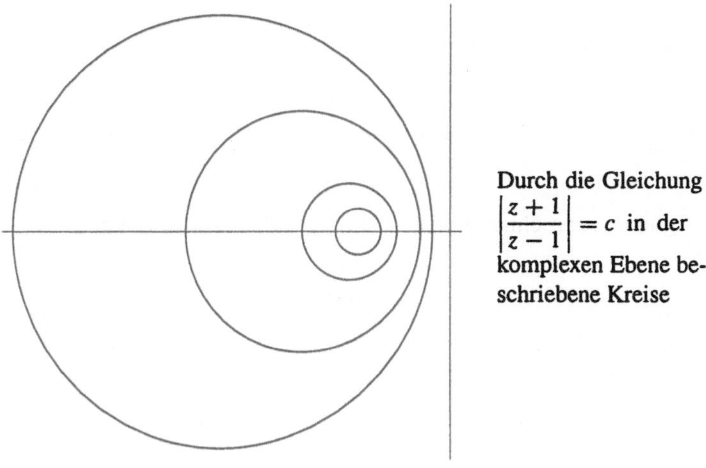

Durch die Gleichung $\left|\frac{z+1}{z-1}\right| = c$ in der komplexen Ebene beschriebene Kreise

2.2 Polarkoordinaten

Wir beschreiben eine komplexe Zahl durch eine Winkel- und Längenangabe.

Argument

> Den Winkel ϕ, den die positive reelle Achse und der zu einer komplexen Zahl $z \neq 0$ gehörige Zeiger in der Gaußschen Ebene einschließen, bezeichnet man als Argument $\phi = \arg(z)$ von z. Der Winkel soll auf der positiven reellen Achse 0 und auf der negativen reellen Achse π betragen, und es soll $-\pi < \phi \leq \pi$ gelten.

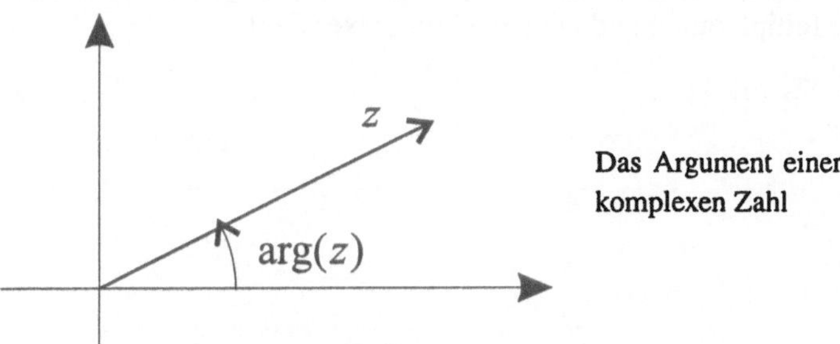

Das Argument einer komplexen Zahl

Mit dem Betrag und dem Argument ergibt sich die Polarkoordinatendarstellung.

Polarkoordinatendarstellung

Mit dem Betrag $r = \sqrt{x^2 + y^2}$ von $z = x + y\,i \neq 0$ ergibt sich Polarkoordinatendarstellung:

$$z = r\,(\cos(\phi) + \sin(\phi)\,i)\,.$$

Das Agument berechnet man mit Hilfe der Arcusfunktionen.

Berechnung des Arguments einer komplexen Zahl

Sei $z = x + y\,i$ und $r = \sqrt{x^2 + y^2} > 0$.
Dann gilt:

$$\arg(z) = \begin{cases} \arccos\left(\frac{x}{r}\right) & , \quad y \geq 0 \\ -\arccos\left(\frac{x}{r}\right) & , \quad y < 0 \end{cases},$$

bzw.

$$\arg(z) = \begin{cases} \arctan\left(\frac{y}{x}\right), & x > 0, \quad y \geq 0 \\ \pi - \arctan\left(\frac{y}{-x}\right), & x < 0, \quad y \geq 0, \end{cases}$$

$$\arg(z) = -\arg(\bar{z})\,, \quad x \neq 0\,, \quad y < 0\,.$$

Eine kompakte Form der Polarkoordinatendarstellung erhält man mit der Eulerschen Formel:

Eulersche Formel

$$e^{\phi\,i} = \cos(\phi) + \sin(\phi)\,i\,, \quad \phi \in \mathbb{R}.$$

$$z = r\,(\cos(\phi) + \sin(\phi)\,i) = r\,e^{\phi\,i}\,.$$

Die Polarkoordinatendarstellung erlaubt eine bequeme Ausführung der Multiplikation und Division komplexer Zahlen.

Rechnen mit komplexen Zahlen in Polarkoordinaten

Sei $\phi_1, \phi_2, \phi \in \mathbb{R}, r_1, r_2, r \in \mathbb{R}, r_1, r_2, r \geq 0$ und $z_1 = r_1\,e^{\phi_1\,i}$, $z_2 = r_2\,e^{\phi_2\,i}$, $z = r\,e^{\phi\,i}$. Dann gilt:

$$z_1\,z_2 = r_1\,r_2\,e^{(\phi_1+\phi_2)\,i}$$

und falls $r_2 \neq 0$:

$$\frac{z_1}{z_2} = \frac{r_1}{r_2}\,e^{(\phi_1-\phi_2)\,i}\,.$$

Ferner bekommt man:

$$z^n = r^n\,e^{n\,\phi\,i}\,.$$

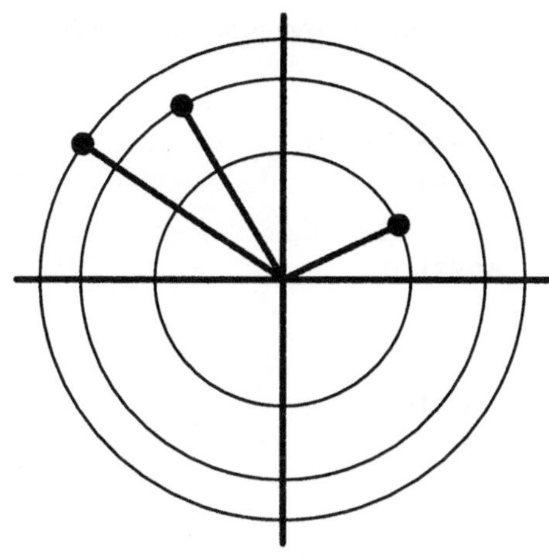

Multiplikation (Division) zweier komplexer Zahlen

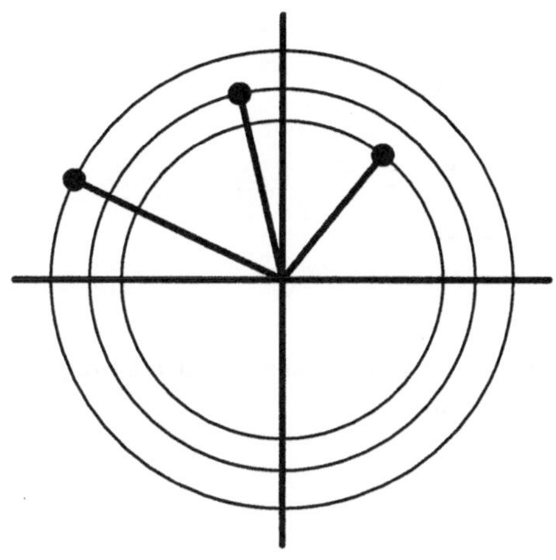

Potenzen einer komplexen Zahl

Aufgabe 2.10 Gegeben sind die komplexen Zahlen:

Multiplikation mit Hilfe der Polarform ausführen

$$z_1 = -1 + i\,, \quad z_2 = 1 + i\,.$$

Man stelle z_1 und z_2 in Polarform dar und berechne: $z_1^3\, z_2^5$.

Lösung: Es gilt:

$$z_1 = \sqrt{2}\, e^{\frac{3\pi}{4} i}\,, \quad z_2 = \sqrt{2}\, e^{\frac{\pi}{4} i}\,,$$

und damit

$$\begin{aligned} z_1^3\, z_2^5 &= (\sqrt{2})^8\, e^{\left(\frac{9\pi}{4} + \frac{5\pi}{4}\right) i} \\ &= 16\, e^{\frac{14\pi}{4} i} = 16\, e^{-\frac{\pi}{2} i} \\ &= -16 i\,. \end{aligned}$$

Arg

Mathematica: Mit der Funktion Arg wird das Argument einer komplexen Zahl berechnet.

z1 = −1 + i; z2 = 1 + i;

$$-1+i$$

Abs[z1]

$$\sqrt{2}$$

Arg[z1]

$$\frac{3\pi}{4}$$

Abs[z2]

$$\sqrt{2}$$

Arg[z2]

$$\frac{\pi}{4}$$

$z1^3 z2^5$

$$-16i$$

convert(...,polar)

Maple: Die Funktion Convert mit der Option polar gibt den Betrag und das Argument einer komplexen Zahl an.

```
> z1:=-1+I: z2:=1+I:
```

```
> convert(z1,polar);
```

$$\text{Convert}(-1+I,\, polar) = \text{polar}(\sqrt{2},\, \frac{3}{4}\pi)$$

```
> convert(z2,polar);
```

$$\text{Convert}(1+I,\, polar) = \text{polar}(\sqrt{2},\, \frac{1}{4}\pi)$$

```
> z1^3*z2^5;
```

$$-16\,I$$

Ausdrücke mit Polarformen in cartesische Darstellung umwandeln

Aufgabe 2.11 Seien a und b reelle Zahlen. Welche Menge komplexer Zahlen wird beschrieben durch:

$$a\,e^{-t\,i} + b\,e^{t\,i}\,, \quad t \in \mathbb{R}\,.$$

Lösung: Wir gehen zur cartesischen Darstellung über:

$$\begin{aligned} a\,e^{-t\,i} + b\,e^{t\,i} &= a\,(\cos(t) - \sin(t)\,i) + b\,(\cos(t) + \sin(t)\,i) \\ &= (a+b)\ \cos(t) + (-a+b)\ \sin(t)\,i\,. \end{aligned}$$

Ist $a = -b$, so wird die Strecke von $(-a+b)i$ bis $(a-b)i$ auf der imaginären Achse dargestellt.

Ist $a = b$, so wird die Strecke von $(a+b)i$ bis $-(a+b)i$ auf der reellen Achse dargestellt.

Ist $a \neq -b$ und $a \neq b$, so wird die Ellipse:

$$\frac{x^2}{(a+b)^2} + \frac{y^2}{(-a+b)^2} = 1$$

in der Gaußschen Zahlenebene dargestellt.

ComplexExpand

Mathematica: ComplexExpand berechnet die cartesische Darstellung einer komplexen Zahl unter der Annahme, daß vorkommende Parameter reelle Zahlen sind.

$$\mathbf{ComplexExpand[ae^{-ti} + be^{ti}]}$$

$$a\cos[t] + b\cos[t] - ia\sin[t] + ib\sin[t]$$

evalc

Maple: Evalc berechnet die cartesische Darstellung einer komplexen Zahl unter der Annahme, daß vorkommende Parameter reelle Zahlen sind.

```
> evalc(a*exp(-t*I)+b*exp(t*I));
```

$$\text{Evalc}(a\,e^{(-I\,t)} + b\,e^{(I\,t)}) = a\cos(t) + b\cos(t) + I\,(-a\sin(t) + b\sin(t))$$

Ungleichungen für Argumente lösen

Aufgabe 2.12 Man bestimme die Menge aller z mit folgender Eigenschaft:

(a) $0 < \arg(z+i) < \dfrac{2\pi}{3}$,

(b) $0 < \arg\left(\dfrac{z+i}{z-i}\right) < \dfrac{\pi}{3}$.

Lösung: **(a)** Die komplexen Zahlen w mit:

$$0 < \arg(w) < \frac{2\pi}{3}$$

liegen in dem Sektor, der von der positiven reellen Achse und dem Strahl im dritten Quadranten mit dem Anstieg $\tan(2\frac{\pi}{3})$ begrenzt wird. Wegen $z = w - i$ ergibt sich für z der in $-i$ abgetragene Sektor. Er wird von den von $-i$ ausgehenden Strahlen mit dem Anstieg 0 bzw. $\tan(2\frac{\pi}{3})$ begrenzt.

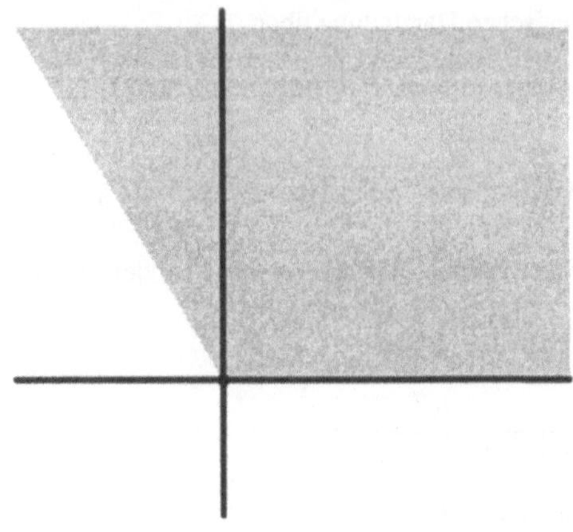

Die Lösungsmenge der Ungleichung $0 < \arg(z+i) < \dfrac{2\pi}{3}$

(b) Wir schreiben für $z \neq i$:

$$w = \frac{z+i}{z-i} = \frac{x^2+y^2-1}{x^2+(y-1)^2} + \frac{2x}{x^2+(y-1)^2}\, i\,.$$

Damit $0 < \arg(w) < \dfrac{\pi}{3}$ muß w zunächst im ersten Quadranten liegen $x^2 + y^2 - 1 > 0$ und $x > 0$ mit der weiteren Einschränkung:

$$0 < \arctan\left(\frac{2x}{x^2+y^2-1}\right) < \frac{\pi}{3}\,.$$

Letzteres ist wegen der Monotonie der Tangensfunktion gleichbedeutend mit:

$$\frac{2x}{x^2+y^2-1} < \sqrt{3}\,,$$

also:

$$0 < \left(x - \frac{1}{\sqrt{3}}\right)^2 + y^2 - \frac{10}{9}\,.$$

Die gesuchten Punkte liegen somit im ersten und vierten Quadranten außerhalb eines Kreises mit Mittelpunkt $\left(\dfrac{1}{\sqrt{3}}, 0\right)$ und dem Radius $\dfrac{\sqrt{10}}{3}$.

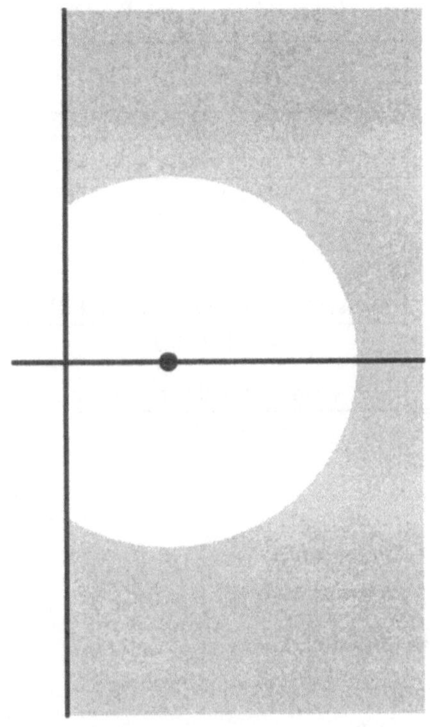

Die Lösungsmenge der Ungleichung $0 < \arg\left(\frac{z+i}{z-i}\right) < \frac{\pi}{3}$

Aufgabe 2.13 Man berechne für reelles $x \neq 0$:

$$\sum_{k=0}^{n} \cos(k\,x)\,, \quad \sum_{k=0}^{n} \sin(k\,x)\,.$$

Eulersche Formeln und trigonometrische Formeln benutzen

Lösung: Wir schreiben in komplexer Form mit der Eulerschen Formel:

$$\sum_{k=0}^{n} (\cos(k\,x) + \sin(k\,x)\,i) = \sum_{k=0}^{n} e^{k\,x\,i}\,.$$

Das Ergebnis: $\sum\limits_{k=0}^{n} q^k = \dfrac{1-q^{n+1}}{1-q}$, $\quad q \neq 1$, kann mühelos auf komplexe q erstreckt werden. Damit gilt:

$$\sum_{k=0}^{n} e^{k\,x\,i} = \frac{1-e^{(n+1)\,x\,i}}{1-e^{x\,i}}\,.$$

Wir zerlegen die rechte Seite in Real- und Imaginärteil:

$$\begin{aligned}\frac{1-e^{(n+1)\,x\,i}}{1-e^{x\,i}} &= \frac{\left(1-e^{(n+1)\,x\,i}\right)\left(1-e^{-x\,i}\right)}{\left(1-e^{x\,i}\right)\left(1-e^{-x\,i}\right)}\\ &= \frac{1-\cos(x)+\cos(n\,x)-\cos((n+1)\,x)}{2-2\,\cos(x)}\\ &+ \frac{\sin(x)+\sin(n\,x)-\sin((n+1)\,x)}{2-2\,\cos(x)}\,i\,,\end{aligned}$$

also:

$$\begin{aligned}\sum_{k=0}^{n}\cos(k\,x) &= \frac{1-\cos(x)+\cos(n\,x)-\cos((n+1)\,x)}{2-2\,\cos(x)}\,,\\ \sum_{k=0}^{n}\sin(k\,x) &= \frac{\sin(x)+\sin(n\,x)-\sin((n+1)\,x)}{2-2\,\cos(x)}\,.\end{aligned}$$

Mit den trigonometrischen Formeln:

$$\begin{aligned}\cos(\alpha-\beta)-\cos(\alpha+\beta) &= 2\,\sin(\alpha)\,\sin(\beta)\,,\\ \sin(\alpha-\beta)-\sin(\alpha+\beta) &= -2\,\cos(\alpha)\,\sin(\beta)\,,\\ 2\left(\sin\left(\frac{\alpha}{2}\right)\right)^2 &= 1-\cos(\alpha)\,,\end{aligned}$$

und $\alpha = (n+\frac{1}{2})x$ und $\beta = \frac{1}{2}x$ folgt:

$$\begin{aligned}\sum_{k=0}^{n}\cos(k\,x) &= \frac{\sin\left(\frac{1}{2}\,x\right)+\sin\left(\left(n+\frac{1}{2}\right)\,x\right)}{2\,\sin\left(\frac{1}{2}\,x\right)}\,,\\ \sum_{k=0}^{n}\sin(k\,x) &= \frac{\cos\left(\frac{1}{2}\,x\right)-\cos\left(\left(n+\frac{1}{2}\right)\,x\right)}{2\,\sin\left(\frac{1}{2}\,x\right)}\,.\end{aligned}$$

Sum

Mathematica: Mit Sum werden die vorliegenden Summen berechnet. Der Cosekans Csc hat folgende Bedeutung: $\csc(x) = \dfrac{1}{\sin(x)}$.

$$\sum_{\mathbf{k=0}}^{\mathbf{n}} \cos[\mathbf{kx}]$$

$$\frac{1}{2}\csc[\frac{x}{2}](\sin[\frac{x}{2}]+\sin[\frac{x}{2}+nx])$$

$$\sum_{\mathbf{k=0}}^{\mathbf{n}} \sin[\mathbf{kx}]$$

$$\frac{1}{2}(\cos[\frac{x}{2}]-\cos[\frac{x}{2}+nx])\csc[\frac{x}{2}]$$

Maple: Mit Sum werden die vorliegenden Summen berechnet. Das Ergebnis vereinfacht man mit Combine unter der Option trig.

`sum`
`combine(...,trig)`

```
> combine(sum(cos(k*x),k=0..n),trig);
```

$$\sum_{k=0}^{n} \cos(k\,x) = \frac{1}{2}\,\frac{\sin(x\,n) + \sin(x\,n + x) + \sin(x)}{\sin(x)}$$

```
> combine(sum(sin(k*x),k=0..n),trig);
```

$$\sum_{k=0}^{n} \sin(k\,x) = \frac{-\sin(x\,n) + \sin(x\,n + x) - \sin(x)}{-2 + 2\cos(x)}$$

2.3 Quadratische Gleichungen und n-te Wurzeln

Quadratwurzeln ergeben sich mit den Formeln:

Quadratwurzel

Die Gleichung: $z^2 = u + v\,i$ besitzt folgende Lösungen:

$$z = \begin{cases} \pm\left(\sqrt{\frac{u+\sqrt{u^2+v^2}}{2}} + \sqrt{\frac{-u+\sqrt{u^2+v^2}}{2}}\;i\right), & v \geq 0\,, \\ \pm\left(\sqrt{\frac{u+\sqrt{u^2+v^2}}{2}} - \sqrt{\frac{-u+\sqrt{u^2+v^2}}{2}}\;i\right), & v < 0\,. \end{cases}$$

Damit können auch quadratische Gleichungen gelöst werden. Allgemein bekommen wir die n-ten Wurzeln mit:

***n*-te Wurzeln**

Die Gleichung: $z^n = z_0\,,\, z_0 = r_0 e^{\phi_0\,i}\,,\, r_0, \phi_0 \in \mathbb{R}, r_0 > 0\,,$ besitzt folgende n Lösungen in $\mathbb{C}$:

$$z_k = \sqrt[n]{r_0}\,e^{\left(\frac{\phi_0}{n} + \frac{k-1}{n}\,2\,\pi\right)i}\,, \quad k = 1, \ldots, n\,.$$

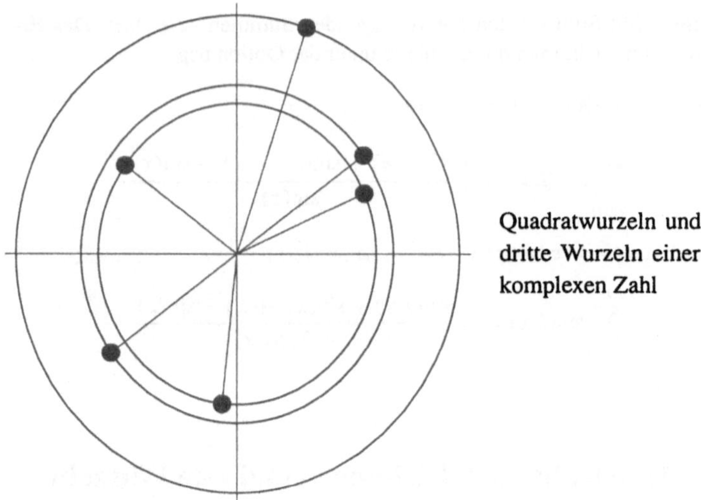

Quadratwurzeln und dritte Wurzeln einer komplexen Zahl

Einen wichtigen Spezialfall bilden die Einheitswurzeln:

n-te Einheitswurzeln

Die Gleichung: $z^n = 1$ besitzt folgende n Lösungen in $\mathbb{C}$:

$$z_k = e^{\frac{k-1}{n} 2\pi i}, \quad k = 1, \ldots, n.$$

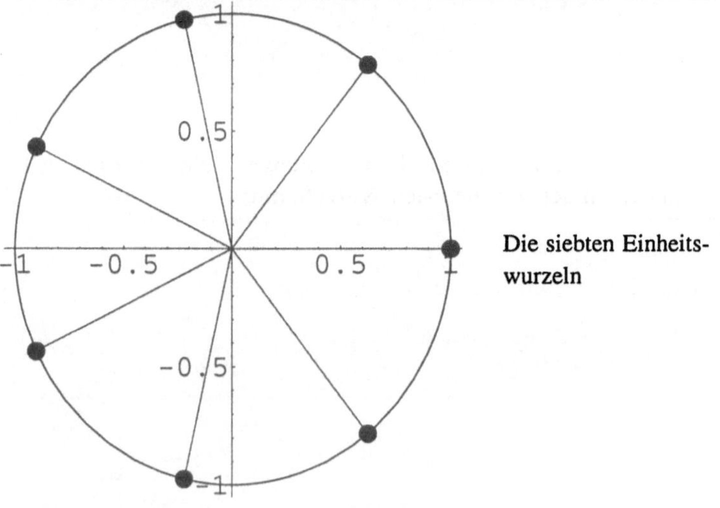

Die siebten Einheitswurzeln

Quadratwurzeln einer komplexen Zahl berechnen

Aufgabe 2.14 Man löse die Gleichung:

$$z^2 = (1 - \sqrt{5}\, i)^3.$$

Lösung: Zunächst ergibt:

$$\begin{aligned}(1-\sqrt{5}\,i)^3 &= 1+3\,(-\sqrt{5}\,i)+3\,(-\sqrt{5}\,i)^3+(-\sqrt{5}\,i)^3\\ &= -14+2\sqrt{5}\,i\,.\end{aligned}$$

Nun betrachten wir die Gleichung: $z^2=-14+2\sqrt{5}\,i$ und bekommen als Lösungen:

$$z=\pm\left(\sqrt{\frac{-14+\sqrt{14^2+(2\sqrt{5})^2}}{2}}+\sqrt{\frac{14+\sqrt{14^2+(2\sqrt{5})^2}}{2}}\,i\right).$$

Wir vereinfachen dies zu:

$$z=\pm\left(\sqrt{3\sqrt{6}-7}+\sqrt{3\sqrt{6}+7}\,i\right).$$

Mathematica:

$$\mathbf{Solve[z^2 == (1-\sqrt{5}i)^3]}$$

$$\{\{z\to(-1-i)\sqrt{7i+\sqrt{5}}\},\{z\to(1+i)\sqrt{7i+\sqrt{5}}\}\}$$

Maple:

```
> solve(z^2=(1-sqrt(5)*I)^3);
```

$$\sqrt{-14+2\,I\,\sqrt{5}},\ -\sqrt{-14+2\,I\,\sqrt{5}}$$

```
> evalc(sqrt(-14+2*I*sqrt(5)));
```

$$\text{Evalc}(\sqrt{-14+2\,I\,\sqrt{5}})=\sqrt{3\sqrt{6}-7}+I\,\sqrt{3\sqrt{6}+7}$$

Aufgabe 2.15 Man löse die Gleichung:

$$z^2-(2+i)\,z-1-5\,i=0\,.$$

Eine quadratische Gleichung mit komplexen Koeffizienten lösen

Lösung: Wir bringen die Gleichung in die Form:

$$\left(z-\frac{2+i}{2}\right)^2=1+5i+\left(\frac{2+i}{2}\right)^2$$

bzw.

$$\left(z-\frac{2+i}{2}\right)^2=\frac{7}{4}+6i\,.$$

Nun lösen wir zuerst die Gleichung: $w^2=\frac{7}{4}+6\,i$ und bekommen:

$$w=\pm\left(\sqrt{\frac{\frac{7}{4}+\sqrt{\left(\frac{7}{4}\right)^2+6^2}}{2}}+\sqrt{\frac{-\frac{7}{4}+\sqrt{\left(\frac{7}{4}\right)^2+6^2}}{2}}\,i\right)$$

Wir vereinfachen dies zu: $w = \pm\left(2 + \frac{3}{2}i\right)$ und erhalten die Lösungen: $z_1 = 3 + 2i$, $z_2 = -1 - i$.

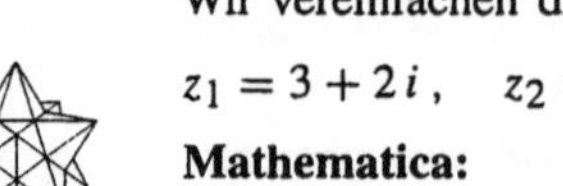

Mathematica:

$$\mathbf{Solve[z^2 - (2 + i)z - 1 - 5i == 0]}$$

$$\{\{z \to -1 - i\}, \{z \to 3 + 2i\}\}$$

Maple:

```
> solve(z^2-(2+I)*z-1-5*I=0);
```

$$-1 - I,\ 3 + 2I$$

Lösungsformeln für quadratische Gleichungen herleiten und ineinander überführen

Aufgabe 2.16 Für die Gleichung

$$z^2 = u + v\,i = r_0\,e^{\phi_0 i}\,, \quad r > 0\,, \quad -\pi < \phi_0 \leq \pi\,,$$

leite man folgende Lösungsmenge her:

$$z = \begin{cases} \pm\left(\sqrt{\frac{u+\sqrt{u^2+v^2}}{2}} + \sqrt{\frac{-u+\sqrt{u^2+v^2}}{2}}\,i\right), & v \geq 0\,, \\ \pm\left(\sqrt{\frac{u+\sqrt{u^2+v^2}}{2}} - \sqrt{\frac{-u+\sqrt{u^2+v^2}}{2}}\,i\right), & v < 0\,. \end{cases}$$

Man zeige die Übereinstimmung mit der Lösungsmenge:

$$z = \sqrt{r_0}\,e^{\left(\frac{\phi_0}{2} + \frac{k-1}{2}2\pi\right)i}\,, \quad k = 1, 2\,.$$

Lösung: Wir setzen $z = x + y\,i$ und bekommen:

$$z^2 = x^2 - y^2 + 2\,x\,y\,i\,.$$

Hieraus ergeben sich folgende Gleichungen zur Bestimmung von x und y:

$$x^2 - y^2 = u\,, \quad 2\,x\,y = v\,.$$

Durch Quadrieren folgt:

$$u^2 = (x^2 - y^2)^2 = x^4 - 2\,x^2\,y^2 + y^4\,, \quad v^2 = 4\,x^2\,y^2\,,$$

und hieraus

$$u^2 + v^2 = (x^2 + y^2)^2\,.$$

Insgesamt bekommen wir die äquivalenten Bestimmungsgleichungen für x und y:

$$x^2 - y^2 = u\,, \quad x^2 + y^2 = \sqrt{u^2 + v^2}\,.$$

Auflösen ergibt zunächst:

$$x^2 = \frac{u + \sqrt{u^2 + v^2}}{2}\,, \quad y^2 = \frac{-u + \sqrt{u^2 + v^2}}{2}\,.$$

Ist nun $v \geq 0$ und damit $x\,y \geq 0$, so erhält man:

$$z = \pm \left(\sqrt{\frac{u + \sqrt{u^2 + v^2}}{2}} + \sqrt{\frac{-u + \sqrt{u^2 + v^2}}{2}}\, i \right) .$$

Ist jedoch $v < 0$ und damit $x\,y < 0$, so erhält man:

$$z = \pm \left(\sqrt{\frac{u + \sqrt{u^2 + v^2}}{2}} - \sqrt{\frac{-u + \sqrt{u^2 + v^2}}{2}}\, i \right) .$$

Betrachten wir nun die Polarkoordinatendarstellung:

$$u = r_0 \cos(\phi_0)\,, \qquad v = r_0 \sin(\phi_0)\,.$$

Einsetzen ergibt:

$$x^2 = \frac{r_0 \cos(\phi_0) + r_0}{2} = r_0 \left(\frac{1}{2} (1 + \cos(\phi_0)) \right) ,$$

$$y^2 = \frac{-r_0 \cos(\phi_0) + r_0}{2} = r_0 \left(\frac{1}{2} (1 - \cos(\phi_0)) \right) .$$

Aus dem Additionstheorem für den Cosinus folgt:

$$\cos(\phi_0) = \cos\left(\frac{\phi_0}{2} + \frac{\phi_0}{2} \right) \left(\cos\left(\frac{\phi_0}{2} \right) \right)^2 - \left(\sin\left(\frac{\phi_0}{2} \right) \right)^2$$

und

$$\frac{1}{2} (1 + \cos(\phi_0)) = \left(\cos\left(\frac{\phi_0}{2} \right) \right)^2 , \quad \frac{1}{2} (1 - \cos(\phi_0)) = \left(\sin\left(\frac{\phi_0}{2} \right) \right)^2 .$$

Schließlich werden x und y durch folgende Gleichungen festgelegt:

$$x^2 = r_0 \left(\cos\left(\frac{\phi_0}{2} \right) \right)^2 , \quad y^2 = r_0 \left(\sin\left(\frac{\phi_0}{2} \right) \right)^2 .$$

Beachtet man noch die Vorzeichen der Funktionen $\cos\left(\frac{\phi}{2}\right)$ und $\sin\left(\frac{\phi}{2}\right)$, so ergibt sich die Übereinstimmung der Lösungsformeln.

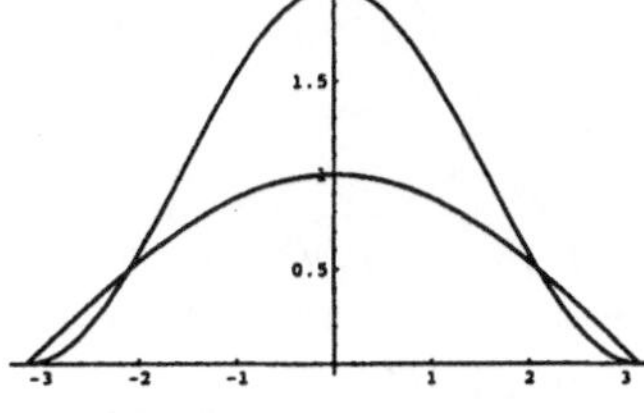

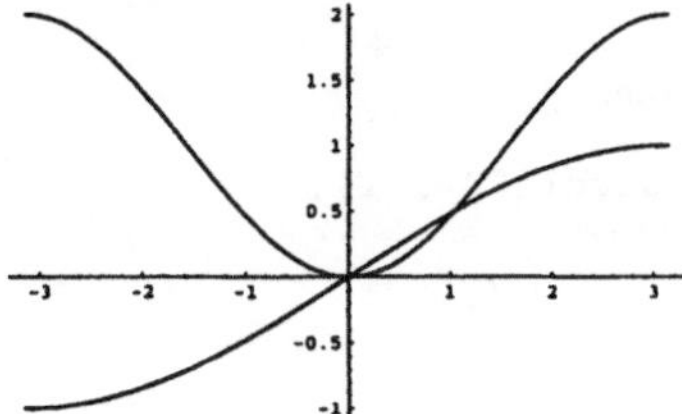

Die Funktionen $1 + \cos(\phi)$ und $\cos\left(\frac{\phi}{2}\right)$ (links) und
$1 - \cos(\phi)$ und $\sin\left(\frac{\phi}{2}\right)$ (rechts)

Dritte Wurzeln einer komplexen Zahl berechnen

Aufgabe 2.17 Man berechne die Lösungen der Gleichung:

$$z^3 = 1 - i\,.$$

Lösung: Wir schreiben in Polarform: $1 - i = \sqrt{2}\,e^{-\frac{\pi}{4}\,i}$ und bekommen folgende Lösungen:

$$\begin{aligned}
z_1 &= \sqrt[6]{2}\,e^{-\frac{\pi}{12}\,i}\,,\\
z_2 &= \sqrt[6]{2}\,e^{\left(-\frac{\pi}{12}+\frac{2\pi}{3}\right)i}\,,\\
z_3 &= \sqrt[6]{2}\,e^{\left(-\frac{\pi}{12}+\frac{4\pi}{3}\right)i}\,.
\end{aligned}$$

Umformen in die cartesische Darstellung ergibt:

$$\begin{aligned}
z_1 &= \frac{1}{2\sqrt[3]{2}}\,(1+\sqrt{3}+(1-\sqrt{3})\,i)\,,\\
z_2 &= \frac{1}{2\sqrt[3]{2}}\,(1-\sqrt{3}+(1+\sqrt{3})\,i)\,,\\
z_3 &= -\frac{1}{\sqrt[3]{2}}\,(1+i)\,.
\end{aligned}$$

Mathematica:

$$\mathbf{Solve[z^3 == 1 - i]}$$

$$\{\{z \to (1-i)^{1/3}\}, \{z \to -(-1)^{1/3}(1-i)^{1/3}\}, \{z \to (-1)^{2/3}(1-i)^{1/3}\}\}$$

$$\mathbf{ComplexExpand[Re[(1 - i)^{1/3}]]}$$

$$\frac{1}{22^{1/3}} + \frac{\sqrt{3}}{22^{1/3}}$$

$$\mathbf{ComplexExpand[Im[(1 - i)^{1/3}]]}$$

$$\frac{1}{22^{1/3}} - \frac{\sqrt{3}}{22^{1/3}}$$

Maple:

```
> solve(z^3=1-I);
```

$$(1-I)^{1/3},\ -\frac{1}{2}(1-I)^{1/3} + \frac{1}{2}\,I\,\sqrt{3}\,(1-I)^{1/3},$$
$$-\frac{1}{2}(1-I)^{1/3} - \frac{1}{2}\,I\,\sqrt{3}\,(1-I)^{1/3}$$

```
> evalc(simplify(evalc((1-I)^(1/3))));
```

$$\frac{1}{4}\,2^{2/3}\sqrt{3} + \frac{1}{4}\,2^{2/3} + I\,(-\frac{1}{4}\,2^{2/3}\sqrt{3} + \frac{1}{4}\,2^{2/3})$$

Aufgabe 2.18 Man zeige, daß die Summe der n-ten Einheitswurzeln $z_k = e^{\frac{k-1}{n} 2\pi i}$, $k = 1, \ldots, n$, Null ergibt: $\sum_{k=1}^{n} z_k = 0$.
Weiter überlege man sich, daß die Gleichung $n-1$-ten Grades: $\sum_{k=0}^{n-1} z^k = 0$ die n-ten Einheitswurzeln $z_2, \ldots z_n$ als Lösungen besitzt.

Eigenschaften der n-ten Einheitswurzeln bestätigen

Lösung: Wir verwenden die Formel:

$$\sum_{k=0}^{n} q^k = \frac{1-q^{n+1}}{1-q}, \quad q \neq 1,$$

und erhalten für $j \neq mn, m \in \mathbb{Z}$:

$$\begin{aligned}
\sum_{k=1}^{n} z_k^j &= \sum_{k=1}^{n} e^{\frac{k-1}{n} 2j\pi i} = \sum_{k=0}^{n-1} e^{\frac{k}{n} 2j\pi i} = \sum_{k=0}^{n-1} \left(e^{\frac{1}{n} 2j\pi i}\right)^k \\
&= \frac{1-\left(e^{\frac{1}{n} 2j\pi i}\right)^n}{1-e^{\frac{1}{n} 2j\pi i}} \\
&= \frac{1-1}{1-e^{\frac{1}{n} 2j\pi i}} = 0.
\end{aligned}$$

Für $j = 1$ ergibt dies die erste Behauptung.
Nun schreiben wir für $j = 1, \ldots, n-1$:

$$0 = \sum_{k=1}^{n} z_k^j = \sum_{k=0}^{n-1} e^{\frac{k}{n} 2j\pi i} = \sum_{k=0}^{n-1} \left(e^{\frac{j}{n} 2\pi i}\right)^k.$$

Mathematica:

$$\mathbf{Simplify}[\sum_{k=1}^{n} e^{\frac{(k-1)2\pi i}{n}}]$$

$$\frac{-1+\left(e^{\frac{2i\pi}{n}}\right)^n}{-1+e^{\frac{2i\pi}{n}}}$$

Maple:

```
> sum(exp(((k-1)/n)*2*Pi*I),k=1..n);
```

$$\sum_{k=1}^{n} e^{\left(2\,\frac{I\,(k-1)\,\pi}{n}\right)} = 0$$

3 Vektorräume

3.1 Der Begriff des Vektorraums

Wir verallgemeinern den anschaulichen Begriff eines Vektors mit folgenden Rechengesetzen.

Rechnen in Vektorräumen

1) Grundgesetze der Addition:

1a) $\vec{a} + \vec{b} = \vec{b} + \vec{a}$, (Kommutativgesetz),

1b) $\vec{a} + (\vec{b} + \vec{c}) = (\vec{a} + \vec{b}) + \vec{c}$, (Assoziativgesetz),

1c) $\vec{a} + \vec{0} = \vec{a}$, (Existenz des Nullelements),

1d) $\vec{a} - \vec{a} = \vec{0}$, (Existenz des inversen Elements).

2) Grundgesetze der Multiplikation mit Skalaren:

2a) $1\,\vec{a} = \vec{a}$,

2b) $\lambda\,(\mu\,\vec{a}) = (\lambda\,\mu)\,\vec{a}$,

2c) $\lambda\,(\vec{a} + \vec{b}) = \lambda\,\vec{a} + \mu\,\vec{b}$,

2d) $(\lambda + \mu)\,\vec{a} = \lambda\,\vec{a} + \mu\,\vec{a}$.

Beim Rechnen in Vektorräumen unterscheiden wir also Vektoren und Skalare.

Vektoren und Skalare

Die Elemente eines Vektorraums nennt man wieder Vektoren. Als Skalarenkörper verwenden wir $\mathbb{K} = \mathbb{C}$ oder $\mathbb{K} = \mathbb{R}$.

Der folgende Vektorraum spielt als Modellfall eine große Rolle.

Die Menge aller geordneten n-Tupel von Skalaren aus $\mathbb{K}$, $\mathbb{K} = \mathbb{R}$ bzw. $\mathbb{K} = \mathbb{C}$

$$\mathbb{K}^n = \{(x_1, x_2, \ldots, x_n) \mid x_j \in \mathbb{K},\ j = 1, \ldots n\}$$

versehen mit der Addition

$$(x_1, \ldots, x_n) + (y_1, \ldots, y_n) = (x_1 + y_1, \ldots, x_n + y_n)$$

und der Multiplikation mit Skalaren aus $\mathbb{K}$

$$\lambda\,(x_1, \ldots, x_n) = (\lambda\, x_1, \ldots, \lambda\, x_n)$$

bilden einen n-dimensionalen Vektorraum.

Der Vektorraum $\mathbb{K}^n$

Ist eine Teilmenge eines Vektorraums bezüglich der Addition und der Multiplikation mit Skalaren abgeschlossen, so stellt sie wieder einen Vektorraum dar.

Sei $\mathbb{V}$ ein Vektorraum und $\mathbb{U} \subset \mathbb{V}$. $\mathbb{U}$ heißt Unterraum von $\mathbb{V}$, wenn

1.) für je zwei Vektoren $\vec{a}, \vec{b} \in \mathbb{U}$ gilt: $\vec{a} + \vec{b} \in \mathbb{U}$,

2.) für jeden Skalar λ und jeden Vektor $\vec{a} \in \mathbb{U}$ gilt: $\lambda\,\vec{a} \in \mathbb{U}$.

Damit gleichwertig ist: $\lambda\vec{a} + \mu\vec{b} \in \mathbb{U}$ für je zwei Vektoren $\vec{a}, \vec{b} \in \mathbb{U}$ und je zwei Skalare $\lambda, \mu \in \mathbb{K}$ gilt.

Unterraum

Nach dem Assoziativgesetz dürfen Vektoren in beliebiger Reihenfolge addiert werden.

Sei $\mathbb{V}$ ein Vektorraum. Seien $\vec{a}_j \in V$, $j = 1, \ldots, n$ (fest vorgegebene) Vektoren und $\lambda_j \in \mathbb{K}$, $j = 1, \ldots, n$ Skalare. Jeder Vektor

$$\sum_{j=1}^{n} \lambda_j \vec{a}_j = \lambda_1 \vec{a}_1 + \lambda_2 \vec{a}_2 + \cdots + \lambda_n \vec{a}_n$$

heißt eine Linearkombination der Vektoren $\vec{a}_j \in \mathbb{V}$, $j = 1, \ldots, n$.

Linearkombination

Aufgabe 3.1 Man prüfe, welche der folgenden Teilmengen $\mathbb{U} \subset \mathbb{R}^2$ einen Unterraum des $\mathbb{R}^2$ darstellen:

Prüfen, ob ein Unterraum im $\mathbb{R}^2$ vorliegt

(a) $\mathbb{U} = \{(x_1, x_2) \mid x_1 - 2\,x_2 = 0\}$,

(b) $\mathbb{U} = \{(x_1, x_2) \mid 5\,x_1 - x_2 = 3\}$.

Lösung: **(a)** Seien $\vec{a} = (a_1, a_2), \vec{b} = (b_1, b_2) \in \mathbb{U}$ und $\lambda, \mu \in \mathbb{R}$. Addiert man die beiden Gleichungen:

$$\begin{aligned} \lambda a_1 - 2\lambda a_2 &= 0, \\ \mu b_1 - 2\mu b_2 &= 0, \end{aligned}$$

so folgt:

$$(\lambda a_1 + \mu b_1) - 2(\lambda a_2 + \mu b_2) = 0,$$

d. h. $\lambda\vec{a} + \mu\vec{b} = (\lambda a_1 + \mu b_1, \lambda a_2 + \mu b_2) \in \mathbb{U}$. Die Menge $\mathbb{U}$ stellt damit einen Unterraum dar, nämlich eine Ursprungsgerade im $\mathbb{R}^2$ mit der Parameterform:

$$(x_1, x_2) = t\left(1, \frac{1}{2}\right), \quad t \in \mathbb{R}.$$

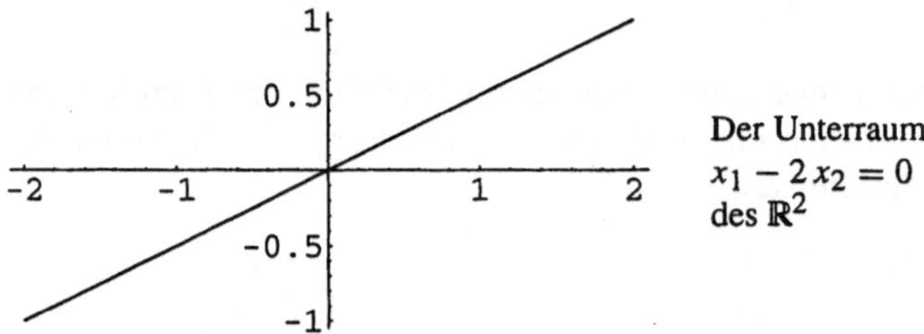

Der Unterraum $x_1 - 2x_2 = 0$ des $\mathbb{R}^2$

(b) Die Menge $\mathbb{U}$ stellt wiederum eine Gerade im $\mathbb{R}^2$ dar, die aber nicht durch den Ursprung geht. Ihre Parameterform lautet:

$$(x_1, x_2) = (0, -3) + t(1, 5), \quad t \in \mathbb{R}.$$

Seien $\vec{a} = (a_1, a_2), \vec{b} = (b_1, b_2) \in \mathbb{U}$ und $\lambda, \mu \in \mathbb{R}$. Addiert man die beiden Gleichungen:

$$\begin{aligned} 5\lambda a_1 - \lambda a_2 &= 3\lambda, \\ 5\mu b_1 - \mu b_2 &= 3\mu, \end{aligned}$$

so folgt:

$$5(\lambda a_1 + \mu b_1) - (\lambda a_2 + \mu b_2) = 3(\lambda + \mu).$$

Wenn also $\lambda + \mu \neq 1$ ist, liegt der Vektor $\lambda\vec{a} + \mu\vec{b}$ nicht mehr in $\mathbb{U}$. Insbesondere folgt aus $\vec{a} \in \mathbb{U}$ nur für $\lambda = 1$, daß auch $\lambda\vec{a} \in \mathbb{U}$ liegt. Die Menge $\mathbb{U}$ bildet somit keinen Unterraum.

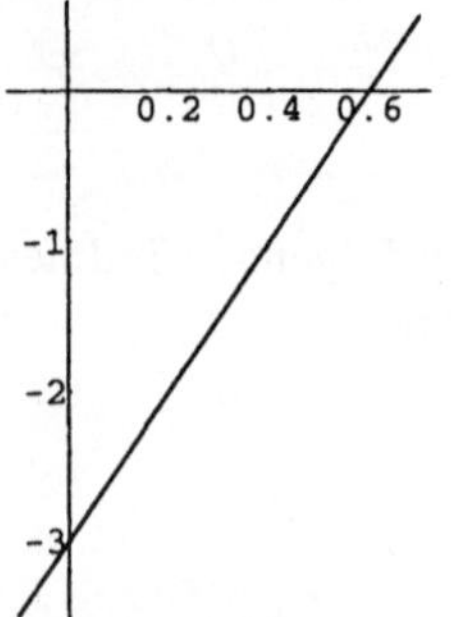

Die Teilmenge $5x_1 - x_2 = 3$ des $\mathbb{R}^2$

Aufgabe 3.2 Man prüfe, welche der folgenden Teilmengen $\mathbb{U} \subset \mathbb{R}^3$ einen Unterraum des $\mathbb{R}^3$ darstellen:

Prüfen, ob ein Unterraum im $\mathbb{R}^3$ vorliegt

(a) $\mathbb{U} = \{(x_1, x_2, x_3) \mid 3\,x_1 + 2\,x_2 - 3\,x_3 = 0\}$,

(b) $\mathbb{U} = \{(x_1, x_2, x_3) \mid x_1 + 2\,x_2 - 3\,x_3 = 0\,, x_2 - x_1 = 0\}$,

(c) $\mathbb{U} = \{(x_1, x_2, x_3) \mid x_1 + 2\,x_2 - 3\,x_3 = 2\}$.

Lösung: **(a)** Die Menge $\mathbb{U}$ stellt eine Ebene durch den Nullpunkt mit dem Normalenvektor $(3, 2, -3)$ dar:

$$(3, 2, -3)\,(x_1, x_2, x_3) = 0\,.$$

Seien $\vec{a} = (a_1, a_2, a_3), \vec{b} = (b_1, b_2, b_3) \in \mathbb{U}$ und $\lambda, \mu \in \mathbb{R}$, dann gilt:

$$(3, 2, 3)\,(\lambda\,(a_1, a_2, a_3) + \mu\,(b_1, b_2, b_3) = 0)\,.$$

Also liegt stets auch $\lambda\vec{a} + \mu\vec{b}$ in $\mathbb{U}$, und wir haben einen Unterrraum.

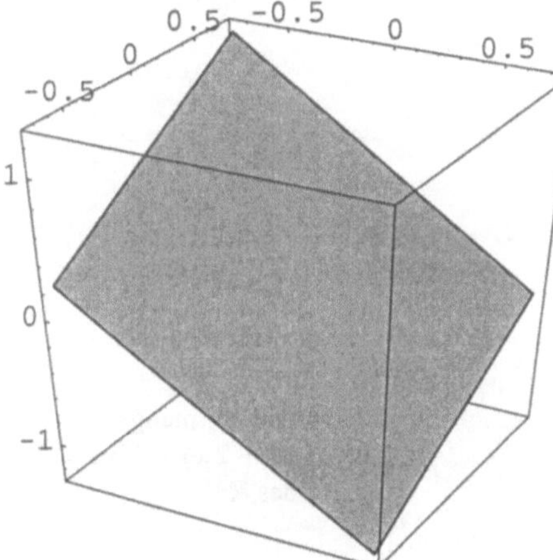

Der Unterraum $3\,x_1 + 2\,x_2 - 3\,x_3 = 0$ des $\mathbb{R}^3$

(b) Die Menge $\mathbb{U}$ stellt eine Gerade durch den Nullpunkt dar. Ihre Parameterform lautet:

$$(x_1, x_2, x_3) = t\,(1, 1, 3)\,, \quad t \in \mathbb{R}\,.$$

Seien $\vec{a} = (a_1, a_2, a_3), \vec{b} = (b_1, b_2, b_3) \in \mathbb{U}$ und $\lambda, \mu \in \mathbb{R}$, dann gilt:

$$\begin{aligned} (\lambda\,a_1 + \mu\,b_1) + 2\,(\lambda\,a_2 + \mu\,b_2) - 3\,(\lambda\,a_3 + \mu\,b_3) &= 0\,, \\ (\lambda\,a_2 + \mu\,b_2) - (\lambda\,a_1 + \mu\,b_1) &= 0\,. \end{aligned}$$

Also liegt stets auch $\lambda\vec{a} + \mu\vec{b}$ in $\mathbb{U}$, und wir haben einen Unterrraum.

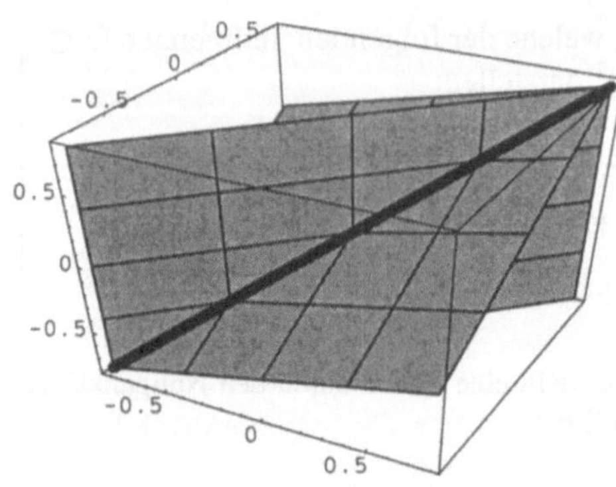

Der Unterraum
$x_1 + 2x_2 - 3x_3 = 0$,
$x_2 - x_1 = 0$
des $\mathbb{R}^3$

(c) Die Menge $\mathbb{U}$ stellt eine Ebene durch den Punkt $(0, 0, -\frac{2}{3})$ mit Normalenvektor $(1, 2, -3)$ dar. Ihre Parameterform lautet:

$$(x_1, x_2, x_3) = \left(0, 0, -\frac{2}{3}\right) + t\left(1, 0, \frac{1}{3}\right) + s\left(0, 1, \frac{2}{3}\right), t, s \in \mathbb{R}.$$

Die Menge $\mathbb{U}$ stellt keinen Unterraum dar.

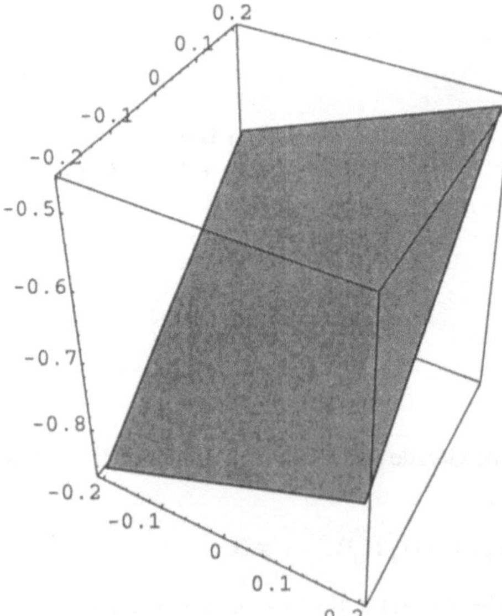

Die Teilmenge
$x_1 + 2x_2 - 3x_3 = 2$
des $\mathbb{R}^3$

Aufgabe 3.3

Einen Vektor als Linearkombination von gegebenen Vektoren im $\mathbb{R}^2$ bzw. $\mathbb{R}^3$ darstellen

(a) Man stelle den Vektor $\vec{b} = (13, 2) \in \mathbb{R}^2$ als Linearkombination der folgenden Vektoren dar:

$$\vec{a}_1 = (1, 1), \quad \vec{a}_2 = (0, 2).$$

(b) Man stelle den Vektor $\vec{b} = (0, 2, 3) \in \mathbb{R}^3$ als Linearkombination der folgenden Vektoren dar:

$$\vec{a}_1 = (1, 0, 0), \quad \vec{a}_2 = (1, 1, 1), \quad \vec{a}_3 = (1, 4, -1).$$

Lösung: **(a)** Gesucht sind $\lambda_1, \lambda_2 \in \mathbb{R}$ mit

$$\lambda_1 (1, 1) + \lambda_2 (0, 2) = (13, 2)$$

bzw.

$$\begin{aligned} \lambda_1 &= 13, \\ \lambda_1 + 2\lambda_2 &= 2. \end{aligned}$$

Offenbar bekommt man $\lambda_1 = 13$ und $\lambda_2 = -\frac{11}{2}$ und

$$\vec{b} = 13\,\vec{a}_1 - \frac{11}{2}\,\vec{a}_2.$$

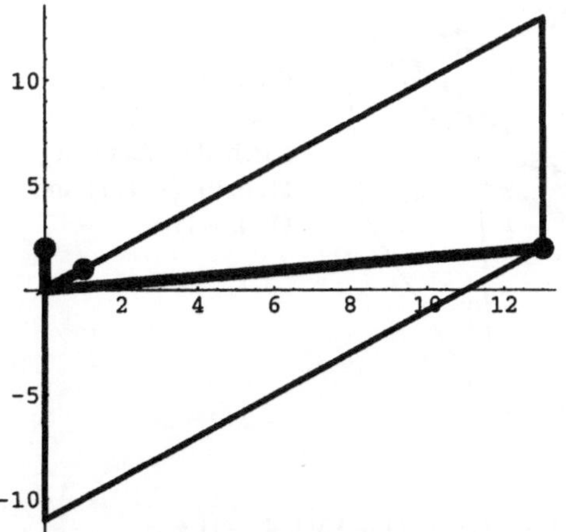

Darstellung des Vektors (13, 2) durch die Vektoren (1, 1) und (0, 2)

Mathematica: Mit Solve kann auch eine Vektorgleichung aufgelöst werden.

Solve

Solve[λ1{1, 1} + λ2{0, 2} == {13, 2}]

$$\left\{\left\{\lambda 1 \to 13, \lambda 2 \to -\frac{11}{2}\right\}\right\}$$

Maple: Mit Solve kann eine Vektorgleichung nicht unmittelbar aufgelöst werden. Man muß die Komponenten der Vektorgleichung eingeben.

solve

```
> solve({lambda1=13,lambda1+2*lambda2=2});
```

$$\mathrm{Solve}(\{\lambda 1 = 13,\ \lambda 1 + 2\,\lambda 2 = 2\}) = \{\lambda 1 = 13,\ \lambda 2 = \frac{-11}{2}\}$$

Lösung: **(b)** Gesucht sind $\lambda_1, \lambda_2, \lambda_3 \in \mathbb{R}$ mit

$$\lambda_1\,(1,0,0) + \lambda_2\,(1,1,1) + \lambda_3\,(1,4,-1) = (0,2,3)$$

bzw.

$$\begin{aligned} \lambda_1 + \lambda_2 + \lambda_3 &= 0\,, \\ \lambda_2 + 4\,\lambda_3 &= 2\,, \\ \lambda_2 - \lambda_3 &= 3\,. \end{aligned}$$

Aus den letzten beiden Gleichungen ergibt sich sofort: $\lambda_2 = \frac{14}{5}, \lambda_3 = -\frac{1}{5}$ und dann aus der ersten Gleichung $\lambda_1 = -\frac{13}{5}$. Insgesamt gilt:

$$\vec{b} = -\frac{13}{5}\,\vec{a}_1 + \frac{14}{5}\,\vec{a}_2 - \frac{1}{5}\,\vec{a}_3\,.$$

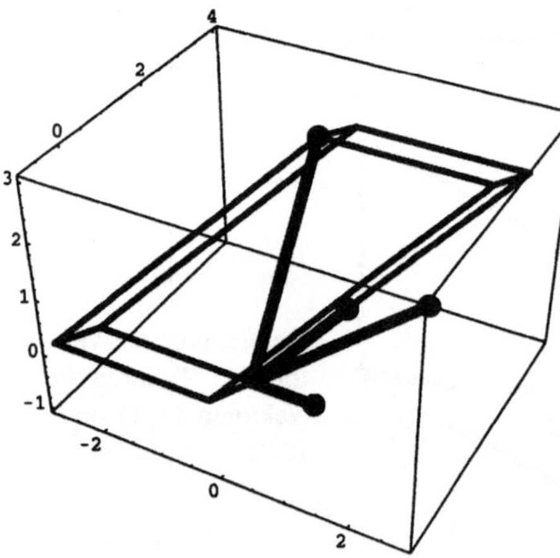

Darstellung des Vektors (0, 2, 3) durch die Vektoren (1, 0, 0), (1, 1, 1) und (1, 4, −1)

Mathematica:

$$\mathbf{Solve}[\lambda\mathbf{1}\{1,0,0\} + \lambda\mathbf{2}\{1,1,1\} + \lambda\mathbf{3}\{1,4,-1\} == \{0,2,3\}]$$

$$\{\{\lambda\mathbf{2} \to \frac{14}{5}, \lambda\mathbf{3} \to -\frac{1}{5}, \lambda\mathbf{1} \to -\frac{13}{5}\}\}$$

Maple:

```
> solve({lambda1+lambda2+lambda3=0,lambda2+4*lambda3=2,
>        lambda2-lambda3=3});
```

$$\text{Solve}(\{\lambda 1 + \lambda 2 + \lambda 3 = 0,\ \lambda 2 + 4\,\lambda 3 = 2,\ \lambda 2 - \lambda 3 = 3\})$$
$$= \{\lambda 1 = \frac{-13}{5},\ \lambda 2 = \frac{14}{5},\ \lambda 3 = \frac{-1}{5}\}$$

Aufgabe 3.4

Einen Vektor als Linearkombination von gegebenen Vektoren im $\mathbb{C}^2$ bzw. $\mathbb{C}^3$ darstellen

(a) Man stelle den Vektor $\vec{b} = (1, i) \in \mathbb{C}^2$ als Linearkombination der folgenden Vektoren dar:

$$\vec{a}_1 = (i, 2)\,, \quad \vec{a}_2 = (1 + i, 1 - i)\,.$$

(b) Man stelle den Vektor $\vec{b} = (1 + i, i, 3) \in \mathbb{C}^3$ als Linearkombination der folgenden Vektoren dar:

$$\vec{a}_1 = (1, i, 0)\,, \quad \vec{a}_2 = (1 + i, i, 1)\,, \quad \vec{a}_3 = (1, 1, i)\,.$$

Lösung: **(a)** Gesucht sind $\lambda_1, \lambda_2 \in \mathbb{C}$ mit

$$\lambda_1\,(i, 2) + \lambda_2\,(1 + i, 1 - i) = (1, i)$$

bzw.

$$\begin{aligned} i\,\lambda_1 + (1 + i)\,\lambda_2 &= 1\,, \\ 2\,\lambda_1 + (1 - i)\,\lambda_2 &= i\,. \end{aligned}$$

Offenbar bekommt man:

$$\lambda_1 = (-1 + i)\,\lambda_2 - i\,, \quad \lambda_1 = -\frac{1 - i}{2}\,\lambda_2 + \frac{i}{2}$$

und daraus

$$\lambda_1 = 2\,i\,, \quad \lambda_2 = \frac{3}{2} - \frac{3\,i}{2}\,.$$

Insgesamt gilt:

$$\vec{b} = 2\,i\,\vec{a}_1 + \left(\frac{3}{2} - \frac{3\,i}{2}\right)\vec{a}_2\,.$$

Mathematica:

$$\textbf{Solve}[\lambda\textbf{1}\{\textbf{i}, \textbf{2}\} + \lambda\textbf{2}\{\textbf{1} + \textbf{i}, \textbf{1} - \textbf{i}\} == \{\textbf{1}, \textbf{i}\}]$$

$$\{\{\lambda\mathbf{1} \to 2i, \lambda\mathbf{2} \to \frac{3}{2} - \frac{3i}{2}\}\}$$

Maple:

```
> solve({I*lambda1+(1+I)*lambda2=1,
> 2*lambda1+(1-I)*lambda2=I});
```

$$\text{Solve}(\{I\,\lambda 1 + (1 + I)\,\lambda 2 = 1,\ 2\,\lambda 1 + (1 - I)\,\lambda 2 = I\})$$
$$= \{\lambda 2 = \frac{3}{2} - \frac{3}{2}\,I,\ \lambda 1 = 2\,I\}$$

Lösung: **(b)** Gesucht sind $\lambda_1, \lambda_2, \lambda_3 \in \mathbb{C}$ mit

$$\lambda_1\,(1, i, 0) + \lambda_2\,(1 + i, i, 1) + \lambda_3\,(1, 1, i) = (1 + i, i, 3)$$

bzw.

$$\begin{aligned} \lambda_1 + (1+i)\,\lambda_2 + \lambda_3 &= 1 + i\,, \\ i\,\lambda_1 + i\,\lambda_2 + \lambda_3 &= i\,, \\ \lambda_2 + i\lambda_3 &= 3\,. \end{aligned}$$

Aus den ersten beiden Gleichungen ergibt sich sofort:

$$\lambda_1 = -(1+i)\,\lambda_2 - \lambda_3 + i\,,$$

$$\lambda_1 = -\lambda_2 + i\,\lambda_3 + 1\,,$$

und hieraus:

$$-i\,\lambda_2 - (1+i)\,\lambda_3 = -i\,.$$

Dies ergibt zusammen mit der dritten Gleichung:

$$\lambda_2 = \frac{11}{5} + \frac{2}{5}\,i\,, \quad \lambda_3 = -\frac{2}{5} - \frac{4}{5}\,i\,.$$

Schließlich bekommt man damit:

$$\lambda_1 = -\frac{2}{5} - \frac{4}{5}\,i\,.$$

Insgesamt gilt:

$$\vec{b} = -\left(\frac{2}{5} + \frac{4}{5}\,i\right)\vec{a}_1 + \left(\frac{11}{5} + \frac{2}{5}\,i\right)\vec{a}_2 - \left(\frac{2}{5} + \frac{4}{5}\,i\right)\vec{a}_3\,.$$

Mathematica:

Solve[
λ**1**$\{1, i, 0\} + \lambda$**2**$\{1 + i, i, 1\} + \lambda$**3**$\{1, 1, i\}$ ==
$\{1 + i, i, 3\}$]

$$\left\{\left\{\lambda 2 \to \frac{11}{5} + \frac{2i}{5}, \lambda 3 \to -\frac{2}{5} - \frac{4i}{5}, \lambda 1 \to -\frac{2}{5} - \frac{4i}{5}\right\}\right\}$$

Maple:

```
> Gleichung1:=lambda1+(1+I)*lambda2+lambda3=1+I:
> Gleichung2:=I*lambda1+I*lambda2+lambda3=I:
> Gleichung3:=lambda2+I*lambda3=3:
> solve({Gleichung1,Gleichung2,Gleichung3});
```

$$\{\lambda 2 = \frac{11}{5} + \frac{2}{5}\,I,\ \lambda 3 = -\frac{2}{5} - \frac{4}{5}\,I,\ \lambda 1 = -\frac{2}{5} - \frac{4}{5}\,I\}$$

Aufgabe 3.5 Können die Vektoren $\vec{b_1} = (6, -2, 1)$, $\vec{b_2} = (-2, 2, 0)$, jeweils als Linearkombination der folgenden Vektoren dargestellt werden: $\vec{a_1} = (1, 1, 1)$, $\vec{a_2} = (0, 2, 1)$.

Prüfen, ob ein Vektor als Linearkombination von gegebenen Vektoren im $\mathbb{R}^3$ dargestellt werden kann

Lösung: Wenn es eine Darstellung gibt:

$$(6, -2, 1) = \lambda_1 (1, 1, 1) + \lambda_2 (0, 2, 1),$$

so muß $\lambda_1 = 6$ sein. Daraus folgt weiter:

$$6 + 2\lambda_2 = -2 \quad \text{und} \quad 6 + \lambda_2 = 1.$$

Aus der ersten Gleichung ergibt sich $\lambda_2 = -4$ und aus der zweiten $\lambda_2 = -5$. Also kann $\vec{b_1}$ nicht als Linearkombination von $\vec{a_1}$ und $\vec{a_2}$ dargestellt werden.

Wenn es eine Darstellung gibt:

$$(-2, 2, 0) = \lambda_1 (1, 1, 1) + \lambda_2 (0, 2, 1),$$

so muß $\lambda_1 = -2$ sein. Daraus folgt weiter:

$$-2 + 2\lambda_2 = 2 \quad \text{und} \quad -2 + \lambda_2 = 0.$$

Beide Gleichungen werden mit $\lambda_2 = 2$ erfüllt, so daß wir die Darstellung bekommen:

$$\vec{b_2} = -2\vec{a_1} + 2\vec{a_2}.$$

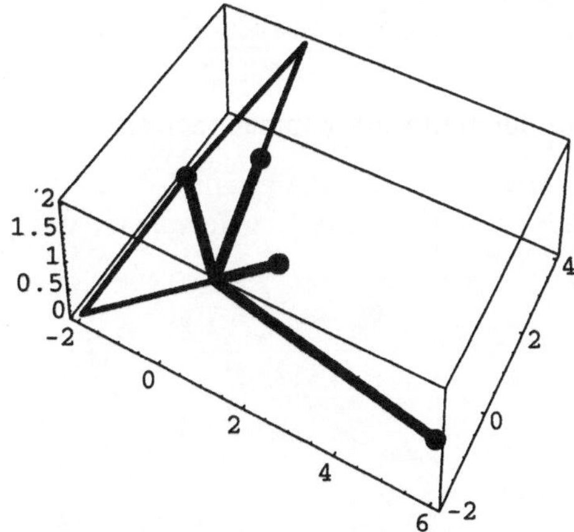

Die Vektoren $(6, -2, 1)$, $(-2, 2, 0)$, $(1, 1, 1)$, $(0, 2, 1)$

3.2 Basis und Dimension

Der Nullvektor läßt sich stets als Linearkombination darstellen, wenn man alle Skalare Null setzt.

Triviale und nichttriviale Darstellung des Nullvektors

Die folgende Linearkombination bezeichnet man als triviale Darstellung des Nullvektors: $\sum_{j=1}^{n} 0\,\vec{a}_j = \vec{0}$.
Jede andere Darstellung des Nullvektors

$$\sum_{j=1}^{n} \lambda_j \vec{a}_j = \vec{0},$$

bei der für mindestens einen Index $1 \leq j_0 \leq n$ gilt $\lambda_{j_0} \neq 0$, bezeichnen wir als nichttriviale Darstellung des Nullvektors.

Wir unterscheiden nun zwischen Mengen von Vektoren, die nur die triviale und solchen die auch nichttriviale Darstellungen des Nullvektors gestatten.

Lineare Unabhängigkeit und Abhängigkeit

Wenn es nur die triviale Darstellung des Nullvektors als Linearkombination aus den Vektoren $\vec{a}_j \in \mathbb{V}$, $j = 1, \ldots, n$ gibt, dann heißen sie linear unabhängig.
Wenn es eine nichttriviale Darstellung des Nullvektors als Linearkombination aus den Vektoren $\vec{a}_j \in \mathbb{V}$, $j = 1, \ldots, n$ gibt, dann heißen sie linear abhängig.
Wenn die n Vektoren $\vec{a}_j \in \mathbb{V}$, $j = 1, \ldots, n$ linear abhängig sind, dann gibt es mindestens einen Vektor $\vec{a}_{j_0}$, der durch die restlichen $n - 1$ Vektoren dargestellt werden kann.

Wir bauen nun Unterrräume durch Linearkombinationen auf.

Basis

Sei $\mathbb{V}$ ein Vektorraum und $\mathbb{U} \subseteq \mathbb{V}$ ein Unterraum von $\mathbb{V}$. Die Vektoren $\vec{a}_j \in \mathbb{V}$, $j = 1, \ldots, n$ bilden ein Erzeugendensystem von $\mathbb{U}$, wenn gilt:

$$\mathbb{U} = \left\{ \sum_{j=1}^{n} \lambda_j \vec{a}_j \mid \lambda_1, \ldots, \lambda_n \in \mathbb{K} \right\} .$$

Man schreibt auch: $U = < \vec{a}_1, \ldots, \vec{a}_n >$.
Die Vektoren $\vec{b}_j \in V$, $j = 1, \ldots, n$ stellen eine Basis von $\mathbb{U}$ dar, wenn sie linear unabhängig sind und ein Erzeugendensystem von V bilden.
Die Darstellung eines Vektors durch eine Basis ist eindeutig.

Ein von endlich vielen Vektoren erzeugter Vektorraum besitzt unterschiedliche Basen, aber alle Basen enthalten die gleiche Anzahl von Vektoren.

Sei $\mathbb{V}$ ein Vektorraum und $\mathbb{U} \subseteq \mathbb{V}$ ein von endlich vielen Vektoren erzeugter Unterraum von $\mathbb{V}$. Jede Basis von $\mathbb{U}$ enthält die gleiche Anzahl von Vektoren.
Die Anzahl der Vektoren einer Basis von $\mathbb{U}$ heißt Dimension von $\mathbb{U}$: $Dim(\mathbb{U})$.

Dimension

Zur Beschreibung der Lösungsmenge linearer Gleichungssysteme führen wir lineare Teilräume ein.

Sei $\mathbb{V}$ ein Vektorraum und $\mathbb{U} \subseteq \mathbb{V}$ ein Unterraum der Dimension n und $\vec{a} \in \mathbb{V}$ ein fester Vektor. Die Teilmenge $\{\vec{a} + \vec{b} \mid \vec{b} \in \mathbb{U}\}$ von $\mathbb{V}$ heißt linearer Teilraum der Dimension n von $\mathbb{V}$.

Linearer Teilraum

Ihrer besonderen Struktur wegen wird die folgende Basis des $\mathbb{K}^n$ sehr oft benutzt.

Die aus den Vektoren bestehende Basis von $\mathbb{K}^n$:

$$\vec{e}_j{}^{(n)} = (0, \dots, 0, \underbrace{1}_{j-te Stelle}, 0, \dots, 0), \quad j = 1, \dots, n$$

bezeichnet man als kanonische Basis.

Kanonische Basis

Aufgabe 3.6 Welche der folgenden Mengen von Vektoren sind linear unabhängig:

Prüfen, ob Vektoren linear abhängig sind

(a) $\{(1, 5, 0), (2, 7, 2)\}, \subset \mathbb{R}^3$,

(b) $\{(2, 4, 1), (1, -2, 1), (3, 2, 5)\}, \subset \mathbb{R}^3$,

(c) $\{(2, i), (1 - i, i)\}, \subset \mathbb{C}^2$,

(d) $\{(2, 1), (1, 5), (a, b)\}, \subset \mathbb{R}^2$,

Lösung: **(a)** Wir schreiben den Nullvektor aus $\mathbb{R}^3$ als Linearkombination:

$$\lambda_1 (1, 5, 0) + \lambda_2 (2, 7, 2) = (0, 0, 0).$$

Dies ist gleichbedeutend mit dem Gleichungssystem:

$$\begin{aligned} \lambda_1 + 2\lambda_2 &= 0, \\ 5\lambda_1 + 7\lambda_2 &= 0, \\ 2\lambda_2 &= 0, \end{aligned}$$

Die Vektoren sind damit linear unabhängig.

(b) Wir schreiben den Nullvektor aus $\mathbb{R}^3$ als Linearkombination:

$$\lambda_1 (2, 4, 1) + \lambda_2 (1, -2, 1) + \lambda_3 (3, 2, 5) = (0, 0, 0).$$

Dies ist gleichbedeutend mit dem Gleichungssystem:

$$\begin{aligned} 2\,\lambda_1 + \lambda_2 + 3\,\lambda_3 &= 0\,, \\ 4\,\lambda_1 - 2\,\lambda_2 + 2\,\lambda_3 &= =0\,, \\ \lambda_1 + \lambda_2 + 5\,\lambda_3 &= 0\,. \end{aligned}$$

Eliminiert man λ_1 aus der ersten und der dritten Gleichung bzw. aus der zweiten und der dritten Gleichung, so ergibt sich das System:

$$\begin{aligned} -\lambda_2 - 7\,\lambda_3 &= 0\,, \\ -6\,\lambda_2 - 18\,\lambda_3 &= 0\,, \end{aligned}$$

welches nur die Lösung $\lambda_2 = \lambda_3 = 0$ zuläßt. Damit folgt sofort auch $\lambda_3 = 0$, und die Vektoren sind linear unabhängig.

Mathematica:

Gleichung1 := 2λ**1** + λ**2** + 3λ**3** == 0;
Gleichung2 := 4λ**1** − 2λ**2** + 2λ**3** == 0;
Gleichung3 := λ**1** + λ**2** + 5λ**3** == 0;

Solve[{Gleichung1, Gleichung2, Gleichung3}]
{{λ**1** → 0, λ**2** → 0, λ**3** → 0}}

Maple:

```
> Gleichung1:=2*lambda1+lambda2+3*lambda3=0:
> Gleichung2:=4*lambda1-2*lambda2+2*lambda3=0:
> Gleichung3:=lambda1+lambda2+5*lambda3=0:
> solve({Gleichung1,Gleichung2,Gleichung3});
```

$$\{\lambda 1 = 0,\ \lambda 2 = 0,\ \lambda 3 = 0\}$$

Lösung: **(c)** Wir schreiben den Nullvektor aus $\mathbb{C}^2$ als Linearkombination:

$$\lambda_1\,(2, i) + \lambda_2\,(1 - i, i) = (0, 0)\,.$$

Dies ist gleichbedeutend mit dem Gleichungssystem:

$$\begin{aligned} 2\,\lambda_1 + (1 - i)\,\lambda_2 &= 0\,, \\ i\,\lambda_1 + i\,\lambda_2 &= 0\,. \end{aligned}$$

Unmittelbar ergibt sich: $\frac{2}{1-i}\,\lambda_1 = \lambda_1$ und $\lambda_1 = 0$. Hieraus folgt dann auch $\lambda_2 = 0$.

(d) Wir schreiben den Nullvektor aus $\mathbb{R}^2$ als Linearkombination:

$$\lambda_1\,(2, 1) + \lambda_2\,(1, 5) + \lambda_3\,(a, b) = (0, 0)\,.$$

Dies ist gleichbedeutend mit dem Gleichungssystem:

$$\begin{aligned} 2\,\lambda_1 + \lambda_2 + \lambda_3\,a &= 0\,, \\ \lambda_1 + 5\,\lambda_2 + \lambda_3\,b &= 0\,, \end{aligned}$$

bzw.

$$\begin{aligned} 2\lambda_1 + \lambda_2 &= -\lambda_3 a, \\ \lambda_1 + 5\lambda_2 &= -\lambda_3 b. \end{aligned}$$

Für beliebige $a, b \in \mathbb{R}$ besitzt dieses Gleichungssystem die Lösung:

$$\lambda_1 = -\frac{5}{9} a \lambda_3 + \frac{1}{9} b \lambda_3, \lambda_2 = \frac{1}{9} a \lambda_3 - \frac{2}{9} b \lambda_3.$$

Man kann $\lambda_3 \neq 0$ beliebig festsetzen und erhält dann eine nichtriviale Linearkombination des Nullvektors. Mit $\lambda_3 = -1$ ergibt sich gerade die Darstellung des Vektors (a, b) durch die Vektoren $(2, 1)$ und $(1, 5)$:

$$\left(\frac{5}{9} a - \frac{1}{9} b\right)(2, 1) + \left(-\frac{1}{9} a + \frac{2}{9} b\right)(1, 5) = (a, b).$$

Alle drei Vektoren $(2, 1)$, $(1, 5)$, (a, b) sind also linear abhängig, während die beiden Vektoren $(2, 1)$, $(1, 5)$ linear abhängig sind.

Mathematica:

Gleichung1 := 2λ**1** + λ**2** == −λ**3***a*;
Gleichung2 := λ**1** + 5λ**2** == −λ**3***b*;

Solve[{**Gleichung1**, **Gleichung2**}, {λ**1**, λ**2**}]

$\{\{\lambda 1 \to \frac{1}{9}(-5a\lambda 3 + b\lambda 3),$
$\lambda 2 \to \frac{1}{9}(a\lambda 3 - 2b\lambda 3)\}\}$

Maple:

```
> Gleichung1:=2*lambda1+lambda2=-lambda3*a:
> Gleichung2:=lambda1+5*lambda2=-lambda3*b:
> solve({Gleichung1,Gleichung2},{lambda1,lambda2});
```

$$\{\lambda 1 = -\frac{5}{9}\lambda 3\, a + \frac{1}{9}\lambda 3\, b,\ \lambda 2 = \frac{1}{9}\lambda 3\, a - \frac{2}{9}\lambda 3\, b\}$$

Aufgabe 3.7 Man gebe jeweils drei verschiedene Basen für folgende Vektorräume: $\mathbb{R}^2$, $\mathbb{C}^2$, $\mathbb{R}^3$, $\mathbb{C}^3$, $\mathbb{R}^4$, $\mathbb{C}^4$.

Verschiedene Basen für Vektorräume angeben

Lösung: Als Beispiele für Basen des $\mathbb{R}^2$ geben wir:

$$\{(1, 0), \quad (0, 1),\}$$
$$\{(1, 1), \quad (0, 1),\}$$
$$\{(1, 1), \quad (-1, 1).\}$$

Als Beispiele für Basen des $\mathbb{R}^3$ geben wir:

$$\{(1, 0, 0), \quad (0, 1, 0), \quad (0, 0, 1),\}$$
$$\{(1, 1, 0), \quad (0, 1, 0), \quad (-1, 1, 1),\}$$
$$\{(1, 0, 1), \quad (-1, 1, 2), \quad (0, -1, 1).\}$$

Als Beispiele für Basen des $\mathbb{R}^4$ geben wir:

$$\{(1,0,0,0)\,,\quad (0,1,0,0)\,,\quad (0,0,1,0)\,,\quad (0,0,0,1)\,,\}$$
$$\{(1,1,0,1)\,,\quad (0,1,0,1)\,,\quad (-1,1,1,0)\,,\quad (-1,-1,1,1)\,,\}$$
$$\{(1,0,1,0)\,,\quad (-1,1,2,3)\,,\quad (0,-1,1,0)\,,\quad (1,0,1,2)\,.\}$$

Jede Basis von $\mathbb{R}^2$ bzw. $\mathbb{R}^3$ bzw. $\mathbb{R}^4$ liefert nun zugleich eine Basis von $\mathbb{C}^2$ bzw. $\mathbb{C}^3$ bzw. $\mathbb{C}^4$. Wir geben aber noch jeweils eine Basis an, deren Vektoren auch komplexe Komponenten beinhalten:

$$\{(1+i,i)\,,(0,1-i)\,,\}$$
$$\{(1,0,1+i)\,,(-i,i,2)\,,(1-i,-1,1)\,,\}$$
$$\{(1,i,1,0)\,,(-1,1,2,3+i)\,,(0,-i,1,0)\,,(1-i,0,1,i)\,.\}$$

Jeweils eine Basis für einen Unterraum des $\mathbb{C}^2$, $\mathbb{R}^3$, $\mathbb{C}^3$

Aufgabe 3.8 Man gebe jeweils eine Basis für folgende Unterräume:

(a) $\{(x_1,x_2)\in\mathbb{C}^2\mid x_1+i\,x_2=0\}$,

(b) $\{(x_1,x_2,x_3)\in\mathbb{C}^3\mid x_1+i\,x_2-i\,x_3=0\}$,

(c) $\{(x_1,x_2,x_3)\in\mathbb{R}^3\mid 3\,x_1+x_2=0\,,x_1-x_3=0\}$,

(d) $\{(x_1,x_2,x_3)\in\mathbb{R}^3\mid 2\,x_1+3\,x_2=0\}$.

Lösung: **(a)** Der Unterraum kann beschrieben werden durch:

$$(x_1,x_2)=\lambda\,(1,i)\,,\qquad \lambda\in\mathbb{C}\,.$$

Der Vektor $(1,i)$ stellt eine Basis dar.

(a) Der Unterraum kann beschrieben werden durch:

$$(x_1,x_2,x_3)=\lambda_1\,(1,i,0)+\lambda_2\,(1,0,-i)\,,\qquad \lambda_1,\lambda_2\in\mathbb{C}\,.$$

Die Vektoren $(1,i,0)$, $(1,0,-i)$ stellen eine Basis dar.

(b) Der Unterraum kann beschrieben werden durch:

$$(x_1,x_2,x_3)=\lambda\,(1,-3,1)\,,\qquad \lambda\in\mathbb{R}\,.$$

Der Vektor $(1,-3,1)$ stellt eine Basis dar.

(c) Der Unterraum kann beschrieben werden durch:

$$(x_1,x_2,x_3)=\lambda_1\left(1,-\frac{2}{3},0\right)+\lambda_2\,(0,0,1)\,,\qquad \lambda_1,\lambda_2\in\mathbb{R}\,.$$

Die Vektoren $(1,-\frac{2}{3},0)$, $(0,0,1)$ stellen eine Basis dar.

Mengen als lineare Teilräume beschreiben

Aufgabe 3.9 Man beschreibe folgende Mengen als lineare Teilräume:

(a) $T=\{(x_1,x_2,x_3)\in\mathbb{R}^3\mid x_1+2\,x_2-3\,x_3=1\}$,

(b) $T=\{(x_1,x_2,x_3,x_4)\in\mathbb{R}^4\mid 3\,x_1+x_2-x_3+x_4=2\}$.

Lösung: **(a)** Die Menge kann beschrieben werden als:

$$(x_1, x_2, x_3) = (1 - 2\lambda_2 + 3\lambda_2, \lambda_1, \lambda_2), \quad \lambda_1 \lambda_2 \in \mathbb{R}.$$

Dies ergibt die Darstellung: $T = (1, 0, 0) + U$, wobei U der von den Vektoren $(-2, 1, 0)$, $(3, 0, 1)$ erzeugte Unterraum des $\mathbb{R}^3$ ist.

(b) Die Menge kann beschrieben werden als:

$$(x_1, x_2, x_3, x_4) = (\lambda_1, \lambda_2, \lambda_3, 2 - 3\lambda_1 - \lambda_2 + \lambda_3), \lambda_1 \lambda_2 \lambda_3 \in \mathbb{R}.$$

Dies ergibt die Darstellung: $T = (0, 0, 0, 2) + U$, wobei U der von den Vektoren $(1, 0, 0, -3)$, $(0, 1, 0, -1)$, $(0, 0, 1, 1)$ erzeugte Unterraum des $\mathbb{R}^4$ ist.

3.3 Koordinaten

Wir wollen im folgenden eine Beziehung zwischen verschiedenen Basisdarstellungen herstellen.

Koordinaten bezüglich einer Basis

Durch die Vektoren $\vec{b}_1, \ldots, \vec{b}_n$ werde eine Basis des Vektorraums $\mathbb{V}$ über $\mathbb{K}$ gegeben. Sei $\vec{a}$ ein beliebiger Vektor aus $\mathbb{V}$. Die in der Basisdarstellung

$$\vec{a} = \sum_{j=1}^{n} \alpha_j \vec{b}_j$$

auftretenden Skalare $\alpha_1, \ldots, \alpha_n$ aus $\mathbb{K}$ heißen Koordinaten des Vektors $\vec{a}$ bezüglich der Basis $\vec{b}_1, \ldots, \vec{b}_n$.
Die Koordinaten eines Vektors bezüglich einer festen Basis kann man zum Koordinatenvektor aus $\mathbb{K}^n$ anordnen.

Wird ein Vektor aus dem $\mathbb{K}^n$ als n-Tupel von Zahlen gegeben, so lassen sich die Koordinaten bezüglich der kanonischen Basis einfach ablesen.

Koordinaten bezüglich der kanonischen Basis

Bezüglich der kanonischen Basis $\vec{e}_j^{\,(n)}, j = 1, \ldots, n$ besitzt der Vektor $(a_1, \ldots, a_n) \in \mathbb{K}^n$ die Koordinaten $a_1, \ldots, a_n$:

$$(a_1, \ldots, a_n) = \sum_{j=1}^{n} a_j \vec{e}_j^{\,(n)}.$$

Wir betrachten nun die Überführung zweier Basen.

Basisüberführung

Seien $\vec{b}_1, \ldots, \vec{b}_n$ und $\vec{\tilde{b}}_1, \ldots, \vec{\tilde{b}}_n$ zwei Basen des n-dimensionalen Vektorraums $\mathbb{V}$ mit der gegenseitigen Darstellung:

$$\vec{\tilde{b}}_j = \sum_{k=1}^{n} \tilde{\beta}_{k,j} \vec{b}_k \quad \text{und} \quad \vec{b}_j = \sum_{k=1}^{n} \beta_{k,j} \vec{\tilde{b}}_k \,,$$

$(k = j, \ldots, n)$. Dann gilt:

$$\sum_{j=1}^{n} \tilde{\beta}_{k,j} \beta_{j,l} = \delta_{kl} \quad \text{und} \quad \sum_{j=1}^{n} \beta_{k,j} \tilde{\beta}_{j,l} = \delta_{kl} \,.$$

Bei der Basisüberführung verwenden wir das Kronecker-Symbol.

Kronecker-Symbol

Das Kronecker-Symbol wird für $j, k \in \mathbb{N}$ erklärt durch:

$$\delta_{jk} = \begin{cases} 1 \;, & \text{falls} \quad j = k \\ 0 \;, & \text{falls} \quad j \neq k \end{cases} .$$

Einen Vektor können wir in verschiedenen Basissystemen ausdrükken.

Koordinatentransformation

Zwischen den Koordinaten aus den Darstellungen

$$\vec{a} = \sum_{j=1}^{n} \tilde{\alpha}_j \vec{\tilde{b}}_j = \sum_{j=1}^{n} \alpha_j \vec{b}_j$$

besteht der Zusammenhang:

$$\tilde{\alpha}_k = \sum_{j=1}^{n} \beta_{k,j} \alpha_j \quad \text{bzw.} \quad \alpha_k = \sum_{j=1}^{n} \tilde{\beta}_{k,j} \tilde{\alpha}_j \,,$$

$(k = 1, \ldots, n)$.

Mit Hilfe der Koordinaten im Vektorraum $\mathbb{R}^n$ erklären wir affine Koordinaten im Punktraum $\mathbb{R}^n$.

Ein affines Koordinatensystem des Punktraumes $\mathbb{R}^n$

$$(Q, \vec{b}_1, \ldots \vec{b}_n)$$

besteht aus einem festen Punkt $Q \in \mathbb{R}^n$ und einer Basis $\vec{b}_1, \ldots \vec{b}_n$ des Vektorraums $\mathbb{R}^n$. Ist P ein Punkt aus $\mathbb{R}^n$, so bezeichnet man die Koordinaten des Vektors $\vec{QP}$ bezüglich der Basis $\vec{b}_1, \ldots \vec{b}_n$

$$\vec{QP} = \sum_{j=1}^{n} x_j \vec{b}_j$$

als Koordinaten des Punktes P bezüglich des Koordinatensystems $(Q, \vec{b}_1, \ldots \vec{b}_n)$.

Affines Koordinatensystem

Der Zusammenhang affiner Koordinaten bezüglich verschiedener Systeme ergibt sich durch Koordinatentransformation.

Seien

$$(Q, \vec{b}_1, \ldots \vec{b}_n) \quad \text{und} \quad (\tilde{Q}, \vec{\tilde{b}}_1, \ldots \vec{\tilde{b}}_n)$$

affine Koordinatensysteme des $\mathbb{R}^n$ mit

$$\vec{b}_j = \sum_{k=1}^{n} \beta_{k,j} \vec{\tilde{b}}_k \,, \vec{\tilde{b}}_j = \sum_{k=1}^{n} \tilde{\beta}_{k,j} \vec{b}_k \,, \; j = 1, \ldots, n$$

und

$$\vec{Q\tilde{Q}} = \sum_{j=1}^{n} x_{\tilde{Q},j} \vec{b}_j \,.$$

Dann stehen die Koordinaten aus den Darstellungen

$$\vec{QP} = \sum_{j=1}^{n} x_j \vec{b}_j \quad \text{und} \quad \vec{\tilde{Q}P} = \sum_{j=1}^{n} \tilde{x}_j \vec{\tilde{b}}_j$$

in folgender Beziehung:

$$\tilde{x}_k = \sum_{j=1}^{n} \beta_{k,j} \, (x_j - x_{\tilde{Q},j}) \,, \quad k = 1, \ldots, n \,,$$

bzw.

$$x_k = \sum_{j=1}^{n} \tilde{\beta}_{k,j} \, \tilde{x}_j + x_{\tilde{Q},k} \,, \quad k = 1, \ldots, n \,.$$

Beziehung affiner Koordinaten

Basen des $\mathbb{R}^2$ ineinander überführen, Koordinaten umrechnen

Aufgabe 3.10 Die Vektoren $\vec{b}_1 = \left(1, -\frac{2}{3}\right)$, $\vec{b}_2 = \left(-\frac{2}{7}, -\frac{1}{3}\right)$, und $\vec{\tilde{b}}_1 = \left(\frac{5}{9}, -\frac{3}{2}\right)$, $\vec{\tilde{b}}_2 = \left(-\frac{13}{7}, \frac{3}{5}\right)$, stellen jeweils eine Basis des $\mathbb{R}^2$ dar. Man berechne die Koordinatendarstellung der zweiten Basis bezüglich der ersten. Welche Koordinaten besitzt der Vektor $\vec{a} = 3\,\vec{\tilde{b}}_1 + 5\,\vec{\tilde{b}}_2$ bezüglich der ersten Basis?

Lösung: Aus

$$\left(\frac{5}{9}, -\frac{3}{2}\right) = \tilde{\beta}_{1,1}\left(1, -\frac{2}{3}\right) + \tilde{\beta}_{2,1}\left(-\frac{2}{7}, -\frac{1}{3}\right),$$

$$\left(-\frac{13}{7}, \frac{3}{5}\right) = \tilde{\beta}_{1,2}\left(1, -\frac{2}{3}\right) + \tilde{\beta}_{2,2}\left(-\frac{2}{7}, -\frac{1}{3}\right),$$

ergeben sich folgende Gleichungssysteme für die Koordinaten:

$$\begin{aligned} \tilde{\beta}_{1,1} - \frac{2}{7}\tilde{\beta}_{2,1} &= \frac{5}{9}, \\ -\frac{2}{3}\tilde{\beta}_{1,1} - \frac{1}{3}\tilde{\beta}_{2,1} &= -\frac{3}{2}, \end{aligned}$$

und

$$\begin{aligned} \tilde{\beta}_{1,2} - \frac{2}{7}\tilde{\beta}_{2,2} &= -\frac{13}{7}, \\ -\frac{2}{3}\tilde{\beta}_{1,2} - \frac{1}{3}\tilde{\beta}_{2,2} &= \frac{3}{5}. \end{aligned}$$

Die Lösungen lauten: $\tilde{\beta}_{1,1} = \frac{116}{99}$, $\tilde{\beta}_{2,1} = \frac{427}{198}$, und $\tilde{\beta}_{1,2} = -\frac{83}{55}$, $\tilde{\beta}_{2,2} = \frac{67}{55}$. Somit gilt:

$$\vec{\tilde{b}}_1 = \frac{116}{99}\vec{b}_1 + \frac{427}{198}\vec{b}_2, \quad \vec{\tilde{b}}_2 = -\frac{83}{55}\vec{b}_1 + \frac{67}{55}\vec{b}_2.$$

Schließlich bekommen wir: $\vec{a} = \alpha_1\,\vec{b}_1 + \alpha_2\,\vec{b}_2$ mit

$$\alpha_1 = \tilde{\beta}_{1,1}\,3 + \tilde{\beta}_{1,2}\,5 = -\frac{133}{33}, \quad \alpha_2 = \tilde{\beta}_{2,1}\,3 + \tilde{\beta}_{2,2}\,5 = \frac{829}{66}.$$

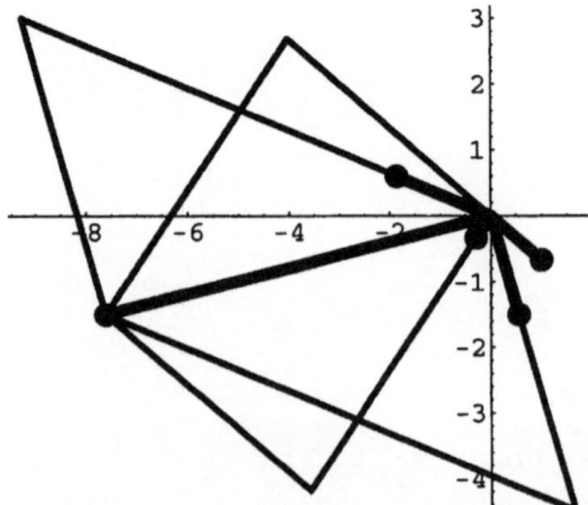

Darstellung des Vektors $\vec{a}$ in verschiedenen Basen des $\mathbb{R}^2$

Mathematica:

$$\textbf{Gleichung1} := \beta 11 - \tfrac{2\beta 21}{7} == \tfrac{5}{9};$$
$$\textbf{Gleichung2} := \tfrac{1}{3}(-2)\beta 11 - \tfrac{\beta 21}{3} == -\tfrac{3}{2};$$

Solve[{Gleichung1, Gleichung2}]

$$\{\{\beta 11 \to \frac{116}{99}, \beta 21 \to \frac{427}{198}\}\}$$

$$\textbf{Gleichung1} := \beta 12 - \tfrac{2\beta 22}{7} == -\tfrac{13}{7};$$
$$\textbf{Gleichung2} := \tfrac{1}{3}(-2)\beta 12 - \tfrac{\beta 22}{3} == \tfrac{3}{5};$$

Solve[{Gleichung1, Gleichung2}]

$$\{\{\beta 12 \to -\frac{83}{55}, \beta 22 \to \frac{67}{55}\}\}$$

Maple:

```
> Gleichung1:=beta11-(2/7)*beta21=5/9:
> Gleichung2:=-(2/3)*beta11-(1/3)*beta21=-3/2:
> solve({Gleichung1,Gleichung2});
```

$$\{\beta 11 = \frac{116}{99}, \beta 21 = \frac{427}{198}\}$$

```
> Gleichung1:=beta12-(2/7)*beta22=-13/7:
> Gleichung2:=-(2/3)*beta12-(1/3)*beta22=3/5:
> solve({Gleichung1,Gleichung2});
```

$$\{\beta 22 = \frac{67}{55}, \beta 12 = \frac{-83}{55}\}$$

Aufgabe 3.11 Der Vektor $\vec{x} \in \mathbb{R}^2$ besitze bezüglich der kanonischen Basis die Koordinatendarstellung: $\vec{x} = x_1\,\vec{e}_1{}^{(2)} + x_2\,\vec{e}_2{}^{(2)}$. Welche Darstellung besitzt der Vektor $\vec{x}$ bezüglich der Basis:

Kanonische Basis im $\mathbb{R}^2$ drehen, Koordinaten im gedrehten System bestimmen

$$\vec{\vec{b}}_1 = (\cos(\phi), \sin(\phi)), \quad \vec{\vec{b}}_2 = (-\sin(\phi), \cos(\phi)), \quad \phi \in \mathbb{R}.$$

Lösung: Die Vektoren $\vec{\vec{b}}_1$ bzw. $\vec{\vec{b}}_2$ gehen offenbar aus den Vektoren $\vec{e}_1{}^{(2)}$ bzw. $\vec{e}_2{}^{(2)}$ durch Drehung im entgegengesetzten Uhrzeigersinn um den Winkel ϕ hervor.

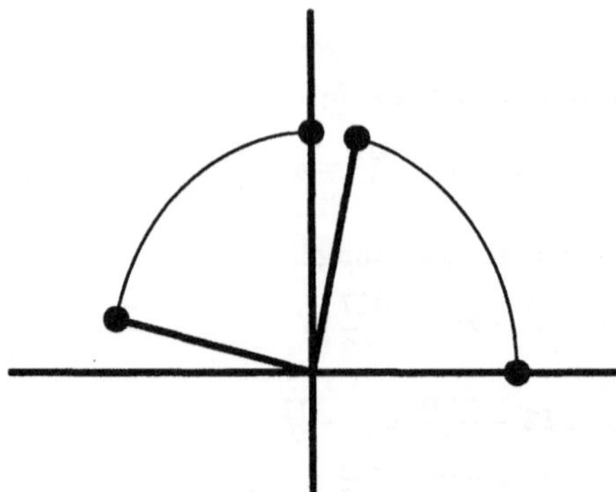

Drehung der kanonischen Basis im $\mathbb{R}^2$ um den Winkel ϕ

Die Darstellung der Basis $\vec{\bar{b}}_1$ bzw. $\vec{\bar{b}}_2$ durch die kanonische Basis lautet:

$$\vec{\bar{b}}_1 = \cos(\phi)\,\vec{e}_1^{\,(2)} + \sin(\phi)\,\vec{e}_2^{\,(2)}\,,$$
$$\vec{\bar{b}}_2 = -\sin(\phi)\,\vec{e}_1^{\,(2)} + \cos(\phi)\,\vec{e}_2^{\,(2)}\,.$$

Macht man die Drehung durch Drehung um den Winkel $-\phi$ rückgängig, so erhält man die Darstellung:

$$\vec{e}_1^{\,(2)} = \cos(\phi)\,\vec{\bar{b}}_1 - \sin(\phi)\,\vec{\bar{b}}_2\,,$$
$$\vec{e}_2^{\,(2)} = \sin(\phi)\,\vec{\bar{b}}_1 + \cos(\phi)\,\vec{\bar{b}}_2\,.$$

Setzt man dies ein, so folgt:

$$\vec{x} = x_1\,(\cos(\phi)\,\vec{\bar{b}}_1 - \sin(\phi)\,\vec{\bar{b}}_2) + x_2\,(\sin(\phi)\,\vec{\bar{b}}_1 + \cos(\phi)\,\vec{\bar{b}}_2)$$

bzw.

$$\vec{x} = (\cos(\phi)x_1 + \sin(\phi)x_2)\,\vec{\bar{b}}_1 + (-\sin(\phi)x_1 + \cos(\phi)x_2)\,\vec{\bar{b}}_2\,.$$

Genauso folgt aus $\vec{x} = \bar{x}_1\,\vec{\bar{b}}_1 + \bar{x}_2\,\vec{\bar{b}}_2$ die Koordinatendarstellung

$$\begin{aligned}\vec{x} \;=\; & (\cos(\phi)\bar{x}_1 - \sin(\phi)\bar{x}_2)\,\vec{e}_1^{\,(2)} \\ & +(\sin(\phi)\bar{x}_1 + \cos(\phi)\bar{x}_2)\,\vec{e}_1^{\,(2)}\,.\end{aligned}$$

Drehungen der kanonischen Basis im $\mathbb{R}^3$ um die Eulerwinkel, Darstellung der Koordinaten im kanonischen System durch die Koordinaten im gedrehten System

Aufgabe 3.12 Die Basis $\vec{e}_1{}^{(3)}, \vec{e}_2{}^{(3)}, \vec{e}_3{}^{(3)}$ werde durch drei aufeinanderfolgende Drehungen (im entgegengestzten Uhrzeigersinn) um die Eulerwinkel in eine neue Basis überführt.

1.) Wir drehen um den Winkel ψ mit $\vec{e}_3{}^{(3)}$ als Drehachse und erhalten die Basis $\vec{b}'_1, \vec{b}'_2, \vec{b}'_3$.

2.) Wir drehen um den Winkel θ mit $\vec{b}'_1$ als Drehachse und erhalten die Basis $\vec{b}''_1, \vec{b}''_2, \vec{b}''_3$.

3.) Wir drehen um den Winkel ϕ mit $\vec{b}''_3$ als Drehachse und erhalten die Basis $\vec{b}'''_1, \vec{b}'''_2, \vec{b}'''_3$.

Man beschreibe die jeweilige Basisüberführung. Wie berechnen sich die Koordinaten eines Vektors $\vec{x} = x_1\,\vec{e}_1{}^{(3)} + x_2\,\vec{e}_2{}^{(3)} + x_3\,\vec{e}_3{}^{(3)}$ wenn folgende Darstellung gegeben ist: $\vec{x} = x'''_1\,\vec{b}'''_1 + x'''_2\,\vec{b}'''_2 + x'''_3\,\vec{b}'''_3$.

Lösung: 1.) Der Vektor $\vec{e}_3{}^{(3)}$ bleibt fest, und wir erhalten wie im $\mathbb{R}^2$:

$$\begin{aligned}
\vec{b}'_1 &= \cos(\psi)\,\vec{e}_1{}^{(3)} + \sin(\psi)\,\vec{e}_2{}^{(3)}\,,\\
\vec{b}'_2 &= -\sin(\psi)\,\vec{e}_1{}^{(3)} + \cos(\psi)\,\vec{e}_2{}^{(3)}\,,\\
\vec{b}'_3 &= \vec{e}_3{}^{(3)}\,.
\end{aligned}$$

Analog zum $\mathbb{R}^2$ gilt für die Koordinaten: $\vec{x} = x'_1\,\vec{b}'_1 + x'_2\,\vec{b}'_2 + x'_3\,\vec{b}'_3$ folgende Beziehung:

$$\begin{aligned}
x_1 &= \cos(\psi)\,x'_1 - \sin(\psi)\,x'_2\,,\\
x_2 &= \sin(\psi)\,x'_1 + \cos(\psi)\,x'_2\,,\\
x_3 &= x'_3\,.
\end{aligned}$$

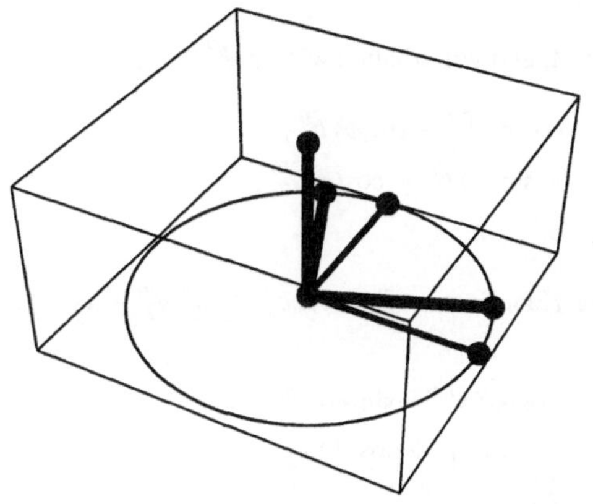

Überführung der kanonischen Basis im $\mathbb{R}^3$ durch Drehung um den Eulerwinkel ψ

2.) Der Vektor $\vec{b}'_1$ bleibt fest, und wir erhalten wie im $\mathbb{R}^2$:

$$\begin{aligned}\vec{b}_1'' &= \vec{b}_1',\\ \vec{b}_2'' &= \cos(\theta)\,\vec{b}_2' + \sin(\theta)\,\vec{b}_3',\\ \vec{b}_3'' &= -\sin(\theta)\,\vec{b}_2' + \cos(\theta)\,\vec{b}_3'.\end{aligned}$$

Analog zum $\mathbb{R}^2$ gilt für die Koordinaten: $\vec{x} = x_1''\,\vec{b}_1'' + x_2''\,\vec{b}_2'' + x_3''\,\vec{b}_3''$ folgende Beziehung:

$$\begin{aligned}x_1' &= x_1'',\\ x_2' &= \cos(\theta)\,x_2'' - \sin(\theta)\,x_3'',\\ x_3' &= \sin(\theta)\,x_2'' + \cos(\theta)\,x_3''.\end{aligned}$$

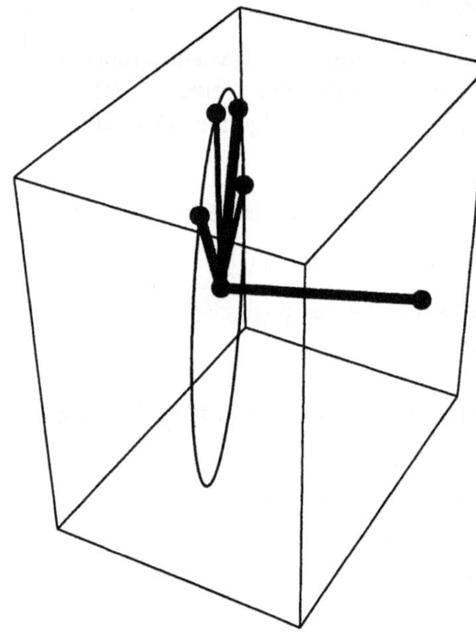

Überführung der Basis $\vec{b}_1', \vec{b}_2', \vec{b}_3'$ durch Drehung um den Eulerwinkel θ

3.) Der Vektor $\vec{b}_3''$ bleibt fest, und wir erhalten wie im $\mathbb{R}^2$:

$$\begin{aligned}\vec{b}_1''' &= \cos(\phi)\,\vec{b}_1'' + \sin(\phi)\,\vec{b}_2'',\\ \vec{b}_2''' &= -\sin(\phi)\,\vec{b}_1'' + \cos(\phi)\,\vec{b}_2'',\\ \vec{b}_3''' &= \vec{b}_3''.\end{aligned}$$

Analog zum $\mathbb{R}^2$ gilt für die Koordinaten: $\vec{x} = x_1'''\,\vec{b}_1''' + x_2'''\,\vec{b}_2''' + x_3'''\,\vec{b}_3'''$ folgende Beziehung:

$$\begin{aligned}x_1'' &= \cos(\phi)\,x_1''' - \sin(\phi)\,x_2''',\\ x_2'' &= \sin(\phi)\,x_1''' + \cos(\phi)\,x_2''',\\ x_3'' &= x_3'''.\end{aligned}$$

Faßt man alles zusammen, so ergibt sich:

$$\begin{aligned}
x_1 &= (\cos(\psi)\cos(\phi) - \sin(\psi)\cos(\theta)\sin(\phi))x_1''' \\
&\quad +(-\cos(\psi)\sin(\phi) - \sin(\psi)\cos(\theta)\cos(\phi))x_2''' \\
&\quad +\sin(\psi)\sin(\theta)x_3''', \\
x_2 &= (\sin(\psi)\cos(\phi) + \cos(\psi)\cos(\theta)\sin(\phi))x_1''' \\
&\quad +(-\sin(\psi)\sin(\phi) + \cos(\psi)\cos(\theta)\cos(\phi))x_2''' \\
&\quad -\cos(\psi)\sin(\theta)x_3''', \\
x_3 &= \sin(\theta)\sin(\phi)x_1''' \\
&\quad +\sin(\theta)\cos(\phi)x_2''' \\
&\quad +\cos(\theta)x_3'''.
\end{aligned}$$

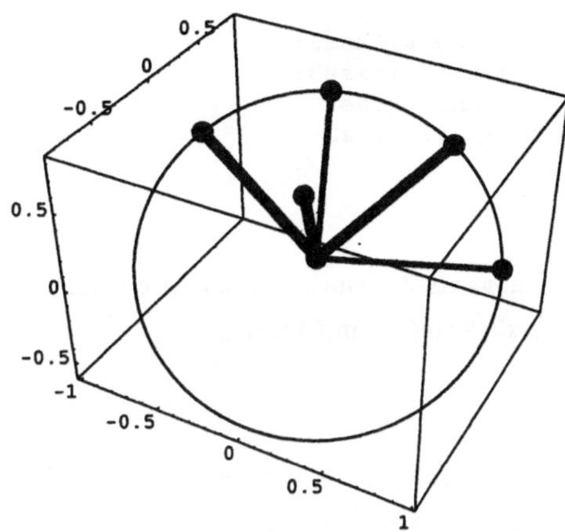

Überführung der Basis $\vec{b}_1'', \vec{b}_2'', \vec{b}_3''$ durch Drehung um den Eulerwinkel ϕ

Mathematica:

x1 = cos[ψ]**xs1** − sin[ψ]**xs2**;
x2 = sin[ψ]**xs1** + cos[ψ]**xs2**;
x3 = **xs3**;

xs1 = **xss1**;
xs2 = cos[θ]**xss2** − sin[θ]**xss3**;
xs3 = sin[θ]**xss2** + cos[θ]**xss3**;

xss1 = cos[ϕ]**xsss1** − sin[ϕ]**xsss2**;
xss2 = sin[ϕ]**xsss1** + cos[ϕ]**xsss2**;
xss3 = **xsss3**;

Expand[x1]

xsss1 cos[ϕ] cos[ψ]−
xsss2 cos[ψ] sin[ϕ] − **xsss2** cos[ϕ] cos[θ] sin[ψ]−
xsss1 cos[θ] sin[ϕ] sin[ψ] + **xsss3** sin[ψ] sin[θ]

Expand[x2]

$$\mathbf{xsss2}\cos[\phi]\cos[\psi]\cos[\theta]+$$
$$\mathbf{xsss1}\cos[\psi]\cos[\theta]\sin[\phi]+\mathbf{xsss1}\cos[\phi]\sin[\psi]-$$
$$\mathbf{xsss2}\sin[\phi]\sin[\psi]-\mathbf{xsss3}\cos[\psi]\sin[\theta]$$

Expand[x3]

$$\mathbf{xsss3}\cos[\theta]+\mathbf{xsss2}\cos[\phi]\sin[\theta]+$$
$$\mathbf{xsss1}\sin[\phi]\sin[\theta]$$

Maple:

```
> x1:=cos(psi)*xs1-sin(psi)*xs2:
> x2:=sin(psi)*xs1+cos(psi)*xs2:
> x3:=xs3:
> xs1:=xss1:
> xs2:=cos(theta)*xss2-sin(theta)*xss3:
> xs3:=sin(theta)*xss2+cos(theta)*xss3:
> xss1:=cos(phi)*xsss1-sin(phi)*xsss2:
> xss2:=sin(phi)*xsss1+cos(phi)*xsss2:
> xss3:=xsss3:
> expand(x1);
```

$$\cos(\psi)\cos(\phi)\,xsss1-\cos(\psi)\sin(\phi)\,xsss2-\sin(\psi)\cos(\theta)\sin(\phi)\,xsss1$$
$$-\sin(\psi)\cos(\theta)\cos(\phi)\,xsss2+\sin(\psi)\sin(\theta)\,xsss3$$

```
> expand(x2);
```

$$\sin(\psi)\cos(\phi)\,xsss1-\sin(\psi)\sin(\phi)\,xsss2+\cos(\psi)\cos(\theta)\sin(\phi)\,xsss1$$
$$+\cos(\psi)\cos(\theta)\cos(\phi)\,xsss2-\cos(\psi)\sin(\theta)\,xsss3$$

```
> expand(x3);
```

$$\sin(\theta)\sin(\phi)\,xsss1+\sin(\theta)\cos(\phi)\,xsss2+\cos(\theta)\,xsss3$$

Beziehung affiner Koordinaten herstellen

Aufgabe 3.13 Seien

$$(Q,\vec{b}_1,\ldots\vec{b}_n)\quad\text{und}\quad(\tilde{Q},\vec{\tilde{b}}_1,\ldots\vec{\tilde{b}}_n)$$

affine Koordinatensysteme des $\mathbb{R}^n$ mit

$$\vec{b}_j=\sum_{k=1}^{n}\beta_{k,j}\,\vec{\tilde{b}}_k\,,\; j=1,\ldots,n\,,\quad\text{und}\quad\vec{Q\tilde{Q}}=\sum_{j=1}^{n}x_{\tilde{Q},j}\,\vec{b}_j\,.$$

Man bestätige die oben angegebene Beziehung zwischen den Koordinaten des Punktes P aus den Darstellungen:

$$\vec{QP}=\sum_{j=1}^{n}x_j\,\vec{b}_j\quad\text{und}\quad\vec{\tilde{Q}P}=\sum_{j=1}^{n}\tilde{x}_j\,\vec{\tilde{b}}_j\,.$$

Lösung: Aus der Beziehung: $\vec{\tilde{Q}P} = \vec{QP} - \vec{Q\tilde{Q}}$ folgt:

$$\begin{aligned}
\sum_{j=1}^{n} \tilde{x}_j \vec{\tilde{b}}_j &= \sum_{j=1}^{n} x_j \vec{b}_j - \sum_{j=1}^{n} x_{\tilde{Q},j} \vec{b}_j \\
&= \sum_{j=1}^{n} (x_j - x_{\tilde{Q},j}) \vec{b}_j \\
&= \sum_{j=1}^{n} (x_j - x_{\tilde{Q},j}) \sum_{k=1}^{n} \beta_{k,j} \vec{\tilde{b}}_k \\
&= \sum_{k=1}^{n} \left(\sum_{j=1}^{n} \beta_{k,j} (x_j - x_{\tilde{Q},j}) \right) \vec{\tilde{b}}_k
\end{aligned}$$

Schließlich ergibt sich folgende Beziehung der Koordinaten:

$$\tilde{x}_k = \sum_{j=1}^{n} \beta_{k,j} (x_j - x_{\tilde{Q},j}), \quad k = 1, \dots, n.$$

Ersetzt man $\vec{\tilde{b}}_j = \sum_{k=1}^{n} \tilde{\beta}_{k,j} \vec{b}_k$ in der Ausgangsbeziehung

$$\sum_{j=1}^{n} \tilde{x}_j \vec{\tilde{b}}_j = \sum_{j=1}^{n} x_j \vec{b}_j - \sum_{j=1}^{n} x_{\tilde{Q},j} \vec{b}_j,$$

so ergibt sich außerdem:

$$x_k = \sum_{j=1}^{n} \tilde{\beta}_{k,j} \tilde{x}_j + x_{\tilde{Q},k}, \quad k = 1, \dots, n.$$

Aufgabe 3.14 Im Punktraum $\mathbb{R}^2$ seien die affinen Koordinatensysteme $(O, \vec{e}_1^{\,(2)}, \vec{e}_2^{\,(2)})$ und $(\tilde{Q}, \vec{\tilde{b}}_1, \vec{\tilde{b}}_2)$ gegeben mit:

Kanonisches System im $\mathbb{R}^2$ drehen und verschieben, Koordinaten im neuen System berechnen

$$\vec{\tilde{b}}_1 = (\cos(\phi), \sin(\phi)), \quad \vec{\tilde{b}}_2 = (-\sin(\phi), \cos(\phi)), \quad \phi \in \mathbb{R}.$$

Es gelte: $\vec{O\tilde{Q}} = x_{\tilde{Q},1} \vec{e}_1^{\,(2)} + x_{\tilde{Q},2} \vec{e}_2^{\,(2)}$.
Welche Beziehung besteht zwischen den Koordinaten des Punktes P aus den Darstellungen: $\vec{OP} = x_1 \vec{e}_1^{\,(2)} + x_2 \vec{e}_2^{\,(2)}$ und $\vec{\tilde{Q}P} = \tilde{x}_1 \vec{\tilde{b}}_1 + \tilde{x}_2 \vec{\tilde{b}}_2$.

Lösung: Die gegenseitige Darstellung der Basisvektoren lautet:

$$\begin{aligned}
\vec{\tilde{b}}_1 &= \cos(\phi) \vec{e}_1^{\,(2)} + \sin(\phi) \vec{e}_2^{\,(2)}, \\
\vec{\tilde{b}}_2 &= -\sin(\phi) \vec{e}_1^{\,(2)} + \cos(\phi) \vec{e}_2^{\,(2)},
\end{aligned}$$

bzw.

$$\vec{e}_1{}^{(2)} = \cos(\phi)\,\vec{\tilde{b}}_1 - \sin(\phi)\,\vec{\tilde{b}}_2\,,$$
$$\vec{e}_2{}^{(2)} = \sin(\phi)\,\vec{\tilde{b}}_1 + \cos(\phi)\,\vec{\tilde{b}}_2\,.$$

Also ergibt sich:

$$\tilde{\beta}_{1,1} = \cos(\phi)\,, \quad \tilde{\beta}_{2,1} = \sin(\phi)\,,$$
$$\tilde{\beta}_{1,2} = -\sin(\phi)\,, \quad \tilde{\beta}_{2,2} = \cos(\phi)\,,$$

und

$$\beta_{1,1} = \cos(\phi)\,, \quad \beta_{2,1} = -\sin(\phi)\,,$$
$$\beta_{1,2} = \sin(\phi)\,, \quad \beta_{2,2} = \cos(\phi)\,.$$

Setzt man dies ein, so folgt:

$$\tilde{x}_1 = \cos(\phi)\,(x_1 - x_{\tilde{Q},1}) + \sin(\phi)\,(x_2 - x_{\tilde{Q},2})\,,$$
$$\tilde{x}_2 = -\sin(\phi)\,(x_1 - x_{\tilde{Q},1}) + \cos(\phi)\,(x_2 - x_{\tilde{Q},2})\,,$$

bzw.

$$x_1 = \cos(\phi)\,\tilde{x}_1 - \sin(\phi)\,\tilde{x}_2 + x_{\tilde{Q},1}\,,$$
$$x_2 = \sin(\phi)\,\tilde{x}_1 + \cos(\phi)\,\tilde{x}_2 + x_{\tilde{Q},2}\,.$$

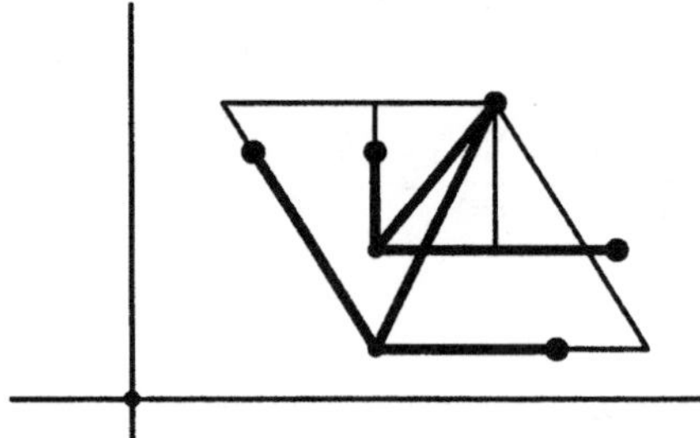

Koordinaten eines Punktes P bezüglich verschiedener Koordinatensysteme des $\mathbb{R}^2$

Gleichung zweiten Grades im $\mathbb{R}^2$ in einem gedrehten Koordinatensystem darstellen, Hauptachssystem finden

Aufgabe 3.15 Die Koordinaten x_1, x_2 eines Punktes $P \in \mathbb{R}^2$ bezüglich $(O, \vec{e}_1{}^{(2)}, \vec{e}_2{}^{(2)})$ erfüllen die Gleichung:

$$A\,x_1^2 + B\,x_1\,x_2 + C\,x_2^2 + D\,x_1 + E\,x_2 + F = 0\,,$$

$(A, B, C, D, E \in \mathbb{R}, B \neq 0)$.
Man bestimme ϕ so, daß die Koordinaten x_1', x_2' von P bezüglich $(O, (\cos(\phi), \sin(\phi)), (-\sin(\phi), \cos(\phi)))$, des Hauptachsensystems, eine Gleichung der folgenden Gestalt erfüllen:

$$A'\,x_1'^2 + C'\,x_2'^2 + D'\,x_1' + E'\,x_2' + F' = 0\,.$$

Was ergibt sich im Fall:

$$\frac{11}{4}x_1^2 - \frac{1}{2}\sqrt{3}x_1x_2 + \frac{9}{4}x_2^2 + \frac{1-4\sqrt{3}}{2}x_1 + \frac{4+\sqrt{3}}{2}x_2 + 1 = 0\,.$$

Lösung: Durch Einsetzen von:

$$\begin{aligned} x_1 &= \cos(\phi)\, x_1' - \sin(\phi)\, x_2' , \\ x_2 &= \sin(\phi)\, x_1' + \cos(\phi)\, x_2' , \end{aligned}$$

ergibt sich zunächst eine Gleichung:

$$A'\, {x_1'}^2 + B'\, x_1' x_2' + C'\, {x_2'}^2 + D'\, x_1' + E'\, x_2' + F' = 0$$

mit

$$\begin{aligned} A' &= A\,(\cos(\phi))^2 + B\,\sin(\phi)\,\cos(\phi) + C\,(\sin(\phi))^2 , \\ B' &= B\,((\cos(\phi))^2 - (\sin(\phi))^2) + 2\,(C - A)\,\sin(\phi)\cos(\phi) , \\ C' &= A\,(\sin(\phi))^2 - B\,\sin(\phi)\,\cos(\phi) + C\,(\cos(\phi))^2 , \\ D' &= D\,\cos(\phi) + E\,\sin(\phi) , \\ E' &= -D\,\sin(\phi) + E\,\cos(\phi) , \\ F' &= F . \end{aligned}$$

Es bleibt das Problem ϕ so zu bestimmen, daß $B' = 0$ wird. Verwendet man die Beziehungen:

$$(\cos(\phi))^2 - (\sin(\phi))^2 = \cos(2\,\phi) , \quad 2\,\sin(\phi)\,\cos(\phi) = \sin(2\,\phi) ,$$

so folgt:

$$B' = B\,\cos(2\,\phi) + (C - A)\,\sin(2\,\phi) .$$

Hieraus kann ϕ mit Hilfe von:

$$\cot(2\,\phi) = \frac{A - C}{B}$$

bestimmt werden.

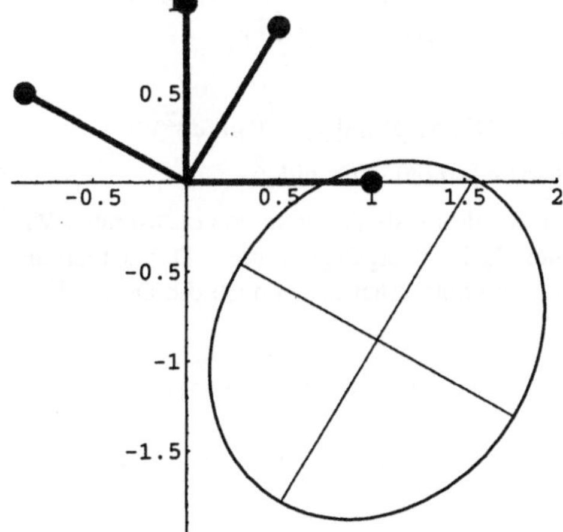

Darstellung der Ellipse $\frac{11}{4}x_1^2 - \frac{1}{2}\sqrt{3}x_1x_2 + \frac{9}{4}x_2^2 + \frac{1-4\sqrt{3}}{2}x_1 + \frac{4+\sqrt{3}}{2}x_2 + 1 = 0$ in verschiedenen Koordinatensystemen des $\mathbb{R}^2$

Sei nun konkret:

$$\frac{11}{4}x_1^2 - \frac{1}{2}\sqrt{3}x_1x_2 + \frac{9}{4}x_2^2 + \frac{1 - 4\sqrt{3}}{2}x_1 + \frac{4 + \sqrt{3}}{2}x_2 + 1 = 0 .$$

Aus

$$\cot(2\phi) = \frac{\frac{2}{4}}{-\frac{1}{2}\sqrt{3}} = -\frac{1}{3}\sqrt{3}$$

entnehmen wir $\phi = \frac{\pi}{3}$ und mit

$$\begin{aligned} x_1 &= \frac{1}{2}x_1' - \frac{1}{2}\sqrt{3}x_2', \\ x_2 &= \frac{1}{2}\sqrt{3}x_1' + \frac{1}{2}x_2', \end{aligned}$$

folgt:

$$2x_1'^2 + 3x_2'^2 + x_1' + 4x_2' + 1 = 0.$$

Durch quadratische Ergänzung bekommt man hieraus folgende Ellipsengleichung:

$$2\left(x_1' + \frac{1}{4}\right)^2 + 3\left(x_2' + \frac{4}{3}\right)^2 = \frac{11}{24}.$$

E
Unprotect
Collect

Mathematica: Die Konstante E ist für die Eulersche Zahl reserviert. Mit Unprotect kann dies rückgängig gemacht werden. Mit Collect wird ein Ausdruck als Polynom von bestimmten Variablen dargestellt, die in einer Option festgelegt werden.

Unprotect[E];

g[x1_, x2_] := Ax1^2 + Bx1x2 + Cx2^2 + Dx1 + Ex2 + F

gs = Expand[
g[cos[ϕ]**xs1** − sin[ϕ]**xs2**, sin[ϕ]**xs1** + cos[ϕ]**xs2**]];

Collect[gs, {xs1, xs2, xs1xs2}]

F + **xs2**(E cos[ϕ] − D sin[ϕ]) + **xs1**(D cos[ϕ] + E sin[ϕ])+
xs2^2(Ccos[ϕ]^2 − B cos[ϕ] sin[ϕ] + Asin[ϕ]^2)+
xs1xs2(Bcos[ϕ]^2−
2A cos[ϕ] sin[ϕ] + 2C cos[ϕ] sin[ϕ] − Bsin[ϕ]^2)+
xs1^2(Acos[ϕ]^2 + B cos[ϕ] sin[ϕ] + Csin[ϕ]^2)

collect
collect(,distributed)

Maple: Mit Collect wird ein Ausdruck als Polynom von bestimmten Variablen dargestellt, die in einer Option festgelegt werden. Damit man als Ausgabe auch das gewünschte Polynom erhält, muß noch die Option Distributed verwendet werden.

```
> g:=(x1,x2)->A*x1^2+B*x1*x2+C*x2^2+D*x1+E*x2+F
```

$$g := (x1, x2) \to A\,x1^2 + B\,x1\,x2 + C\,x2^2 + D\,x1 + E\,x2 + F$$

```
> gs:=expand(g(cos(phi)*xs1-sin(phi)*xs2,sin(phi)*xs1
> +cos(phi)*xs2)):
```

```
> collect(gs,[xs1,xs2],distributed);
```

$$\begin{aligned}
&F + (E\sin(\phi) + D\cos(\phi))\,xs1 + (-D\sin(\phi) + E\cos(\phi))\,xs2 \\
&\quad + (A\cos(\phi)^2 + B\cos(\phi)\sin(\phi) + C\sin(\phi)^2)\,xs1^2 \\
&\quad + (A\sin(\phi)^2 + C\cos(\phi)^2 - B\cos(\phi)\sin(\phi))\,xs2^2 \\
&\quad + (B\cos(\phi)^2 + 2\,C\cos(\phi)\sin(\phi) - B\sin(\phi)^2 - 2\,A\cos(\phi)\sin(\phi))\,xs2\,xs1
\end{aligned}$$

3.4 Der unitäre Vektorraum $\mathbb{C}^n$

Wir übertragen als erstes das im $\mathbb{R}^3$ erklärte skalare Produkt und die Länge eines Vektors in den $\mathbb{R}^n$.

Das skalare Produkt zweier Vektoren $\vec{a} = (a_1, a_2, \ldots, a_n)$ und $\vec{b} = (b_1, b_2, \ldots, b_n)$ aus $\mathbb{R}^n$ wird erklärt durch:

$$\vec{a}\,\vec{b} = \sum_{j=1}^{n} a_j b_j .$$

Das skalare Produkt besitzt dieselben Eigenschaften wie im $\mathbb{R}^3$ und durch

$$||\vec{a}|| = \sqrt{\sum_{j=1}^{n} a_j^2}$$

wird die Länge eines Vektors gegeben.
Versehen mit dem skalaren Produkt trägt der $\mathbb{R}^n$ die Strukur eines Euklidischen Vektorraums.

Skalares Produkt und Länge im $\mathbb{R}^n$

Damit wir im Vektorraum $\mathbb{C}^n$ ebenfalls Längen von Vektoren einführen können, muß das skalare Produkt etwas modifiziert werden.

Skalares Produkt und Länge im $\mathbb{C}^n$

Das skalare Produkt zweier Vektoren $\vec{a} = (a_1, a_2, \ldots, a_n)$ und $\vec{b} = (b_1, b_2, \ldots, b_n)$ aus $\mathbb{C}^n$ wird erklärt durch:

$$\vec{a}\,\vec{b} = \sum_{j=1}^{n} a_j \bar{b}_j .$$

Die Länge eines Vektors aus $\mathbb{C}^n$ wird gegeben als:

$$||\vec{a}|| = \sqrt{\sum_{j=1}^{n} a_j \bar{a}_j} .$$

Versehen mit dem skalaren Produkt trägt der $\mathbb{C}^n$ die Struktur eines unitären Vektorraums.

Für viele Belange sind Vektoren mit der Einheitslänge zweckmäßig.

Normierte Vektoren

Vektoren der Länge 1 heißen normierte Vektoren oder Einheitsvektoren.

Das skalare Produkt besitzt folgende Eigenschaften.

Eigenschaften des skalaren Produkts im $\mathbb{C}^n$

1.) $\vec{a}\,\vec{a} = ||a||^2, \quad \vec{a}\,\vec{a} = 0 \iff \vec{a} = \vec{0}$,

2.) $\vec{a}\,\vec{b} = \overline{\vec{b}\,\vec{a}}$,

3.) $(\vec{a} + \vec{b})\,\vec{c} = \vec{a}\,\vec{c} + \vec{b}\,\vec{c}$,

4.) $(\lambda\vec{a})\,\vec{b} = \lambda\vec{a}\,\vec{b}, \quad \vec{a}\,(\lambda\vec{b}) = \bar{\lambda}\vec{a}\,\vec{b}$,

5.) $||\vec{a} + \vec{b}|| \leq ||\vec{a}|| + ||\vec{b}||$, (Dreiecksungleichung).

Daß Vektoren senkrecht aufeinander stehen, können wir mit dem Skalaprodukt wie im $\mathbb{R}^3$ erklären.

Orthogonale Vektoren, Orthogonalsysteme und Orthonormalsysteme

Zwei Vektoren $\vec{a}$ und $\vec{b}$ aus $\mathbb{C}^n$ ($\mathbb{R}^n$) heißen orthogonal wenn $\vec{a}\,\vec{b} = 0$ gilt.
Eine Menge von Vektoren $\{\vec{a}_1, \ldots, \vec{a}_m\}$, die den Nullvektor nicht enthält, heißt Orthogonalsystem, wenn je zwei Vektoren $\vec{a}_k$ und $\vec{a}_j$, $k \neq j$, orthogonal sind. Sind die Vektoren paarweise orthogonal und normiert, so heißt die Menge $\{\vec{a}_1, \ldots, \vec{a}_m\}$ Orthonormalsystem.

Verwendet man Basissystemen, deren Vektoren paarweise senkrecht stehen, so gestalten sich viele Rechnungen einfacher.

Orthogonalbasen und Orthonormalbasen

Stellen die Vektoren $\{\vec{a}_1, \ldots, \vec{a}_m\}$ ein Orthogonalsystem dar, so sind sie linear unabhängig.
Bildet ein Orthogonalsystem eine Basis des $\mathbb{C}^n$ ($\mathbb{R}^n$), so sprechen wir von einer Orthogonalbasis. Sind zusätzlich alle Basisvektoren normiert, so liegt eine Orthonormalbasis vor.
Die kanonische Basis $\vec{e}_j^{(n)}$ des $\mathbb{C}^n$ ($\mathbb{R}^n$) stellt eine Orthonormalbasis dar.

Bezüglich einer anderen Orthonormalbasis lassen sich die Koordinaten eines beliebigen Vektors ebenso bequem berechnen.

Koordinaten bezüglich einer Orthonormalbasis

Sei $\vec{\tilde{e}}_j$ eine Orthonormalbasis des $\mathbb{C}^n$. Aus der Basisdarstellung $\vec{a} = \sum_{j=1}^{n} \tilde{a}_j \vec{\tilde{e}}_j$ ergibt sich: $\tilde{a}_j = \vec{a}\,\vec{\tilde{e}}_j$.
Das skalare Produkt berechnet man wie folgt:

$$\vec{a}\,\vec{b} = \left(\sum_{j=1}^{n} \tilde{a}_j \vec{\tilde{e}}_j\right)\left(\sum_{j=1}^{n} \tilde{b}_j \vec{\tilde{e}}_j\right) = \sum_{j=1}^{n} \tilde{a}_j \bar{\tilde{b}}_j .$$

Orthonormalsysteme kann man mit dem Verfahren von Hilbert-Schmidt herstellen.

Hilbert-Schmidtsches Orthonormalisierungsverfahren

Seien $\vec{a}_1, \ldots, \vec{a}_m$ aus $\mathbb{C}^n$ ($\mathbb{R}^n$) linear unabhängige Vektoren. Dann erzeugt das Hilbert-Schmidtsche Orthonormalisierungsverfahren:

$$\begin{aligned} \vec{\tilde{e}}_1 &= \frac{1}{||\vec{a}_1||}\vec{a}_1 \\ \vec{\tilde{a}}_{l+1} &= \vec{a}_{l+1} - \sum_{k=1}^{l} (\vec{a}_{l+1}\,\vec{\tilde{e}}_k)\,\vec{\tilde{e}}_k \\ \vec{\tilde{e}}_{l+1} &= \frac{1}{||\vec{\tilde{a}}_{l+1}||}\vec{\tilde{a}}_{l+1}, \end{aligned}$$

ein Orthonormalsystem $\{\vec{\tilde{e}}_1, \ldots, \vec{\tilde{e}}_m\}$ mit der Eigenschaft

$$< \vec{\tilde{e}}_1, \ldots, \vec{\tilde{e}}_m > = < \vec{a}_1, \ldots, \vec{a}_m > .$$

Aufgabe 3.16 Man bestimme eine Orthonormalbasis des $\mathbb{R}^2$, indem man von der Basis $(1,3)$, $(2,7)$ ausgeht und das Hilbert-Schmidtsche Verfahren anwendet. Welche Darstellung besitzt der Vektor (α, β) in der neuen Basis?

Hilbert-Schmidtsches Verfahren im $\mathbb{R}^2$ anwenden

Lösung: Wir beginnen mit der Basis:

$$\vec{a}_1 = (1,3)\,, \vec{a}_2 = (2,7)\,.$$

Der erste Schritt besteht darin, den Vektor $\vec{a}_1$ zu normalisieren:

$$\vec{\bar{e}}_1 = \frac{1}{||\vec{a}_1||}\,\vec{a}_1 = \frac{1}{\sqrt{10}}\,(1,3)\,.$$

Im zweiten Schritt berechnen wir den Vektor $\vec{\bar{a}}_2$ und normalisieren ihn anschließend.

$$\begin{aligned}
\vec{\bar{a}}_2 &= \vec{a}_2 - (\vec{a}_2\,\vec{\bar{e}}_1)\,\vec{\bar{e}}_1 \\
&= (2,7) - \left((2,7)\,\frac{1}{\sqrt{10}}\,(1,3)\right)\frac{1}{\sqrt{10}}\,(1,3) \\
&= (2,7) - \frac{1}{10}\,23\,(1,3) = \frac{1}{10}\,(-3,1)\,, \\
\vec{\bar{e}}_2 &= \frac{1}{||\vec{\bar{a}}_2||}\,\vec{\bar{a}}_2 \\
&= \frac{1}{\frac{1}{\sqrt{10}}}\,\frac{1}{10}\,(-3,1) = \frac{1}{\sqrt{10}}\,(-3,1)\,.
\end{aligned}$$

Der Vektor (α, β) besitzt die Darstellung:

$$\begin{aligned}
(\alpha,\beta) &= ((\alpha,\beta)\,\vec{\bar{e}}_1)\,\vec{\bar{e}}_1 + ((\alpha,\beta)\,\vec{\bar{e}}_2)\,\vec{\bar{e}}_2 \\
&= \frac{1}{10}\,(\alpha + 3\,\beta)\,\vec{\bar{e}}_1 + \frac{1}{10}\,(-3\,\alpha + \beta)\,\vec{\bar{e}}_2\,.
\end{aligned}$$

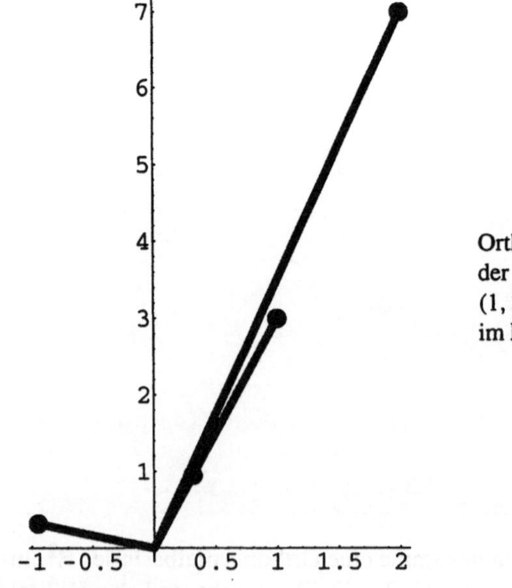

Orthonormalisieren der Basis $(1,3)$, $(2,7)$ im $\mathbb{R}^2$

Mathematica:

a1 = {1, 3}; a2 = {2, 7};

$$\mathbf{es1} = \frac{\mathbf{a1}}{\sqrt{\mathbf{a1.a1}}}$$

$$\{\frac{1}{\sqrt{10}}, \frac{3}{\sqrt{10}}\}$$

$$\mathbf{as2} = \mathbf{Simplify[a2 - a2.es1es1]}$$

$$\{-\frac{3}{10}, \frac{1}{10}\}$$

$$\mathbf{es2} = \frac{\mathbf{as2}}{\sqrt{\mathbf{as2.as2}}}$$

$$\{-\frac{3}{\sqrt{10}}, \frac{1}{\sqrt{10}}\}$$

Maple:

```
> a1:=[1,3]: a2:=[2,7]:
> es1:=(1/norm(a1,2))*a1;
```

$$es1 := \frac{1}{10}\sqrt{10}[1, 3]$$

```
> as2:=a2-dotprod(a2,es1)*es1;
```

$$as2 := [\frac{-3}{10}, \frac{1}{10}]$$

```
> es2:=(1/norm(as2,2))*as2;
```

$$es2 := \sqrt{10}[\frac{-3}{10}, \frac{1}{10}]$$

Aufgabe 3.17 Man bestimme eine Orthonormalbasis des $\mathbb{R}^3$, indem man von der Basis (2, 1, 3), (1, 2, 1), (0, 3, 4) ausgeht und das Hilbert-Schmidtsche Verfahren anwendet.

Hilbert-Schmidtsches Verfahren im $\mathbb{R}^3$ anwenden

Lösung: Wir beginnen mit der Basis:

$$\vec{a}_1 = (2, 1, 3), \vec{a}_2 = (1, 2, 1), \vec{a}_3 = (0, 3, 4).$$

Der erste Schritt besteht darin, den Vektor $\vec{a}_1$ zu normalisieren:

$$\vec{e}_1 = \frac{1}{||\vec{a}_1||}\vec{a}_1 = \frac{1}{\sqrt{14}}(2, 1, 3).$$

Im zweiten Schritt berechnen wir den Vektor $\vec{\tilde{a}}_2$ und normalisieren ihn anschließend.

$$\begin{aligned}\vec{\tilde{a}}_2 &= \vec{a}_2 - (\vec{a}_2\vec{e}_1)\vec{e}_1 \\ &= \left(0, \frac{3}{2}, -\frac{1}{2}\right), \\ \vec{e}_2 &= \frac{1}{||\vec{\tilde{a}}_2||}\vec{\tilde{a}}_2 = \frac{1}{\sqrt{10}}(0, 3, -1).\end{aligned}$$

Im dritten Schritt berechnen wir den Vektor $\vec{\tilde{a}}_3$ und normalisieren ihn anschließend.

$$\vec{\bar{a}}_3 = \vec{a}_3 - (\vec{a}_3\,\vec{\bar{e}}_1)\,\vec{\bar{e}}_1 - (\vec{a}_3\,\vec{\bar{e}}_2)\,\vec{\bar{e}}_2$$
$$= \left(-\frac{15}{7}, \frac{3}{7}, \frac{9}{7}\right),$$
$$\vec{\bar{e}}_3 = \frac{1}{||\vec{\bar{a}}_3||}\,\vec{\bar{a}}_3 = \frac{1}{\sqrt{35}}\,(-5, 1, 3)\,.$$

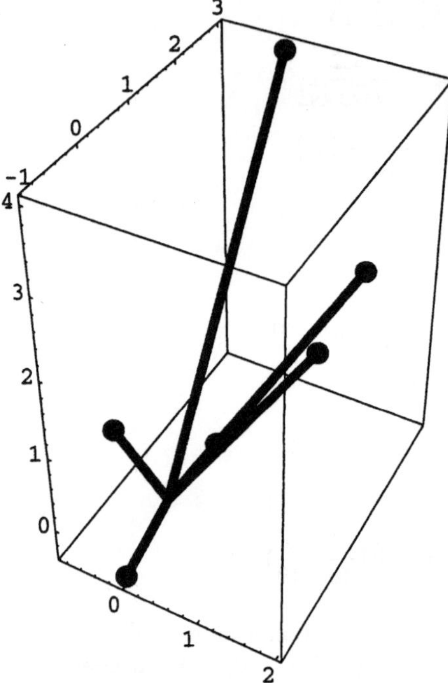

Orthonormalisieren der Basis (2, 1, 3), (1, 2, 1), (0, 3, 4) im $\mathbb{R}^3$

Mathematica:

a1 = {2, 1, 3}; a2 = {1, 2, 1}; a3 = {0, 3, 4};

$$\mathbf{es1} = \frac{\mathbf{a1}}{\sqrt{\mathbf{a1.a1}}}$$

$$\left\{\sqrt{\frac{2}{7}}, \frac{1}{\sqrt{14}}, \frac{3}{\sqrt{14}}\right\}$$

as2 = Simplify[a2 − a2.es1es1]

$$\left\{0, \frac{3}{2}, -\frac{1}{2}\right\}$$

$$\mathbf{es2} = \frac{\mathbf{as2}}{\sqrt{\mathbf{as2.as2}}}$$

$$\left\{0, \frac{3}{\sqrt{10}}, -\frac{1}{\sqrt{10}}\right\}$$

as3 = Simplify[a3 – a3.es1es1 – a3.es2es2]

$$\{-\frac{15}{7}, \frac{3}{7}, \frac{9}{7}\}$$

$$\mathbf{es3} = \frac{\mathbf{as3}}{\sqrt{\mathbf{as3.as3}}}$$

$$\{-\sqrt{\frac{5}{7}}, \frac{1}{\sqrt{35}}, \frac{3}{\sqrt{35}}\}$$

Maple:

```
> with(linalg):
> a1:=[2,1,3]: a2:=[1,2,1]: a3:=[0,3,4]:
> es1:=(1/norm(a1,2))*a1;
```

$$es1 := \frac{1}{14}\sqrt{14}\,[2, 1, 3]$$

```
> as2:=a2-dotprod(a2,es1)*es1;
```

$$as2 := [0, \frac{3}{2}, \frac{-1}{2}]$$

```
> es2:=(1/norm(as2,2))*as2;
```

$$es2 := \frac{1}{5}\sqrt{10}\,[0, \frac{3}{2}, \frac{-1}{2}]$$

```
> as3:=a3-dotprod(a3,es1)*es1-dotprod(a3,es2)*es2;
```

$$as3 := [\frac{-15}{7}, \frac{3}{7}, \frac{9}{7}]$$

```
> es3:=(1/norm(as3,2))*as3;
```

$$es3 := \frac{1}{15}\sqrt{35}\,[\frac{-15}{7}, \frac{3}{7}, \frac{9}{7}]$$

Aufgabe 3.18 Sei $\mathbb{U}$ ein m-dimensionaler Unterrraum des $\mathbb{R}^n$, der von der Orthonormalbasis $\vec{e}_1, \ldots, \vec{e}_m$ erzeugt wird. Der Vektor

Minimalitätseigenschaft des Projektionsvektors nachweisen

$$\text{proj}(\vec{a})_{\mathbb{U}} = \sum_{k=1}^{m} (\vec{a}\,\vec{e}_k)\,\vec{e}_k$$

wird als Projektion des Vektors $\vec{a} \in \mathbb{R}^n$ in den Unterraum $\mathbb{U}$ bezeichnet. Man zeige, daß für alle Vektoren $\vec{u} \in \mathbb{U}$ gilt:

$$||\vec{a} - \text{proj}(\vec{a})_{\mathbb{U}}|| \leq ||\vec{a} - \vec{u}||\,.$$

Lösung: Wir überlegen zunächst, daß der Differenzvektor

$$\vec{a} - \text{proj}(\vec{a})_{\mathbb{U}}$$

auf $\mathbb{U}$ senkrecht steht, d.h. für alle $\vec{u} \in \mathbb{U}$ gilt:

$$(\vec{a} - \text{proj}(\vec{a})_{\mathbb{U}})\,\vec{u} = 0\,.$$

Ergänzt man die Basis $\vec{\bar{e}}_1, \ldots, \vec{\bar{e}}_m$ zu einer Basis des $\mathbb{R}^n$ und wendet anschließend wieder das Hilbert-Schmidtsche Orthonormalisierungsverfahren an, so bekommt man eine Orthonormalbasis des $\mathbb{R}^n$ der Gestalt:

$$\vec{\bar{e}}_1, \ldots, \vec{\bar{e}}_m, \vec{\bar{e}}_{m+1}, \ldots, \vec{\bar{e}}_n,$$

wobei die ersten m Basisvektoren mit der gegebenen Basis von $\mathbb{U}$ übereinstimmen. Offenbar gilt nun:

$$\vec{a} - \text{proj}(\vec{a})_{\mathbb{U}} = \sum_{k=1}^{n} (\vec{a}\,\vec{\bar{e}}_k)\,\vec{\bar{e}}_k - \sum_{k=1}^{m} (\vec{a}\,\vec{\bar{e}}_k)\,\vec{\bar{e}}_k = \sum_{k=m+1}^{n} (\vec{a}\,\vec{\bar{e}}_k)\,\vec{\bar{e}}_k\,,$$

woraus sofort die behauptete Eigenschaft von $\vec{a} - \text{proj}(\vec{a})_{\mathbb{U}}$ folgt.

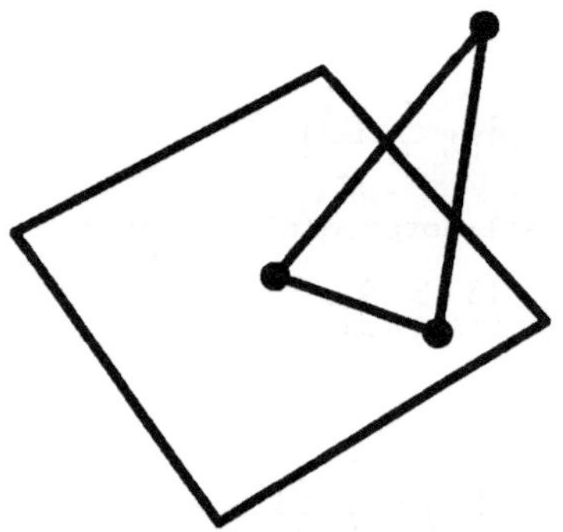

Minimalitätseigenschaft des Projektionsvektors

Als zweites benutzen wir die Tatsache, daß

$$||\vec{a} + \vec{b}||^2 = ||\vec{a}||^2 + ||\vec{b}||^2$$

genau dann gilt, wenn die beiden Vektoren $\vec{a}$ und $\vec{b}$ aus $\mathbb{R}^n$ senkrecht stehen. Dies sieht man unmittelbar aus:

$$\begin{aligned} ||\vec{a} + \vec{b}||^2 &= (\vec{a} + \vec{b})\,(\vec{a} + \vec{b}) \\ &= \vec{a}\,\vec{a} + 2\,\vec{a}\,\vec{b} + \vec{b}\,\vec{b} \\ &= ||\vec{a}||^2 + ||\vec{b}||^2 + 2\,\vec{a}\,\vec{b}\,. \end{aligned}$$

Da $\text{proj}(\vec{a})_{\mathbb{U}} - \vec{u}$ in $\mathbb{U}$ liegt, können wir abschätzen:

$$\begin{aligned} ||\vec{a} - \vec{u}||^2 &= ||\vec{a} - \text{proj}(\vec{a})_{\mathbb{U}}) + \text{proj}(\vec{a})_{\mathbb{U}}) - \vec{u}||^2 \\ &= ||\vec{a} - \text{proj}(\vec{a})_{\mathbb{U}})||^2 + ||\text{proj}(\vec{a})_{\mathbb{U}}) - \vec{u}||^2 \\ &\geq ||\vec{a} - \text{proj}(\vec{a})_{\mathbb{U}})||^2 \end{aligned}$$

und bekommen: $||\vec{a} - \vec{u}||^2 \geq ||\vec{a} - \text{proj}(\vec{a})_{\mathbb{U}})||^2$.

Basisüberführung in ein Orthogonalssystem

Aufgabe 3.19 Gegeben sei eine Basis $\vec{a}_1, \dots, \vec{a}_n$ des $\mathbb{K}^n$. Mit dem Orthonormalisierungsverfahren werde die gegebene Basis in eine Orthonormalsbasis $\vec{\tilde{e}}_1, \dots, \vec{\tilde{e}}_n$ des $\mathbb{K}^n$ überführt. Dabei sollen folgende Darstellungen gelten:

$$\vec{a}_j = \sum_{k=1}^{n} \tilde{\alpha}_{k,j}\, \vec{e}_k^{\,(n)}\,,\ \vec{\tilde{e}}_j = \sum_{k=1}^{n} \tilde{\beta}_{k,j}\, \vec{a}_k\,,\ \vec{\tilde{e}}_j = \sum_{k=1}^{n} \tilde{\eta}_{k,j}\, \vec{e}_k^{\,(n)}\,,$$

(mit der kanonischen Basis $\vec{e}_1^{\,(n)}, \dots, \vec{e}_n^{\,(n)}$). Welche Eigenschaften besitzen die Koordinaten $\tilde{\beta}_{k,j}$ und $\tilde{\eta}_{k,j}$ und welcher Zusammenhang besteht zwischen $\tilde{\eta}_{k,j}$, $\tilde{\alpha}_{k,j}$ und $\tilde{\beta}_{k,j}$?

Lösung: Gemäß dem Aufbau der Orthonormalisierung gilt:

$$\tilde{\beta}_{k,j} = 0 \quad \text{für} \quad k = j+1, \dots, n\,,$$

und wegen der Orthogonalität:

$$\sum_{k=1}^{n} \tilde{\eta}_{k,j}\, \overline{\tilde{\eta}_{k,l}} = \delta_{jl}\,.$$

Schließlich vergleichen wir:

$$\vec{\tilde{e}}_j = \sum_{l=1}^{n} \tilde{\eta}_{l,j}\, \vec{e}_l^{\,(n)}$$

und

$$\begin{aligned}\sum_{k=1}^{n} \tilde{\beta}_{k,j}\, \vec{a}_k &= \sum_{k=1}^{n} \tilde{\beta}_{k,j} \sum_{l=1}^{n} \tilde{\alpha}_{l,k}\, \vec{e}_l^{\,(n)} \\ &= \sum_{l=1}^{n} \left(\sum_{k=1}^{n} \tilde{\alpha}_{l,k}\, \tilde{\beta}_{k,j} \right) \vec{e}_l^{\,n}\end{aligned}$$

und bekommen:

$$\tilde{\eta}_{l,j} = \sum_{k=1}^{n} \tilde{\alpha}_{l,j}\, \tilde{\beta}_{k,j}\,.$$

Hilbert-Schmidtsches Verfahren im $\mathbb{C}^3$ anwenden

Aufgabe 3.20 Durch die Vektoren $(1+i,\, 2,\, -i)$, $(2+i,\, 2-i,\, -i)$ wird ein zweidimensionaler Unterraum des $\mathbb{C}^3$ aufgespannt. Man berechne eine Orthonormalbasis dieses Unterraums.

Lösung: Wir beginnen mit der Basis:

$$\vec{a}_1 = (1+i, 2, -i)\,, \vec{a}_2 = (2+i, 2-i, -i)\,.$$

Der erste Schritt besteht darin, den Vektor $\vec{a}_1$ zu normalisieren:

$$\vec{e}_1 = \frac{1}{||\vec{a}_1||}\,\vec{a}_1 = \frac{1}{\sqrt{7}}\,(1+i, 2, -i)\,.$$

Im zweiten Schritt berechnen wir den Vektor $\vec{\bar{a}}_2$ und normalisieren ihn anschließend.

$$\begin{aligned}
\vec{\bar{a}}_2 &= \vec{a}_2 - (\vec{a}_2\,\vec{\bar{e}}_1)\,\vec{\bar{e}}_1 \\
&= \frac{1}{7}\,(3+2i, -2-i, 3+i)\,, \\
\vec{\bar{e}}_2 &= \frac{1}{||\vec{\bar{a}}_2||}\,\vec{\bar{a}}_2 \\
&= \frac{1}{2\sqrt{7}}\,(3+2i, -2-i, 3+i)\,.
\end{aligned}$$

Mathematica:

skap[a1_, a2_] := ComplexExpand[Simplify[a1. Conjugate[a2]]]

a1 = {1 + i, 2, −i}; a2 = {2 + i, 2 − i, −i};

$$\mathbf{es1} = \frac{\mathbf{a1}}{\sqrt{\mathbf{skap[a1, a1]}}}$$

$$\{\frac{1+i}{\sqrt{7}}, \frac{2}{\sqrt{7}}, -\frac{i}{\sqrt{7}}\}$$

as2 = Simplify[a2 − skap[a2, es1]es1]

$$\{\frac{3}{7}+\frac{2i}{7}, -\frac{2}{7}-\frac{i}{7}, \frac{3}{7}+\frac{i}{7}\}$$

$$\mathbf{es2} = \frac{\mathbf{as2}}{\sqrt{\mathbf{skap[as2, as2]}}}$$

$$\{(\frac{3}{14}+\frac{i}{7})\sqrt{7}, (-\frac{1}{7}-\frac{i}{14})\sqrt{7}, (\frac{3}{14}+\frac{i}{14})\sqrt{7}\}$$

Maple:

```
> a1:=[1+I,2,-I]: a2:=[2+I,2-I,-I]:
> es1:=(1/norm(a1,2))*a1;
```

$$es1 := \frac{1}{7}\sqrt{7}\,[1+I, 2, -I]$$

```
> as2:=map(normal,evalm(a2-simplify(
> dotprod(a2,es1))*es1));
```

$$as2 := \left[\frac{3}{7}+\frac{2}{7}I, -\frac{2}{7}-\frac{1}{7}I, \frac{3}{7}+\frac{1}{7}I\right]$$

```
> es2:=map(normal,evalm(simplify(
> (1/simplify(norm(as2,2)))*as2)));
```

$$es2 := \left[(\frac{3}{14}+\frac{1}{7}I)\sqrt{7}, (-\frac{1}{7}-\frac{1}{14}I)\sqrt{7}, (\frac{3}{14}+\frac{1}{14}I)\sqrt{7}\right]$$

4 Matrizen

4.1 Rechenoperationen mit Matrizen

Wir fassen im folgenden $m\,n$ Körperelemente zu einer rechteckigen Anordnung zusammen.

Eine $m \times n$-Matrix ist ein rechteckiges Zahlenschema mit m Zeilen und n Spalten

$$A = \begin{pmatrix} a_{11} & a_{12} & \dots & a_{1,n-1} & a_{1n} \\ a_{21} & a_{22} & \dots & a_{2,n-1} & a_{2n} \\ \vdots & \vdots & \dots & \vdots & \vdots \\ a_{m-1,1} & a_{m-1,2} & \dots & a_{m-1,n-1} & a_{m-1,n} \\ a_{m1} & a_{m2} & \dots & a_{m,n-1} & a_{mn} \end{pmatrix}.$$

Matrix

Man verwendet folgende Kurzschreibweise: $A = (a_{jk})_{\substack{j=1,\dots,m,\\ k=1,\dots,n}}$ bzw. $A = (a_{jk})$.
Das Element $a_{jk} \in \mathbb{K}$, ($\mathbb{K} = \mathbb{R}, \mathbb{C}$), steht in der j-ten Zeile und in der k-ten Spalte.

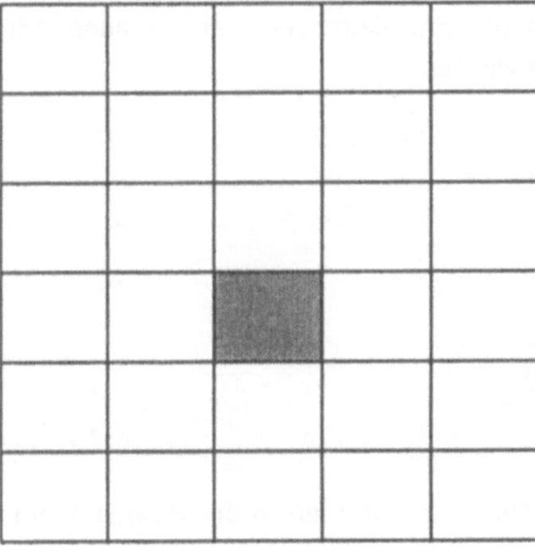

6 × 5-Matrix
mit Element 4, 3

Man bildet aus den Elementen einer Zeile einen Zeilenvektor und aus den Elementen einer Spalte einen Spaltenvektor.

Zeilenvektoren und Spaltenvektoren

Der j-te Zeilenvektor und der k-te Spaltenvektor $m \times n$-Matrix $A = (a_{jk})$ lautet:

$$\vec{z}_j = (a_{j1}, a_{j2}, \ldots, a_{j,n-1}, a_{jn}),$$

$$\vec{s}_k = \begin{pmatrix} a_{1k} \\ a_{2k} \\ \vdots \\ a_{m-1,k} \\ a_{mk} \end{pmatrix}.$$

Matrix mit vier Zeilen und drittem Zeilenvektor

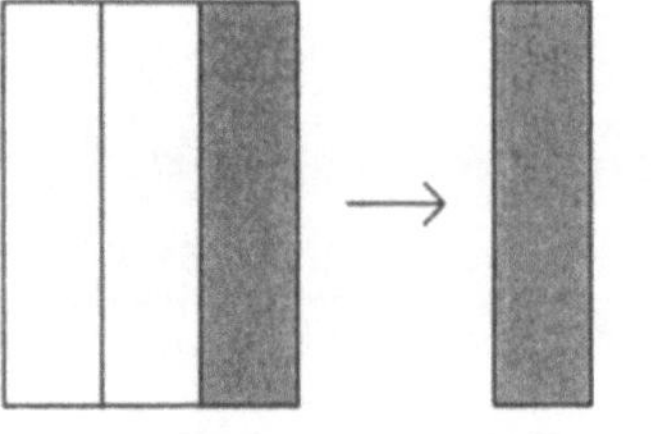

Matrix mit drei Spalten und drittem Spaltenvektor

Die Matrix A kann nun sowohl mit Zeilenvektoren als auch mit Spaltenvektoren geschrieben werden.

Darstellung einer Matrix mit Zeilen- oder Spaltenvektoren

Eine $m \times n$-Matrix A kann wie folgt mit Hilfe von Zeilen- und Spaltenvektoren geschrieben werden:

$$A = \begin{pmatrix} \vec{z}_1 \\ \vec{z}_2 \\ \vdots \\ \vec{z}_{m-1} \\ \vec{z}_m \end{pmatrix} = (\vec{s}_1, \vec{s}_2, \ldots, \vec{s}_{n-1}, \vec{s}_n).$$

Die transponierte Matrix entsteht, indem man in der Ausgangsmatrix Zeilen und Spalten vertauscht.

Sei $A = (a_{jk})_{\substack{j=1,\dots,m,\\k=1,\dots,n}}$ eine $m \times n$-Matrix. Die $n \times m$ Matrix $A^T = (a_{kj}^T)_{\substack{k=1,\dots,n,\\j=1,\dots,m}}$ mit den Elementen $a_{kj}^T = a_{jk}, k = 1, \dots, n, j = 1, \dots, m$, heißt die zu A transponierte Matrix. Für jede Matrix A gilt: $(A^T)^T = A$.

Transponierte Matrix

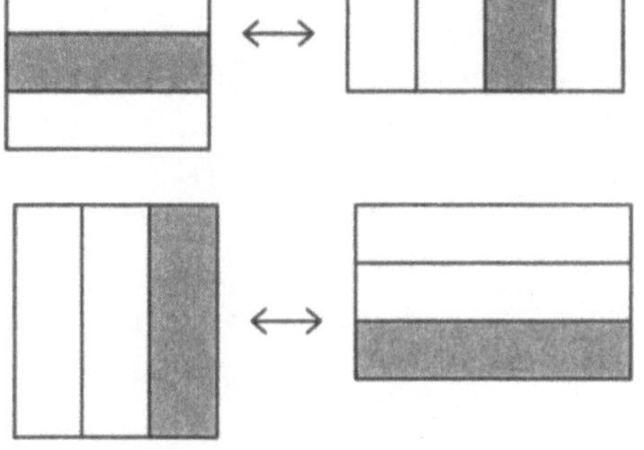

Transponieren einer 4×3-Matrix

Man führt folgende Addition von Matrizen und Multiplikation mit Skalaren ein.

Seien $A = (a_{jk})_{\substack{j=1,\dots,m,\\k=1,\dots,n}}$ und $B = (b_{jk})_{\substack{j=1,\dots,m,\\k=1,\dots,n}}$, $m \times n$-Matrizen und $\lambda \in \mathbb{K}$. Die $m \times n$-Matrix $A + B = (a_{jk} + b_{jk})_{\substack{j=1,\dots,m,\\k=1,\dots,n}}$ wird als Summe der beiden Matrizen A und B bezeichnet. Die $m \times n$-Matrix $\lambda A = (\lambda a_{ik})_{\substack{i=1,\dots,m,\\k=1,\dots,n}}$ wird als Produkt der Matrix A mit dem Skalar λ bezeichnet.

Summe von Matrizen

Produkte von Skalaren mit Matrizen

Die Summenbildung und die Transposition sind vertauschbar.

Seien A und B $m \times n$-Matrizen. Dann gilt:

$$(A + B)^T = A^T + B^T .$$

Transponierte einer Summe

Für gewisse Matrizen führen wir nun die Produktbildung ein.

Sei $A = (a_{jk})_{\substack{j=1,\dots,m,\\k=1,\dots,n}}$ eine $m \times n$-Matrix und $B = (b_{kl})_{\substack{k=1,\dots,n,\\l=1,\dots,p}}$ eine $n \times p$-Matrix. Die $m \times p$-Matrix

$$A\,B = \left(\sum_{k=1}^{n} a_{jk} b_{kl}\right)_{\substack{j=1,\dots,m,\\l=1,\dots,p}}$$

heißt Produktmatrix (Produkt aus A und B).

Produktmatrix

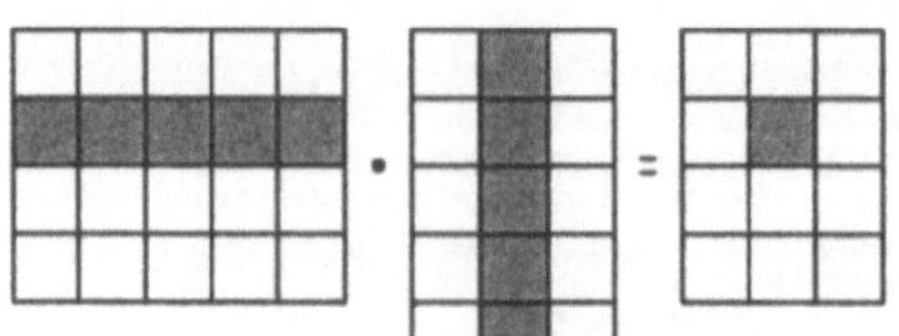

Multiplikation einer 4×5-Matrix mit einer 5×3-Matrix

Das Matrizenprodukt besitzt folgende Eigenschaften.

Eigenschaften des Matrizenprodukts

Sei A eine $m \times n$-Matrix, B eine $n \times p$-Matrix und C eine $p \times q$-Matrix. Dann gilt:

1.) $(A\,B)\,C = A\,(B\,C)$, (Assoziativgesetz),

2.) $A\,(B + C) = A\,B + A\,C$, $(A + B)\,C = A\,C + B\,C$, falls B und C $n \times p$-Matrizen bzw. A und B $n \times p$-Matrizen sind, (Distributivgesetze).

Die transponierte eines Produkts erhält man wie folgt.

Transponierte eines Produkts

$(A\,B)^T = B^T\,A^T$.

Die Einheitsmatrix wirkt als Einselement beim Matrizenprodukt.

Einheitsmatrix

Die $n \times n$-Matrix $E = (\delta_{ik})_{\substack{i=1,\ldots,n,\\ k=1,\ldots,n}}$ heißt $n \times n$ Einheitsmatrix. Für alle $n \times p$-Matrizen A und für alle $m \times n$-Matrizen A bestehen die Gleichungen:

$$E\,A = A \quad \text{und} \quad B\,E = B\,.$$

Gegebene Zahlen als Matrix anordnen

Aufgabe 4.1 Die Elemente $a_{i,k}$ einer 5×5 Matrix A seien gegeben durch:

$$a_{i,k} = \begin{cases} 2i + k & \text{für} \quad i > k \\ i - k & \text{für} \quad i \leq k \end{cases}.$$

Wie lautet die Matrix A explizit?

Lösung: Die Matrix lautet:

$$\begin{pmatrix} 0 & -1 & -2 & -3 & -4 \\ 5 & 0 & -1 & -2 & -3 \\ 7 & 8 & 0 & -1 & -2 \\ 9 & 10 & 11 & 0 & -1 \\ 11 & 12 & 13 & 14 & 0 \end{pmatrix}.$$

Matrizen summieren, multiplizieren und transponieren

Aufgabe 4.2 Man berechne:

$$\begin{pmatrix} 3 & 3 & 4 \\ -5 & 2 & 6 \end{pmatrix} + \begin{pmatrix} 3 & 10 & 7 \\ -15 & 12 & 9 \end{pmatrix},$$

$$\begin{pmatrix} 3 & 10 & 7 & 4 \\ -15 & 12 & 9 & 0 \\ 1 & -1 & 2 & -1 \end{pmatrix} \begin{pmatrix} 5 & 9 & 2 \\ -15 & 12 & 9 \\ 1 & -1 & 2 \\ 2 & 7 & 8 \end{pmatrix},$$

$$\begin{pmatrix} 3 & 10 & 7 & 4 \\ -15 & 12 & 9 & 0 \\ 1 & -1 & 2 & -1 \end{pmatrix}^T.$$

Lösung: Wir bekommen:

$$\begin{pmatrix} 3 & 3 & 4 \\ -5 & 2 & 6 \end{pmatrix} + \begin{pmatrix} 3 & 10 & 7 \\ -15 & 12 & 9 \end{pmatrix} = \begin{pmatrix} 6 & 13 & 11 \\ -20 & 14 & 15 \end{pmatrix},$$

$$\begin{pmatrix} 3 & 10 & 7 & 4 \\ -15 & 12 & 9 & 0 \\ 1 & -1 & 2 & -1 \end{pmatrix} \begin{pmatrix} 5 & 9 & 2 \\ -15 & 12 & 9 \\ 1 & -1 & 2 \\ 2 & 7 & 8 \end{pmatrix} = \begin{pmatrix} -120 & 168 & 142 \\ -246 & 0 & 96 \\ 20 & -12 & 11 \end{pmatrix},$$

$$\begin{pmatrix} 3 & 10 & 7 & 4 \\ -15 & 12 & 9 & 0 \\ 1 & -1 & 2 & -1 \end{pmatrix}^T = \begin{pmatrix} 3 & -15 & 1 \\ 10 & 12 & -1 \\ 7 & 9 & 2 \\ 4 & 0 & -1 \end{pmatrix}.$$

Mathematica: Matrizen werden als Listen von Zeilenvektoren eingegeben. MatrixForm bewirkt die Ausgabe als Matrix. Mit dem üblichen Additionszeichen werden Matrizen addiert. Für die Multiplikation benutzt man einen Punkt (keinen Malpunkt). Matrizen werden mit Transpose transponiert.

`MatrixForm`
`Transpose`

MatrixForm[{{3, 3, 4}, {−5, 2, 6}} + {{3, 10, 7}, {−15, 12, 9}}]

$$\begin{pmatrix} 6 & 13 & 11 \\ -20 & 14 & 15 \end{pmatrix}$$

MatrixForm[{{3, 10, 7, 4}, {−15, 12, 9, 0}, {1, −1, 2, −1}}.
{{5, 9, 2}, {−15, 12, 9}, {1, −1, 2}, {2, 7, 8}}]

$$\begin{pmatrix} -120 & 168 & 142 \\ -246 & 0 & 96 \\ 20 & -12 & -11 \end{pmatrix}$$

MatrixForm[

Transpose[{{3, 10, 7, 4}, {−15, 12, 9, 0}, {1, −1, 2, −1}}]]

$$\begin{pmatrix} 3 & -15 & 1 \\ 10 & 12 & -1 \\ 7 & 9 & 2 \\ 4 & 0 & -1 \end{pmatrix}$$

Maple: Matrizen werden Matrix eingegeben. Man gibt zuerst die Anzahl der Zeilen und der Spalten ein und dann in eckigen Klammern nacheinander die Matrixelemente. Mit Evalm und dem üblichen Additionszeichen werden Matrizen addiert. Mit Evalm und &∗ werden Matrizen multipliziert. Matrizen werden mit Transpose transponiert.

evalm
transpose

```
> with(linalg):
> evalm(matrix(2,3,[3,3,4,-5,2,6])+
        matrix(2,3,[3,10,7,-15,12,9]));
```

$$\text{Evalm}(\begin{bmatrix} 3 & 3 & 4 \\ -5 & 2 & 6 \end{bmatrix} + \begin{bmatrix} 3 & 10 & 7 \\ -15 & 12 & 9 \end{bmatrix}) = \begin{bmatrix} 6 & 13 & 11 \\ -20 & 14 & 15 \end{bmatrix}$$

```
> evalm(matrix(3,4,[3,10,7,4,-15,12,9,0,1,-1,2,-1])&*
> matrix(4,3,[5,9,2,-15,12,9,1,-1,2,2,7,8]));
```

$$\text{Evalm}\left(\begin{bmatrix} 3 & 10 & 7 & 4 \\ -15 & 12 & 9 & 0 \\ 1 & -1 & 2 & -1 \end{bmatrix} \&* \begin{bmatrix} 5 & 9 & 2 \\ -15 & 12 & 9 \\ 1 & -1 & 2 \\ 2 & 7 & 8 \end{bmatrix}\right)$$

$$= \begin{bmatrix} -120 & 168 & 142 \\ -246 & 0 & 96 \\ 20 & -12 & -11 \end{bmatrix}$$

```
> transpose(matrix(3,4,[3,10,7,4,-15,12,9,0,1,-1,2,-1]));
```

$$\text{Transpose}(\begin{bmatrix} 3 & 10 & 7 & 4 \\ -15 & 12 & 9 & 0 \\ 1 & -1 & 2 & -1 \end{bmatrix}) = \begin{bmatrix} 3 & -15 & 1 \\ 10 & 12 & -1 \\ 7 & 9 & 2 \\ 4 & 0 & -1 \end{bmatrix}$$

Rechenoperationen mit Matrizen ausführen

Aufgabe 4.3 Gegeben sind die 3×3-Matrizen

$$A = \begin{pmatrix} 2 & 1 & 1 \\ 7 & 3 & 0 \\ -1 & 0 & 1 \end{pmatrix}, B = \begin{pmatrix} 0 & 1 & 0 \\ 3 & 11 & 2 \\ -4 & -5 & 1 \end{pmatrix}, C = \begin{pmatrix} 1 & 1 & 2 \\ 2 & 1 & 2 \\ 3 & 2 & 1 \end{pmatrix},$$

und die 3×1-Matrizen

$$\vec{a} = \begin{pmatrix} 2 \\ -4 \\ 3 \end{pmatrix}, \quad \vec{b} = \begin{pmatrix} 1 \\ 1 \\ 1 \end{pmatrix}.$$

Man berechne: $(A - C)\,B$, $A\,B$, $(A\,B)^T$, $\vec{a}\,\vec{b}^{\,T}$, $A\,C\,\vec{b}$.

Lösung: Wir bekommen

$$A - C = \begin{pmatrix} 1 & 0 & -1 \\ 5 & 2 & -2 \\ -4 & -2 & 0 \end{pmatrix}$$

und

$$(A - C)\,B = \begin{pmatrix} 4 & 6 & -1 \\ 14 & 37 & 2 \\ -6 & -26 & -4 \end{pmatrix}.$$

Mit

$$A\,B = \begin{pmatrix} -1 & 8 & 3 \\ 9 & 40 & 6 \\ -4 & -6 & 1 \end{pmatrix}$$

folgt:

$$(A\,B)^T = \begin{pmatrix} -1 & 9 & -4 \\ 8 & 40 & -6 \\ 3 & 6 & 1 \end{pmatrix}.$$

Das Produkt der 3×1-Matrix $\vec{a}$ mit der 1×3-Matrix $\vec{b}^T$ ergibt:

$$\vec{a}\,\vec{b}^T = \begin{pmatrix} 2 \\ -4 \\ 3 \end{pmatrix} \begin{pmatrix} 1 & 1 & 1 \end{pmatrix} = \begin{pmatrix} 2 & 2 & 2 \\ -4 & -4 & -4 \\ 3 & 3 & 3 \end{pmatrix}.$$

Schließlich berechnet man:

$$A\,C\,\vec{b} = \begin{pmatrix} 7 & 5 & 7 \\ 13 & 10 & 20 \\ 2 & 1 & -1 \end{pmatrix} \begin{pmatrix} 1 \\ 1 \\ 1 \end{pmatrix} = \begin{pmatrix} 19 \\ 43 \\ 2 \end{pmatrix}.$$

Mathematica:

```
Unprotect[C]

A = {{2, 1, 1}, {7, 3, 0}, {−1, 0, 1}};
B = {{0, 1, 0}, {3, 11, 2}, {−4, −5, 1}};
C = {{1, 1, 2}, {2, 1, 2}, {3, 2, 1}};
a = {{2}, {−4}, {3}};
b = {{1}, {1}, {1}};

(A − C).B//MatrixForm
```

$$\begin{pmatrix} 4 & 6 & -1 \\ 14 & 37 & 2 \\ -6 & -26 & -4 \end{pmatrix}$$

```
A.B//MatrixForm
```

$$\begin{pmatrix} -1 & 8 & 3 \\ 9 & 40 & 6 \\ -4 & -6 & 1 \end{pmatrix}$$

```
Transpose[A.B]//MatrixForm
```

$$\begin{pmatrix} -1 & 9 & -4 \\ 8 & 40 & -6 \\ 3 & 6 & 1 \end{pmatrix}$$

a.Transpose[b]//MatrixForm

$$\begin{pmatrix} 2 & 2 & 2 \\ -4 & -4 & -4 \\ 3 & 3 & 3 \end{pmatrix}$$

A.C.b//MatrixForm

$$\begin{pmatrix} 19 \\ 43 \\ 2 \end{pmatrix}$$

Maple:

```
> A:=matrix(3,3,[2,1,1,7,3,0,-1,0,1]):
> B:=matrix(3,3,[0,1,0,3,11,2,-4,-5,1]):
> C:=matrix(3,3,[1,1,2,2,1,2,3,2,1]):
> a:=matrix(3,1,[2,-4,3]):
> b:=matrix(3,1,[1,1,1]):
> evalm(A&*B);
```

$$\begin{bmatrix} -1 & 8 & 3 \\ 9 & 40 & 6 \\ -4 & -6 & 1 \end{bmatrix}$$

```
> evalm(transpose(A&*B));
```

$$\begin{bmatrix} -1 & 9 & -4 \\ 8 & 40 & -6 \\ 3 & 6 & 1 \end{bmatrix}$$

```
> evalm(a&*transpose(b));
```

$$\begin{bmatrix} 2 & 2 & 2 \\ -4 & -4 & -4 \\ 3 & 3 & 3 \end{bmatrix}$$

```
> evalm(A&*C&*b);
```

$$\begin{bmatrix} 19 \\ 43 \\ 2 \end{bmatrix}$$

Matrizenoperationen falls möglich ausführen

Aufgabe 4.4 Gegeben seien die Matrizen:

$$A = \begin{pmatrix} 3 & 3 \\ 2 & 7 \\ -5 & 6 \end{pmatrix}, B = \begin{pmatrix} 3 & 10 \\ -15 & 9 \end{pmatrix}, C = \begin{pmatrix} 10 & 7 & 4 \\ 12 & 9 & 0 \\ -1 & 2 & -1 \end{pmatrix}.$$

Man berechne, falls möglich, $B^T - C$, $A - 2C$, $A^T C$, BA.

Lösung: Die Operationen $B^T - C$, $A - 2C$ und BA können nicht ausgeführt werden. Das Produkt $A^T C$ ergibt:

$$A^T C = \begin{pmatrix} 3 & 2 & -5 \\ 3 & 7 & 6 \end{pmatrix} \begin{pmatrix} 10 & 7 & 4 \\ 12 & 9 & 0 \\ -1 & 2 & -1 \end{pmatrix} = \begin{pmatrix} 59 & 29 & 17 \\ 108 & 96 & 6 \end{pmatrix}.$$

Mathematica:

Unprotect[C];

$A = \{\{3, 3\}, \{2, 7\}, \{-5, 6\}\};$

$C = \{\{10, 7, 4\}, \{12, 9, 0\}, \{-1, 2, -1\}\};$

MatrixForm[Transpose[A].C]

$$\begin{pmatrix} 59 & 29 & 17 \\ 108 & 96 & 6 \end{pmatrix}$$

Maple:

```
> A:=matrix(3,2,[3,3,2,7,-5,6]):
> C:=matrix(3,3,[10,7,4,12,9,0,-1,2,-1]):
> evalm(transpose(A)&*C);
```

$$\begin{bmatrix} 59 & 29 & 17 \\ 108 & 96 & 6 \end{bmatrix}$$

Aufgabe 4.5 Sei $B = \begin{pmatrix} 1 & 2 \\ 0 & 1 \end{pmatrix}$. Man bestimme alle 2×2 Matrizen $A = (a_{i,k})$, die $A\,B = B\,A$ erfüllen.

Eine Gleichung für 2×2-Matrizen lösen

Lösung: Wir berechnen:

$$A\,B = \begin{pmatrix} a_{11} & a_{12} \\ a_{21} & a_{22} \end{pmatrix} \begin{pmatrix} 1 & 2 \\ 0 & 1 \end{pmatrix} = \begin{pmatrix} a_{11} & 2\,a_{11} + a_{12} \\ a_{21} & 2\,a_{21} + a_{22} \end{pmatrix}.$$

und

$$B\,A = \begin{pmatrix} 1 & 2 \\ 0 & 1 \end{pmatrix} \begin{pmatrix} a_{11} & a_{12} \\ a_{21} & a_{22} \end{pmatrix} = \begin{pmatrix} a_{11} + 2\,a_{21} & a_{12} + 2\,a_{22} \\ a_{21} & a_{22} \end{pmatrix}.$$

Nun gilt $AB = BA$ genau dann, wenn

$$\begin{aligned} a_{11} &= a_{11} + 2\,a_{21}\,, \\ 2\,a_{11} + a_{12} &= a_{12} + 2\,a_{22}\,, \\ 2\,a_{21} + a_{22} &= a_{22}\,. \end{aligned}$$

Hieraus folgt, daß $a_{21} = 0$ und $a_{11} = a_{22}$ sein muß, also:

$$A = \begin{pmatrix} a_{11} & a_{12} \\ 0 & a_{11} \end{pmatrix}.$$

Aufgabe 4.6 Sei $A = (a_{i,k})$ eine $n \times n$ Matrix. Die Spur von A wird definiert durch $\text{spur}(A) = \sum_{i=1}^{n} a_{i,i}$. Man zeige, daß für $n \times n$ Matizen A, B gilt: $\text{spur}(A\,B) = \text{spur}(B\,A)$.

Eine Eigenschaft der Spur von Matrizen nachweisen

Lösung: Ausrechnen der Spur der Produktmatrix ergibt:

$$\begin{aligned} \text{spur}(A\,B) &= \sum_{j=1}^{n}\sum_{k=1}^{n} a_{jk}\,b_{kj} \\ &= \sum_{k=1}^{n}\sum_{j=1}^{n} b_{kj}\,a_{jk} \\ &= \text{spur}(B\,A)\,. \end{aligned}$$

4.2 Der Rang einer Matrix

Wir fragen nun nach den linear unabhängigen Zeilen- bzw. Spaltenvektoren einer Matrix.

Spaltenrang und Spaltenrang

Die maximale Anzahl linear unabhängiger Zeilenvektoren einer Matrix A heißt Zeilenrang der Matrix A. Die maximale Anzahl linear unbhängiger Spaltenvektoren einer Matrix A heißt Spaltenrang der Matrix A.

Die Zeilen- bzw. Spaltenvektoren einer Matrix unterwerfen wir Zeilenoperationen bzw. Spaltenoperationen.

Spaltenoperationen und Spaltenoperationen

Sei $A = \begin{pmatrix} \vec{z}_1 \\ \vdots \\ \vec{z}_m \end{pmatrix} = (\vec{s}_1 \ldots \vec{s}_n)$ eine $m \times n$-Matrix.

Folgende Operationen werden als Zeilenoperationen bezeichnet:

1.) Ersetze den i-ten Zeilenvektor $\vec{z}_i$ durch $\lambda\vec{z}_i$, $\lambda \neq 0$.

2.) Ersetze den i-ten Zeilenvektor $\vec{z}_i$ durch $\vec{z}_i + \lambda\vec{z}_j$, $j \neq i$.

3.) Vertausche den i-ten Zeilenvektor $\vec{z}_i$ und den j-ten Zeilenvektor $\vec{z}_j$.

Folgende Operationen werden als Spaltenoperationen bezeichnet:

1.) Ersetze den i-ten Spaltenvektor $\vec{s}_i$ durch $\lambda\vec{s}_i$, $\lambda \neq 0$.

2.) Ersetze den i-ten Spaltenvektor $\vec{s}_i$ durch $\vec{s}_i + \lambda\vec{s}_j$, $j \neq i$.

3.) Vertausche den i-ten Spaltenvektor $\vec{s}_i$ und den j-ten Spaltenvektor $\vec{s}_j$.

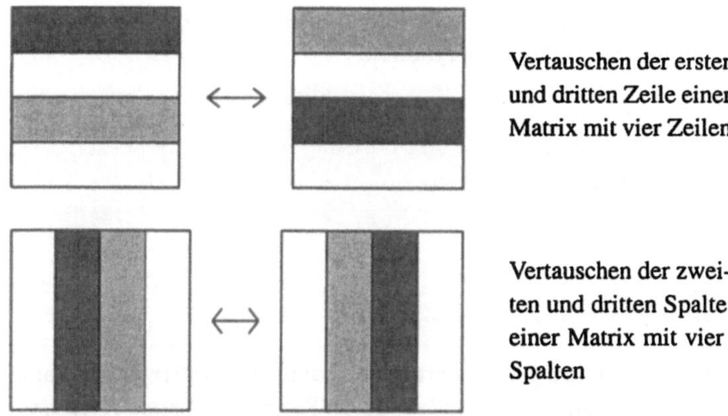

Vertauschen der ersten und dritten Zeile einer Matrix mit vier Zeilen

Vertauschen der zweiten und dritten Spalte einer Matrix mit vier Spalten

Man kann Zeilen- und Spaltenoperationen auch durch Multiplikation mit geeigneten Matrizen bewirken.

1.) Die Matrix $M^1_{j,\lambda}$, die aus der $n \times n$-Einheitsmatrix hervorgeht, indem man die j-ten Zeile (Spalte) mit $\lambda \neq 0$ multipliziert, bewirkt durch die Multiplikation $A\,M^1_j$ $(M^1_j\,A)$ die Zeilen-(Spalten)operation 1.) bei $n \times m$ $(m \times n)$-Matrizen A.

2.) Die Matrix $M^2_{ij,\lambda}$, die aus der $n \times n$-Einheitsmatrix hervorgeht, indem man die j-te Zeile (Spalte) mit λ multipliziert und zur i-ten Zeile (Spalte) addiert, bewirkt durch die Multiplikation $A\,M^2_{ij}$ $(M^2_{ij,\lambda}\,A)$ die Zeilen-(Spalten)operation 2.) bei $n \times m$ $(m \times n)$-Matrizen A.

Zeilen-und Spaltenoperationen durch Multiplikation mit Elementarmatrizen

3.) Die Matrix M^3_{ij}, die aus der $n \times n$-Einheitsmatrix hervorgeht, indem man die i-te Zeile (Spalte) und die j-te Zeile (Spalte) vertauscht, bewirkt durch die Multiplikation $A\,M^3_{ij}$ $(M^3_{ij}$ A) die Zeilenoperation 3.) bei $n \times m$ $(m \times n)$-Matrizen A.

Man nennt die in 1.), 2.), 3.) eingeführten Matrizen auch Elementarmatrizen.

Wir untersuchen nun das Verhalten des Zeilen- bzw. Spaltenranges bei Zeilen- bzw. Spaltenoperationen.

Rang einer Matrix

Bei der Durchführung von Zeilenoperationen bleibt der Zeilenrang erhalten. Bei der Durchführung von Spaltenoperationen bleibt der Spaltenrang erhalten.
Der Zeilenrang einer Matrix A ist gleich dem Spaltenrang der Matrix A.
Der gemeinsame Wert $\mathrm{Rg}\,(A)$ des Zeilen-und des Spaltenrangs einer Matrix A heißt Rang der Matrix A.

Durch Zeilen- und Spaltenoperationen kann eine Matrix in eine ranggleiche Matrix überführt werden, deren Rang sofort ersichtlich ist.

Rangbestimmung durch Zeilen- und Spaltenoperationen

Durch Zeilenoperationen und Vertauschung von Spalten kann die $m \times n$-Matrix $A = (a_{jk})$ in r Rechenschritten in eine Matrix der folgenden Gestalt gebracht werden:

$$\begin{pmatrix} 1 & a_{12}^{(r)} & a_{13}^{(r)} & \dots & a_{1,r}^{(r)} & a_{1,r+1}^{(r)} & \dots & a_{1,n}^{(r)} \\ 0 & 1 & a_{23}^{(r)} & \dots & a_{2,r}^{(r)} & a_{2,r+1}^{(r)} & \dots & a_{2,n}^{(r)} \\ \vdots & \vdots & \vdots & \dots & \vdots & \vdots & \dots & \vdots \\ 0 & 0 & 0 & \dots & 1 & a_{r,r+1}^{(r)} & \dots & a_{r,n}^{(r)} \\ 0 & 0 & 0 & \dots & 0 & 0 & \dots & 0 \\ \vdots & \vdots & \vdots & \dots & \vdots & \vdots & \dots & \vdots \\ 0 & 0 & 0 & \dots & 0 & 0 & \dots & 0 \end{pmatrix}.$$

Hieraus liest man ab: $\mathrm{Rg}\,(A) = r$.

Eine quadratische Matrix mit maximalem Rang besitzt eine Inverse.

Inverse Matrix

Sei A eine $n \times n$-Matrix mit dem Rang n. Dann gibt es genau eine Matrix A^{-1} mit der Eigenschaft

$$A^{-1} A = A A^{-1} = E.$$

Man bezeichnet A^{-1} als inverse Matrix von A.
Aus $A^{-1} A = E$ folgt bereits $A A^{-1} = E$ und umgekehrt aus $A A^{-1} = E$ auch $A^{-1} A = E$.
Quadratische Matrizen mit maximalem Rang bezeichnet man auch als invertierbar oder regulär.

Aufgabe 4.7 Man gebe den Rang folgender Matrizen an:

Rang einer Matrix angeben

$$A = \begin{pmatrix} 1 & 2 & 2+i \\ i & a & 1 \end{pmatrix}, \quad B = \begin{pmatrix} a & i & 1 \\ 1 & 1 & i \\ 0 & 1 & -1 \end{pmatrix}.$$

(Dabei sei $a \in \mathbb{C}$ beliebig).

Lösung: Die Spaltenvektoren:

$$\begin{pmatrix} 1 \\ i \end{pmatrix} \quad \text{und} \quad \begin{pmatrix} 2+i \\ 1 \end{pmatrix}$$

sind offenbar linear unabhängig und damit wird stets $\text{Rg}\,(A) = 2$.

Die Spaltenvektoren:

$$\begin{pmatrix} i \\ 1 \\ 1 \end{pmatrix} \quad \text{und} \quad \begin{pmatrix} 1 \\ i \\ -1 \end{pmatrix}$$

sind offenbar linear unabhängig und damit ist stets $\text{Rg}\,(B) \geq 2$. Bei $a = 1$ gilt nun

$$\begin{pmatrix} 1 \\ 1 \\ 0 \end{pmatrix} = \frac{1}{1+i} \begin{pmatrix} i \\ 1 \\ 1 \end{pmatrix} + \frac{1}{1+i} \begin{pmatrix} 1 \\ i \\ -1 \end{pmatrix},$$

also $\text{Rg}\,(B) = 2$, während bei $a \neq 1$ offenbar alle drei Spaltenvektoren der Matrix B linear unabhängig sind und $\text{Rg}\,(B) = 3$ gilt.

Aufgabe 4.8 Man führe die Matrix

Eine Matrix mit Zeilenoperationen und durch Multiplikation mit Elementarmatrizen in eine ranggleiche Matrix überführen

$$A = \begin{pmatrix} 3 & 3 & 4 \\ -5 & 2 & 6 \end{pmatrix}$$

durch Zeilenoperationen in eine Matrix der folgenden Gestalt über:

$$\tilde{A} = \begin{pmatrix} 1 & 0 & a_{1,3}^{(2)} \\ 0 & 1 & a_{2,3}^{(2)} \end{pmatrix}.$$

Mit Hilfe von Elementarmatrizen finde man eine Matrix P mit: $\tilde{A} = P\,A$.

Lösung: Wir gehen zunächst mit Zeilenumformungen nach folgendem Schema vor:

A	
$3 \quad 3 \quad 4$	
$-5 \quad 2 \quad 6$	
$1 \quad 1 \quad \frac{4}{3}$	$\frac{1}{3}\vec{z}_1$
$0 \quad 7 \quad \frac{38}{3}$	$\vec{z}_2 + \frac{5}{3}\vec{z}_1$
$1 \quad 1 \quad \frac{4}{3}$	
$0 \quad 1 \quad \frac{38}{21}$	$\frac{1}{7}\vec{z}_2$
$1 \quad 0 \quad -\frac{10}{3}$	$\vec{z}_1 - \vec{z}_2$
$0 \quad 1 \quad \frac{38}{21}$	

Im ersten Schritt nehmen wir zwei Zeilenumformungen vor, die durch Multiplikation von links mit folgendem Produkt aus Elementarmatrizen bewirkt werden:

$$P_1 = M^1_{1,\frac{1}{3}}\, M^2_{21,\frac{5}{3}} = \begin{pmatrix} \frac{1}{3} & 0 \\ 0 & 1 \end{pmatrix} \begin{pmatrix} 1 & 0 \\ \frac{5}{3} & 1 \end{pmatrix} = \begin{pmatrix} \frac{1}{3} & 0 \\ \frac{5}{3} & 1 \end{pmatrix}.$$

Im zweiten Schritt nehmen wir eine Zeilenumformung vor, die durch Multiplikation von links mit folgender Elementarmatrix bewirkt wird:

$$P_2 = M^1_{2,\frac{1}{7}} = \begin{pmatrix} 1 & 0 \\ 0 & \frac{1}{7} \end{pmatrix}.$$

Im dritten Schritt nehmen wir eine Zeilenumformung vor, die durch Multiplikation von links mit folgender Elementarmatrix bewirkt wird:

$$P_3 = M^2_{12,-1} = \begin{pmatrix} 1 & -1 \\ 0 & 1 \end{pmatrix}.$$

Offenbar gilt nun:

$$\tilde{A} = \begin{pmatrix} 1 & 0 & -\frac{10}{3} \\ 0 & 1 & \frac{38}{21} \end{pmatrix} = P\,A$$

mit

$$P = P_3\,P_2\,P_1 = \begin{pmatrix} \frac{2}{21} & -\frac{1}{7} \\ \frac{5}{21} & \frac{1}{7} \end{pmatrix}.$$

Das Matrizenprodukt der beteiligten Elementarmatrizen kann man wegen

$$P = P_3\,P_2\,P_1 = M^2_{12,-1}\, M^1_{2,\frac{1}{7}}\, M^1_{1,\frac{1}{3}}\, M^2_{21,\frac{5}{3}}\, E$$

auch dadurch bekommen, daß man an der Einheitsmatrix E die entsprechenden Zeilenoperationen nacheinander ausführt. Dies geschieht am besten nach folgendem Schema:

A			E		
3	3	4	1	0	
−5	3	6	0	1	
1	1	$\frac{4}{3}$	$\frac{1}{3}$	0	$\frac{1}{3}\vec{z}_1$
0	7	$\frac{38}{3}$	$\frac{5}{3}$	1	$\vec{z}_2 + \frac{5}{3}\vec{z}_1$
1	1	$\frac{4}{3}$	$\frac{1}{3}$	0	$\frac{1}{7}\vec{z}_2$
0	1	$\frac{38}{21}$	$\frac{5}{21}$	$\frac{1}{7}$	
1	0	$-\frac{10}{3}$	$\frac{2}{21}$	$-\frac{1}{7}$	$\vec{z}_1 - \vec{z}_2$
0	1	$\frac{38}{21}$	$\frac{5}{21}$	$\frac{1}{7}$	

RowReduce

Mathematica: Mit RowReduce wird mittels Zeilenoperation eine ranggleiche Form der Matrix hergestellt, aus welcher der Zeilenrang entnommen werden kann.

A = {{3, 3, 4}, {−5, 2, 6}}

{{3, 3, 4}, {−5, 2, 6}}

RowReduce[A]//MatrixForm

$$\begin{pmatrix} 1 & 0 & -\frac{10}{21} \\ 0 & 1 & \frac{38}{21} \end{pmatrix}$$

rref

Maple: Mit Rref wird mittels Zeilenoperation eine ranggleiche Form der Matrix hergestellt, aus welcher der Zeilenrang entnommen werden kann.

```
> with(linalg);
> A:=matrix(2,3,[3,3,4,-5,2,6]);
```

$$A := \begin{bmatrix} 3 & 3 & 4 \\ -5 & 2 & 6 \end{bmatrix}$$

```
> rref(A);
```

$$\begin{bmatrix} 1 & 0 & \frac{-10}{21} \\ 0 & 1 & \frac{38}{21} \end{bmatrix}$$

Eine Matrix durch Zeilenoperationen in die Einheitsmatrix überführen, Inverse bestimmen

Aufgabe 4.9 Man zeige, daß die Matrix:

$$A = \begin{pmatrix} 2 & 3 & 0 \\ -5 & 2 & 6 \\ 0 & 1 & 1 \end{pmatrix}$$

invertierbar ist und bestimme ihre Inverse durch Zeilenoperationen.

Lösung: Wir versuchen, die Matrix durch Zeilenoperationen in die Einheitsmatrix zu überführen, und gehen nach folgendem Schema vor:

A			E			
2	3	0	1	0	0	
−5	2	6	0	1	0	
0	1	1	0	0	1	
1	$\frac{3}{2}$	0	$\frac{1}{2}$	0	0	$\frac{1}{2}\vec{z}_1$
0	$\frac{19}{2}$	6	$\frac{5}{2}$	1	0	$\vec{z}_2+\frac{5}{2}\vec{z}_1$
0	1	1	0	0	1	
1	$\frac{3}{2}$	0	$\frac{1}{2}$	0	0	
0	1	$\frac{12}{19}$	$\frac{5}{19}$	$\frac{2}{19}$	0	$\frac{2}{19}\vec{z}_2$
0	0	$\frac{7}{19}$	$-\frac{5}{19}$	$-\frac{2}{19}$	1	$\vec{z}_3-\frac{2}{19}\vec{z}_2$
1	$\frac{3}{2}$	0	$\frac{1}{2}$	0	0	
0	1	$\frac{12}{19}$	$\frac{5}{19}$	$\frac{2}{19}$	0	$\frac{19}{7}\vec{z}_3$
0	0	1	$-\frac{5}{7}$	$-\frac{2}{7}$	$\frac{19}{7}$	
1	$\frac{3}{2}$	0	$\frac{1}{2}$	0	0	
0	1	0	$\frac{5}{7}$	$\frac{2}{7}$	$-\frac{12}{7}$	$\vec{z}_2-\frac{12}{19}\vec{z}_3$
0	0	1	$-\frac{5}{7}$	$-\frac{2}{7}$	$\frac{19}{7}$	
1	0	0	$-\frac{4}{7}$	$-\frac{3}{7}$	$\frac{18}{7}$	
0	1	0	$\frac{5}{7}$	$\frac{2}{7}$	$-\frac{12}{7}$	$\vec{z}_1-\frac{3}{2}\vec{z}_2$
0	0	1	$-\frac{5}{7}$	$-\frac{2}{7}$	$\frac{19}{7}$	

Der Rang von A ist also gleich 3 und A invertierbar. Die inverse Matrix kann aus dem Schema entnommen werden, denn es gilt:

$$\begin{pmatrix}1&0&0\\0&1&0\\0&0&1\end{pmatrix}=\begin{pmatrix}-\frac{4}{7}&-\frac{3}{7}&\frac{18}{7}\\ \frac{5}{7}&\frac{2}{7}&-\frac{12}{7}\\ -\frac{5}{7}&-\frac{2}{7}&\frac{19}{7}\end{pmatrix}A\,,$$

d. h.

$$A^{-1}=\begin{pmatrix}-\frac{4}{7}&-\frac{3}{7}&\frac{18}{7}\\ \frac{5}{7}&\frac{2}{7}&-\frac{12}{7}\\ -\frac{5}{7}&-\frac{2}{7}&\frac{19}{7}\end{pmatrix}.$$

Mathematica: Mit Inverse wird die Inverse einer Matrix berechnet.

Inverse

A = {{2, 3, 0}, {−5, 2, 6}, {0, 1, 1}};

RowReduce[A]//MatrixForm

$$\begin{pmatrix} 1 & 0 & 0 \\ 0 & 1 & 0 \\ 0 & 0 & 1 \end{pmatrix}$$

MatrixForm[Inverse[A]]

$$\begin{pmatrix} -\frac{4}{7} & -\frac{3}{7} & \frac{18}{7} \\ \frac{5}{7} & \frac{2}{7} & -\frac{12}{7} \\ -\frac{5}{7} & -\frac{2}{7} & \frac{19}{7} \end{pmatrix}$$

Maple:

inverse

```
> with(linalg);
> A:=matrix(3,3,[2,3,0,-5,2,6,0,1,1]):
```

```
> rref(A);
```

$$\begin{bmatrix} 1 & 0 & 0 \\ 0 & 1 & 0 \\ 0 & 0 & 1 \end{bmatrix}$$

```
> inverse(A);
```

$$\begin{bmatrix} \frac{-4}{7} & \frac{-3}{7} & \frac{18}{7} \\ \frac{5}{7} & \frac{2}{7} & \frac{-12}{7} \\ \frac{-5}{7} & \frac{-2}{7} & \frac{19}{7} \end{bmatrix}$$

Aufgabe 4.10 Gegeben sei die Matrix:

Eine Matrix in $P-Q$ Normalform bringen

$$A = \begin{pmatrix} 3 & 3 & 5 \\ 2 & 7 & 0 \\ -5 & 6 & 0 \\ 2 & 2 & 1 \end{pmatrix}.$$

Durch Zeilen- und Spaltenoperationen soll A in die Matrix:

$$\tilde{A} = \begin{pmatrix} 1 & 0 & 0 \\ 0 & 1 & 0 \\ 0 & 0 & 1 \\ 0 & 0 & 0 \end{pmatrix}$$

überführt werden. Man gebe Matrizen P und Q an mit der Eigenschaft: $\tilde{A} = P\,A\,Q$.

Lösung: Wir gehen bei den Zeilenumformungen nach folgendem Schema vor:

A			
3	3	5	
2	7	0	
−5	6	0	
2	2	1	
1	1	$\frac{5}{3}$	$\frac{1}{3}\vec{z}_1$
0	5	$-\frac{10}{3}$	$\vec{z}_2 - \frac{2}{3}\vec{z}_1$
0	11	$\frac{25}{3}$	$\vec{z}_3 + \frac{5}{3}\vec{z}_1$
0	0	$-\frac{7}{3}$	$\vec{z}_4 - \frac{2}{3}\vec{z}_1$
1	1	$\frac{5}{3}$	
0	1	$-\frac{2}{3}$	$\frac{1}{5}\vec{z}_2$
0	0	$\frac{47}{3}$	$\vec{z}_3 - \frac{11}{5}\vec{z}_2$
0	0	$-\frac{7}{3}$	
1	1	$\frac{5}{3}$	
0	1	$-\frac{2}{3}$	
0	0	1	$\frac{3}{47}\vec{z}_3$
0	0	0	$\vec{z}_4 + \frac{7}{47}\vec{z}_3$

Im erstem Schritt nehmen wir vier Zeilenumformungen vor, die durch Multiplikation von links mit folgender Produktmatrix bewirkt werden:

$$P_1 = M^1_{1,\frac{1}{3}}\, M^2_{21,-\frac{2}{3}}\, M^2_{31,\frac{5}{3}}\, M^2_{41,-\frac{2}{3}} = \begin{pmatrix} \frac{1}{3} & 0 & 0 & 0 \\ -\frac{2}{3} & 1 & 0 & 0 \\ \frac{5}{3} & 0 & 1 & 0 \\ -\frac{2}{3} & 0 & 0 & 1 \end{pmatrix}.$$

Im zweiten Schritt nehmen wir drei Zeilenumformungen vor, die durch Multiplikation von links mit folgender Produktmatrix bewirkt werden:

$$P_2 = M^1_{2,\frac{1}{5}}\, M^2_{32,-\frac{11}{5}} = \begin{pmatrix} 1 & 0 & 0 & 0 \\ 0 & \frac{1}{5} & 0 & 0 \\ 0 & -\frac{11}{5} & 1 & 0 \\ 0 & 0 & 0 & 1 \end{pmatrix}.$$

Im dritten Schritt nehmen wir zwei Zeilenumformungen vor, die durch Multiplikation von links mit folgender Produktmatrix bewirkt werden:

$$P_3 = M^1_{3,\frac{3}{47}}\, M^2_{43,\frac{7}{47}} = \begin{pmatrix} 1 & 0 & 0 & 0 \\ 0 & 1 & 0 & 0 \\ 0 & 0 & \frac{3}{47} & 0 \\ 0 & 0 & \frac{7}{47} & 1 \end{pmatrix}.$$

Wir gehen bei den Spaltenumformungen nach folgendem Schema vor:

A			
1	0	0	
0	1	$-\frac{2}{3}$	
0	0	1	$\vec{s}_2 - \vec{s}_1$
0	0	0	$\vec{s}_3 - \frac{5}{3}\vec{s}_1$
1	0	0	
0	1	0	
0	0	1	
0	0	0	$\vec{s}_3 + \frac{2}{3}\vec{s}_2$

Im erstem Schritt nehmen wir zwei Zeilenumformungen vor, die durch Multiplikation von rechts mit folgender Produktmatrix bewirkt werden:

$$Q_1 = M^2_{21,-1}\, M^2_{31,-\frac{5}{3}} = \begin{pmatrix} 1 & -1 & -\frac{5}{3} \\ 0 & 1 & 0 \\ 0 & 0 & 1 \end{pmatrix}.$$

Im zweiten Schritt nehmen wir eine Zeilenumformungen vor, die durch Multiplikation von rechts mit folgender Matrix bewirkt wird:

$$Q_2 = M^2_{32,\frac{2}{3}} = \begin{pmatrix} 1 & 0 & 0 \\ 0 & 1 & \frac{2}{3} \\ 0 & 0 & 1 \end{pmatrix}.$$

Insgesamt gilt nun:

$$\tilde{A} = P_3\, P_2\, P_1\, A\, Q_1\, Q_2 = P\, A\, Q$$

mit

$$P = \begin{pmatrix} \frac{1}{3} & 0 & 0 & 0 \\ -\frac{2}{15} & \frac{1}{5} & 0 & 0 \\ \frac{1}{5} & -\frac{33}{235} & \frac{3}{47} & 0 \\ -\frac{1}{5} & -\frac{77}{235} & \frac{7}{47} & 1 \end{pmatrix}$$

und

$$Q = \begin{pmatrix} 1 & -1 & -\frac{7}{3} \\ 0 & 1 & \frac{2}{3} \\ 0 & 0 & 1 \end{pmatrix}.$$

Mathematica:

$A = \{\{3, 3, 5\}, \{2, 7, 0\}, \{-5, 6, 0\}, \{2, 2, 1\}\};$

P1=

$\{\{\frac{1}{3}, 0, 0, 0\}, \{-\frac{2}{3}, 1, 0, 0\}, \{\frac{5}{3}, 0, 1, 0\}, \{-\frac{2}{3}, 0, 0, 1\}\};$

P2= $\{\{1, 0, 0, 0\}, \{0, \frac{1}{5}, 0, 0\}, \{0, -\frac{11}{5}, 1, 0\}, \{0, 0, 0, 1\}\};$

P3= $\{\{1, 0, 0, 0\}, \{0, 1, 0, 0\}, \{0, 0, \frac{3}{47}, 0\}, \{0, 0, \frac{7}{47}, 1\}\};$

MatrixForm[P3.P2.P1]

$$\begin{pmatrix} \frac{1}{3} & 0 & 0 & 0 \\ -\frac{2}{15} & \frac{1}{5} & 0 & 0 \\ \frac{1}{5} & -\frac{33}{235} & \frac{3}{47} & 0 \\ -\frac{1}{5} & -\frac{77}{235} & \frac{7}{47} & 1 \end{pmatrix}$$

$$\text{Q1}=\left\{\left\{1,-1,-\tfrac{5}{3}\right\},\{0,1,0\},\{0,0,1\}\right\}$$

$$\text{Q2}=\left\{\{1,0,0\},\left\{0,1,\tfrac{2}{3}\right\},\{0,0,1\}\right\}$$

MatrixForm[Q1.Q2]

$$\begin{pmatrix} 1 & -1 & -\frac{7}{3} \\ 0 & 1 & \frac{2}{3} \\ 0 & 0 & 1 \end{pmatrix}$$

MatrixForm[P3.P2.P1.A.Q1.Q2]

$$\begin{pmatrix} 1 & 0 & 0 \\ 0 & 1 & 0 \\ 0 & 0 & 1 \\ 0 & 0 & 0 \end{pmatrix}$$

Maple:

```
> with(linalg);
> A:=matrix(4,3,[3,3,5,2,7,0,-5,6,0,2,2,1]):
> P1:=matrix(4,4,[1/3,0,0,0,-2/3,1,0,0,5/3,0,1,0,
              -2/3,0,0,1]):
> P2:=matrix(4,4,[1,0,0,0,0,1/5,0,0,0,-11/5,1,0,0,0,0,1]):
> P3:=matrix(4,4,[1,0,0,0,0,1,0,0,0,0,3/47,0,0,0,7/47,1]):
> evalm(P3&*P2&*P1);
```

$$\begin{bmatrix} \frac{1}{3} & 0 & 0 & 0 \\ \frac{-2}{15} & \frac{1}{5} & 0 & 0 \\ \frac{1}{5} & \frac{-33}{235} & \frac{3}{47} & 0 \\ \frac{-1}{5} & \frac{-77}{235} & \frac{7}{47} & 1 \end{bmatrix}$$

```
> Q1:=matrix(3,3,[1,-1,-5/3,0,1,0,0,0,1]):
> Q2:=matrix(3,3,[1,0,0,0,1,2/3,0,0,1]):
> evalm(Q1&*Q2);
```

$$\begin{bmatrix} 1 & -1 & \frac{-7}{3} \\ 0 & 1 & \frac{2}{3} \\ 0 & 0 & 1 \end{bmatrix}$$

```
> evalm(P3&*P2&*P1&*A&*Q1&*Q2);
```

$$\begin{bmatrix} 1 & 0 & 0 \\ 0 & 1 & 0 \\ 0 & 0 & 1 \\ 0 & 0 & 0 \end{bmatrix}$$

Aufgabe 4.11 Durch Spaltenoperationen bestimme man die Inverse der Matrix:

Inverse einer Matrix mit Elementen aus $\mathbb{C}$ bestimmen

$$A = \begin{pmatrix} i & 1 & 1+i \\ 0 & 3 & i \\ 0 & 0 & -i \end{pmatrix}.$$

Lösung: Wir überführen die Matrix durch Spaltnoperationen in die Einheitsmatrix und gehen nach folgendem Schema vor:

A			E			
i	1	$1+i$	1	0	0	
0	3	i	0	1	0	
0	0	$-i$	0	0	1	
1	$\frac{1}{3}$	$-1+i$	$-i$	0	0	$-i\,\vec{s}_1$
0	1	-1	0	$\frac{1}{3}$	0	$\frac{1}{3}\vec{s}_2$
0	0	1	0	0	i	$i\,\vec{s}_3$
1	$\frac{1}{3}$	$-\frac{2}{3}+i$	$-i$	0	0	
0	1	0	0	$\frac{1}{3}$	$\frac{1}{3}$	$\vec{s}_3+\vec{s}_2$
0	0	1	0	0	i	
1	0	0	$-i$	$\frac{i}{3}$	$-1-\frac{2i}{3}$	$\vec{s}_2+\frac{1}{3}\vec{s}_1$
0	1	0	0	$\frac{1}{3}$	$\frac{1}{3}$	$\vec{s}_3-\left(-\frac{2}{3}+i\right)\vec{s}_1$
0	0	1	0	0	i	

Die inverse Matrix kann aus dem Schema entnommen werden, denn es gilt:

$$\begin{pmatrix} 1 & 0 & 0 \\ 0 & 1 & 0 \\ 0 & 0 & 1 \end{pmatrix} = A \begin{pmatrix} -i & \frac{1}{3}i & -1-\frac{2}{3}i \\ 0 & \frac{1}{3} & \frac{1}{3} \\ 0 & 0 & i \end{pmatrix}$$

d. h.

$$A^{-1} = \begin{pmatrix} -i & \frac{1}{3}i & -1-\frac{2}{3}i \\ 0 & \frac{1}{3} & \frac{1}{3} \\ 0 & 0 & i \end{pmatrix}.$$

Mathematica:

A = {{i, 1, 1 + i}, {0, 3, i}, {0, 0, −i}};

MatrixForm[Inverse[A]]

$$\begin{pmatrix} -i & \frac{i}{3} & -1-\frac{2i}{3} \\ 0 & \frac{1}{3} & \frac{1}{3} \\ 0 & 0 & i \end{pmatrix}$$

Maple:

```
> A:=matrix(3,3,[I,1,1+I,0,3,I,0,0,-I]):
> inverse(A);
```

$$\begin{bmatrix} -I & \frac{1}{3}I & -1-\frac{2}{3}I \\ 0 & \frac{1}{3} & \frac{1}{3} \\ 0 & 0 & I \end{bmatrix}$$

4.3 Lineare Abbildungen und Matrizen

Wir betrachten strukturverträgliche Abbildungen zwischen zwei Vektorräumen.

Lineare Abbildung

$\mathbb{V}$ und $\mathbb{W}$ seien Vektorräume über dem selben Skalarenkörper $\mathbb{K}$. Die Abbildung $f : \mathbb{V} \to \mathbb{W}$ heißt linear, wenn für alle $\vec{a}, \vec{b} \in \mathbb{V}$ und $\lambda, \mu \in \mathbb{K}$ gilt:

$$f(\lambda \vec{a} + \mu \vec{b}) = \lambda f(\vec{a}) + \mu f(\vec{b}).$$

Bei linearen Abbildung spielt (neben dem Bildraum) der Nullraum eine wichtige Rolle.

Eigenschaften linearer Abbildungen

1.) Die Menge aller Bildvektoren

$$\text{Bild}(f) = \{f(\vec{a}) \in \mathbb{W} \mid \vec{a} \in \mathbb{V}\}$$

stellt einen Unterraum von $\mathbb{W}$ dar.

2.) Die Menge aller Vektoren, die auf den Nullvektor abgebildet werden,

$$\text{Kern}(f) = \{\vec{a} \in \mathbb{V} \mid f(\vec{a}) = \vec{0} \in \mathbb{W}\}$$

stellt einen Unterraum von $\mathbb{V}$ dar.

3.) Die Abbildung ist genau dann injektiv, wenn $\text{Kern}(f) = \{\vec{0}\}$ ist.

4.) Es gilt die Dimensionsformel:

$$\text{Dim}(\mathbb{V}) - \text{Dim}(\text{Bild}(f)) = \text{Dim}(\text{Kern}(f)).$$

Eine lineare Abbildung wird somit durch die Vorgabe der Bilder der Basisvektoren bereits festgelegt.

Lineare Abbildungen und Basen im Urbildraum

Wenn $\mathbb{V}$ die Basis $\vec{a}_1, \ldots, \vec{a}_n$ besitzt, dann bekommt man das Bild eines Vektors durch die Bilder der Basisvektoren:

$$f(\vec{a}) = f\left(\sum_{j=1}^{n} \alpha_j \vec{a}_j\right) = \sum_{j=1}^{n} \alpha_j f(\vec{a}_j).$$

Wir können jeder linearen Abbildung eine Matrix zuordnen.

Lineare Abbildungen und zugeordnete Matrizen

Sei $\vec{a}_1, \ldots, \vec{a}_n$ eine Basis von $\mathbb{V}$, $\vec{b}_1, \ldots, \vec{b}_m$ eine Basis von $\mathbb{W}$ und:

$$f(\vec{a}_j) = \sum_{k=1}^{m} \beta_{kj} \vec{b}_k, \quad j = 1, \ldots, n$$

Die $m \times n$- Matrix:

$$M(f) = \begin{pmatrix} \beta_{11} & \cdots & \beta_{1n} \\ \vdots & \vdots & \vdots \\ \beta_{m1} & \cdots & \beta_{mn} \end{pmatrix}$$

legt die Abbildung f eindeutig fest durch:

$$f(\vec{a}) = f\left(\sum_{j=1}^{n} \alpha_j \vec{a}_j\right) = \sum_{k=1}^{m} \left(\sum_{j=1}^{n} \beta_{kj} \alpha_j\right) \vec{b}_k$$

bzw.

$$\vec{\alpha}^T \longrightarrow \vec{\beta}^T = M(f) \vec{\alpha}^T .$$

Verkettet man zwei lineare Abbildungen, so werden die zugeordneten Matrizen multipliziert.

Matrix einer Verkettung linearer Abbildungen

Seien $\mathbb{V}, \mathbb{W}, \mathbb{U}$ Vektorräume der Dimension n, m, p mit jeweils fest gewählten Basen $\vec{a}_1, \ldots, \vec{a}_n$, $\vec{b}_1, \ldots, \vec{b}_m$ und $\vec{c}_1, \ldots, \vec{c}_p$. Bezüglich der gewählten Basen sei f die Matrix

$$M(f) = (\beta_{kj})_{\substack{k=1,\ldots,m \\ j=1,\ldots,n}}$$

und g die Matrix

$$M(g) = (\gamma_{qr})_{\substack{q=1,\ldots,p \\ k=1,\ldots,m}}$$

zugeordnet. Die der Verkettung $g \circ f$ bezüglich der Basen $\vec{a}_1, \ldots, \vec{a}_n$ und $\vec{c}_1, \ldots, \vec{c}_p$ zugeordnete Matrix lautet dann:

$$M(g \circ f) = M(g)\, M(f) .$$

Haben wir kanonischen Basen gewählt, so können wir aus der Matrix direkt die Bilder der Basisvektoren des Urbildraums ablesen.

Seien $\vec{e}_j^{\,(n)}$ und $\vec{e}_k^{\,(m)}$ die kanonischen Basisvektoren in den Vektorräumen $\mathbb{V} = \mathbb{V}^n$ und $\mathbb{W} = \mathbb{V}^m$, dann gilt:

$$f(\vec{e}_j^{\,(n)}) = \sum_{k=1}^{m} \beta_{kj}\, \vec{e}_k^{\,(m)} = (\beta_{1j}, \dots, \beta_{mj})\,.$$

In der j-ten Spalte von $M(f)$ steht also gerade das m-Tupel $f(\vec{e}_j^{\,(n)})^T$.

Kanonische Basen und zugeordnete Matrizen

Es besteht der folgende Zusammenhang zwischen dem Rang einer Matrix und der Dimension des Bildraums.

Sei $M(f)$ die f bezüglich gewisser Basissysteme zugeordnete Matrix. Dann gilt:

$$\mathrm{Rg}\,(M(f)) = \mathrm{Dim}(\mathrm{Bild}(f))\,.$$

Rang einer Matrix und Dimension des Bildraums

Wir beschreiben nun das Verhalten einer linearen Abbildung beim Basiswechsel.

Seien $\vec{a}_1, \dots, \vec{a}_n$ und $\vec{b}_1, \dots, \vec{b}_n$ Basen von $\mathbb{V}$ und $f : \mathbb{V} \to \mathbb{V}$ eine lineare Abbildung. Verwendet man im Urbild- und im Bildraum die erste (zweite) Basis, so sei f die Matrix $M(f)$ ($\tilde{M}(f)$) zugeordnet. Zwischen den beiden Matrizen besteht dann der Zusammenhang:

$$\tilde{M}(f) = B^{-1}\, M(f)\, B$$

mit der Basisübergangsmatrix:

$$B = \left(\begin{pmatrix} \vec{a}_1 \\ \vdots \\ \vec{a}_n \end{pmatrix}^{-1}\right)^T \begin{pmatrix} \vec{b}_1 \\ \vdots \\ \vec{b}_n \end{pmatrix}^T .$$

Basiswechsel und Basisübergangsmatrix

Matrix einer linearen Abbildung angeben, Dimension von Kern und Bild bestimmen

Aufgabe 4.12

(a) Die lineare Abbildung $f : \mathbb{C}^3 \to \mathbb{C}^2$ wird gegeben durch:

$$f(x_1, x_2, x_3) = (x_1 + 2\,i\,x_2\,, (3+i)\,x_1 - x_3)\,.$$

(b) Die lineare Abbildung $f : \mathbb{C}^3 \to \mathbb{C}^2$ wird festgelegt durch die Bildvektoren:

$$f(1,0,i) = (2,i),\ f(0,1,i) = (1,3), \quad f(0,0,1) = (i,0)\,.$$

Man gebe jeweils die Matrix von f bezüglich der kanonischen Basen an, und berechne die Dimension des Kerns und des Bildes von f.

Lösung: **(a)** Wir bekommen folgende Bilder der Basisvektoren:

$$f(1,0,0) = (1, 3+i)\,,\ f(0,1,0) = (2\,i, 0)\,,\ f(0,0,1) = (0,-1)$$

und damit die Matrix:

$$M(f) = \begin{pmatrix} 1 & 2\,i & 0 \\ 3+i & 0 & -1 \end{pmatrix},$$

was auch in der folgenden Schreibweise zum Ausdruck kommt.

$$\begin{pmatrix} x_1 \\ x_2 \\ x_3 \end{pmatrix} \longrightarrow \begin{pmatrix} 1 & 2\,i & 0 \\ 3+i & 0 & -1 \end{pmatrix} \begin{pmatrix} x_1 \\ x_2 \\ x_3 \end{pmatrix}.$$

Offenbar gilt $\mathrm{Rg}\,(f) = \mathrm{Rg}\,(M(f)) = 2$, d.h. $\mathrm{Dim}(\mathrm{Bild}(f)) = 2$. Nach der Dimensionsformel gilt dann:

$$\mathrm{Dim}(\mathrm{Kern}(f)) = \mathrm{Dim}(\mathbb{C}^3) - \mathrm{Dim}(\mathrm{Bild}(f)) = 1\,.$$

(b) Wir stellen zunächst kanonische Basis des $\mathbb{C}^3$ durch die gegebene Basis dar und bekommen:

$$\begin{aligned} (1,0,0) &= (1,0,i) - i\,(0,0,1)\,, \\ (0,1,0) &= (0,1,i) - i\,(0,0,1)\,, \\ (0,0,1) &= (0,0,1)\,. \end{aligned}$$

Damit ergeben sich die Bilder der Vektoren der kanonischen Basis zu:

$$\begin{aligned} f(1,0,0) &= f(1,0,i) - i\,f(0,0,1) = (3,i)\,, \\ f(0,1,0) &= f(0,1,i) - i\,f(0,0,1) = (2,3)\,, \\ f(0,0,1) &= f(0,0,1) = (i,0)\,, \end{aligned}$$

und

$$M(f) = \begin{pmatrix} 3 & 2 & i \\ i & 3 & 0 \end{pmatrix}.$$

Offenbar gilt wieder

$$\mathrm{Rg}\,(f) = \mathrm{Rg}\,(M(f)) = \mathrm{Dim}(\mathrm{Bild}(f)) = 2$$

und $\mathrm{Dim}(\mathrm{Kern}(f)) = 1$.

Ein Dreieck im $\mathbb{R}^2$ mit einer linearen Abbildung überführen

Aufgabe 4.13 Durch die Eckpunkte $P_1 = (1, 1)$, $P_2 = (3, 2)$, $P_3 = (2, 5)$ wird ein Dreieck in der Ebene $\mathbb{R}^2$ gegeben. Man beschreibe das Bild dieses Dreiecks unter der Abbildung:

$$\vec{x} \longrightarrow (A\,\vec{x}^{\,T})^T\,, \vec{x} = (x_1, x_2) \in \mathbb{R}^2\,,$$

$$A = \begin{pmatrix} 1 & 2 \\ 3 & -1 \end{pmatrix}.$$

Lösung: Das Dreieck wird beschrieben durch die Vektoren:

$$\begin{aligned} \vec{x} &= \vec{OP_1} + \lambda_1\,\vec{P_1P_2} + \lambda_2\,\vec{P_1P_3} \\ &= (1,1) + \lambda_1\,(2,1) + \lambda_2\,(1,4)\,, \\ &\quad 0 \le \lambda_1, \lambda_2\,, 0 \le \lambda_1 + \lambda_2 \le 1\,. \end{aligned}$$

Bilden wir einen Vektor aus dem Dreieck ab, so folgt mit der Linearität der Matrizenmultiplikation:

$$\begin{aligned} (A\,\vec{x}^{\,T})^T &= \begin{pmatrix} 1 & 2 \\ 3 & -1 \end{pmatrix}\left(\begin{pmatrix} 1 \\ 1 \end{pmatrix} + \lambda_1 \begin{pmatrix} 2 \\ 1 \end{pmatrix} + \lambda_2\,(1,4)\right) \\ &= \begin{pmatrix} 1 & 2 \\ 3 & -1 \end{pmatrix}\begin{pmatrix} 1 \\ 1 \end{pmatrix} + \lambda_1 \begin{pmatrix} 1 & 2 \\ 3 & -1 \end{pmatrix}\begin{pmatrix} 2 \\ 1 \end{pmatrix} \\ &\quad + \lambda_2 \begin{pmatrix} 1 & 2 \\ 3 & -1 \end{pmatrix}\begin{pmatrix} 1 \\ 4 \end{pmatrix} \\ &= \begin{pmatrix} 3 \\ 2 \end{pmatrix} + \lambda_1 \begin{pmatrix} 4 \\ 5 \end{pmatrix} + \lambda_2 \begin{pmatrix} 9 \\ -1 \end{pmatrix}. \end{aligned}$$

Als Bild des Dreiecks ergeben sich alle Vektoren:

$$\vec{y} = (3,2) + \lambda_1\,(4,5) + \lambda_2\,(9,-1)$$

mit $0 \le \lambda_1, \lambda_2$,$0 \le \lambda_1 + \lambda_2 \le 1$. Es handelt sich also um das am Punkt $(3, 2)$ abgetragene Dreieck, das von den Vektoren $(4, 5)$, $(9, -1)$ aufgespannt wird.

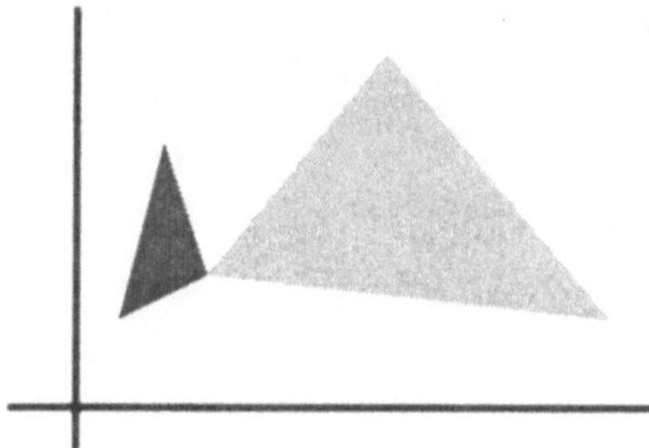

Abbildung eines Dreiecks unter einer linearen Abbildung im $\mathbb{R}^2$

Einen Quader im $\mathbb{R}^3$ mit einer affinen Abbildung überführen

Aufgabe 4.14 Durch die Vektoren $(1, 0, 0)$, $(0, 1, 0)$, $(0, 0, 2)$ wird im $\mathbb{R}^3$ ein Quader aufgespannt. Man beschreibe das Bild dieses Quaders unter der Abbildung:

$$\vec{x} \longrightarrow (1, -1, 1) + (A\,\vec{x}^{\,T})^T \,, \vec{x} = (x_1, x_2, x_3) \in \mathbb{R}^3 \,,$$

$$A = \begin{pmatrix} 1 & 0 & 1 \\ 0 & 1 & 1 \\ 1 & 1 & 0 \end{pmatrix} .$$

Lösung: Der Quader wird beschrieben durch die Vektoren:

$$\vec{x} = \lambda_1\,(1, 0, 0) + \lambda_2\,(0, 1, 0) + \lambda_3\,(0, 0, 2)\,, 0 \le \lambda_1\,, \lambda_2\,, \lambda_3 \le 1\,.$$

Bilden wir einen Vektor aus dem Quader ab, so folgt mit der Linearität der Matrizenmultiplikation:

$$\begin{aligned} (A\,\vec{x}^{\,T})^T &= (A\,(\lambda_1\,(1, 0, 0) + \lambda_2\,(0, 1, 0) + \lambda_3\,(0, 0, 2))^{\,T})^T \\ &= \lambda_1\,(A\,(1, 0, 0)^{\,T})^T + \lambda_2\,(A\,(0, 1, 0)^{\,T})^T \\ &\quad +\lambda_3\,(A\,(0, 0, 2)^{\,T})^T \\ &= \lambda_1\,(1, 0, 1) + \lambda_2\,(0, 1, 1) + \lambda_3\,(2, 2, 0)\,. \end{aligned}$$

Als Bild des Quaders ergeben sich alle Vektoren:

$$\vec{y} = (1, -1, 1) + \lambda_1\,(1, 0, 1) + \lambda_2\,(0, 1, 1) + \lambda_3\,(2, 2, 0)$$

mit $0 \le \lambda_1\,, \lambda_2\,, \lambda_3 \le 1$. Es handelt sich also um den am Punkt $(1, -1, 1)$ abgetragenen Quader, der von den Vektoren $(1, 0, 1)$, $(0, 1, 1)$, $(2, 2, 0)$ aufgespannt wird.

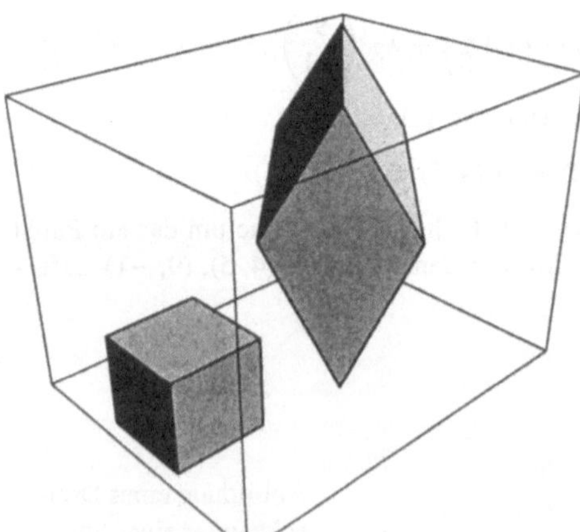

Abbildung eines Quaders unter einer affinen Abbildung im $\mathbb{R}^3$

Aufgabe 4.15 Sei A eine $m \times n$ Matrix mit dem Rang r, die eine lineare Abbildung $f : \mathbb{C}^n \to \mathbb{C}^m$ bezüglich der kanonischen Basen beschreibt. Man gebe eine Basis von Kern(f), wenn folgende Zerlegung gilt: $\tilde{A} = PAQ$ mit

Basis des Kerns einer linearen Abbildung angeben bei gegebener $P - Q$ Normalform

$$\tilde{A} = \begin{pmatrix} 1 & 0 & \dots & 0 & 0 & \dots & 0 \\ \vdots & \vdots & \dots & \vdots & \vdots & \dots & \vdots \\ 0 & 0 & \dots & 1 & 0 & \dots & 0 \\ 0 & 0 & \dots & 0 & 0 & \dots & 0 \\ \vdots & \vdots & \dots & \vdots & \vdots & \dots & \vdots \\ 0 & 0 & \dots & 0 & 0 & \dots & 0 \end{pmatrix}.$$

Die $m \times m$-Matrix P und die $n \times n$-Matrix Q seien jeweils von maximalem Rang.

Lösung: In der linken oberen Ecke der Matrix $\tilde{A}$ steht die $r \times r$-Einheitsmatrix, so daß $\tilde{A}$ den Rang r besitzt. Multiplizieren wir mit P^{-1} von links und mit Q^{-1} von rechts, so entsteht: $A = P^{-1}\tilde{A}Q^{-1}$. Die Matrix P^{-1} kann man als Hintereinanderausführung von Zeilenoperationen und die Matrix Q^{-1} von Spaltenoperationen auffassen. Beide Matrizen entstehen durch Multiplikation von Elementarmatrizen. Der Rang der Matrix $\tilde{A}$ bleibt hierbei unverändert. Nach der Dimensionsformel gilt daher: Dim(Kern$(f)) = n - r$. Nun schreiben wir:

$$P^{-1}\tilde{A} = A\,Q\,.$$

Die letzten $n - r$ Spalten der Matrix $P^{-1}\tilde{A}$ sind gleich dem Nullspaltenvektor. Damit gilt auch für die letzten $n - r$ Spalten von Q:

$$A \begin{pmatrix} q_{r+j,1} \\ \vdots \\ q_{r+j,n} \end{pmatrix} = \begin{pmatrix} 0 \\ \vdots \\ 0 \end{pmatrix}, \quad j = 1, \dots, n-r\,.$$

Diese Spaltenvektoren sind linear unabhängig, da Q maximalen Rang besitzt. Als Basis des Nullraums Kern(f) entnimmt man daraus:

$$\vec{b}_j = \sum_{k=1}^{n} q_{r+j,k}\,\vec{e}_k^{\,(n)} \quad j = 1, \dots, n-r\,.$$

Aufgabe 4.16 Man zeige, daß durch:

Matrix einer Scherung aufstellen

$$f(\vec{x}) = \vec{x} + (\vec{x}\,\vec{a})\,\vec{b}$$

mit $\vec{a}, \vec{b} \in \mathbb{C}^n$ eine lineare Abbildung von $\mathbb{C}^n$ in $\mathbb{C}^n$ dargestellt wird. Man bestimme die Matrix von f, indem man sowohl für die Urbilder als auch für die Bilder die kanonischen Basis verwendet. Wie läßt sich f geometrisch deuten, wenn $\mathbb{C}^n$ auf $\mathbb{R}^2$ oder $\mathbb{R}^3$ eingeschränkt wird.

Lösung: Mit der Linearität des skalaren Produktes folgt:

$$\begin{aligned} f(\lambda\,\vec{x}+\mu\,\vec{y}) &= \lambda\,\vec{x}+\mu\,\vec{y}+((\lambda\,\vec{x}+\mu\,\vec{y})\,\vec{a})\,\vec{b} \\ &= \lambda\, f(\vec{x})+\mu\, f(\vec{y})\,. \end{aligned}$$

Mit

$$\vec{a}=\sum_{k=1}^{n} a_k\,\vec{e}_k{}^{(n)}\,,\quad \vec{b}=\sum_{k=1}^{n} b_k\,\vec{e}_k{}^{(n)}\,,$$

und

$$\vec{x}=\sum_{k=1}^{n} x_k\,\vec{e}_k{}^{(n)}$$

ergeben sich zunächst die Bilder der Basisvektoren:

$$f\left(\vec{e}_j{}^{(n)}\right)=\vec{e}_j{}^{(n)}+\sum_{k=1}^{n} a_j\,b_k\,\vec{e}_k{}^{(n)}\,.$$

Hieraus bekommt man:

$$\begin{aligned} M(f) &= \begin{pmatrix} 1+a_1b_1 & a_2b_1 & \dots & a_nb_1 \\ a_1b_2 & 1+a_2b_2 & \dots & a_nb_2 \\ \vdots & \vdots & \vdots & \vdots \\ a_1b_n & a_2b_n & \dots & 1+a_nb_n \end{pmatrix} \\ &= E+\begin{pmatrix} b_1 \\ \vdots \\ b_n \end{pmatrix}\begin{pmatrix} a_1 & \dots & a_n \end{pmatrix}. \end{aligned}$$

Man auch kann auch direkt vorgehen:

$$\begin{aligned} \begin{pmatrix} x_1 \\ \vdots \\ x_n \end{pmatrix} \longrightarrow \begin{pmatrix} x_1 \\ \vdots \\ x_n \end{pmatrix} &+ ((x_1,\dots,x_n)\,(a_1,\dots,a_n))\begin{pmatrix} b_1 \\ \vdots \\ b_n \end{pmatrix} \\ &= \begin{pmatrix} 1+a_1b_1 & a_2b_1 & \dots & a_nb_1 \\ a_1b_2 & 1+a_2b_2 & \dots & a_nb_2 \\ \vdots & \vdots & \vdots & \vdots \\ a_1b_n & a_2b_n & \dots & 1+a_nb_n \end{pmatrix}\begin{pmatrix} x_1 \\ \vdots \\ x_n \end{pmatrix}. \end{aligned}$$

Schränken wir f auf den $\mathbb{R}^2$ oder $\mathbb{R}^3$ ein, und stehen $\vec{a}$ und $\vec{b}$ senkrecht aufeinander, so stellt f eine Scherung senkrecht zu $\vec{a}$ in Richtung $\vec{b}$ dar.

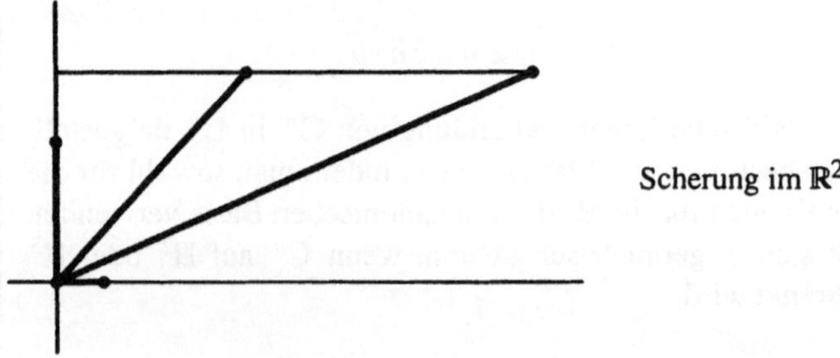

Scherung im $\mathbb{R}^2$

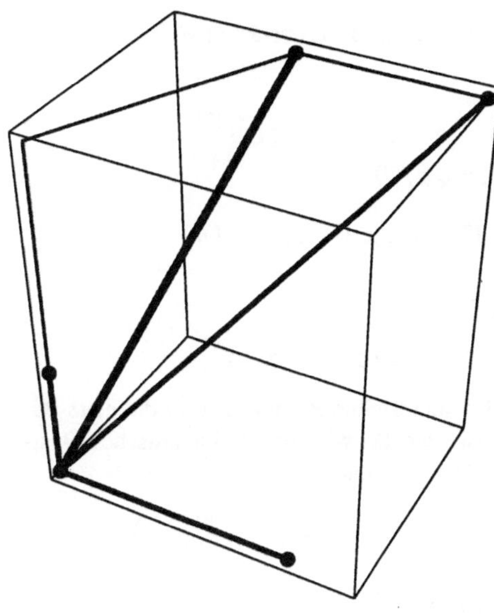

Scherung im $\mathbb{R}^3$

Matrix einer Drehung, Spiegelung und Drehspiegelung im $\mathbb{R}^3$ aufstellen

Aufgabe 4.17 Sei $\vec{a} = a_1\vec{e}_1{}^{(3)} + a_2\vec{e}_2{}^{(3)} + a_3\vec{e}_3{}^{(3)}$ ein Einheitsvektor, der mit $\vec{e}_3{}^{(3)}$ einen Winkel $0 < \theta < \frac{\pi}{2}$ einschließt und $\vec{x} = \vec{OP} = x_1\vec{e}_1{}^{(3)} + x_2\vec{e}_2{}^{(3)} + x_3\vec{e}_3{}^{(3)}$ der Ortsvektor eines Punktes P. Man bestimme die Matrix $M(f)$ der folgenden Abbildungen f bezüglich der kanonischen Basis:

(a) Durch den Nullpunkt wird eine Gerade g mit dem Richtungsvektor $\vec{a}$ gelegt und der Ortsvektor um den Winkel ϕ (im positiven Uhrzeigersinn) gedreht mit der Drehachse g. (Dadurch entsteht eine Drehung im $\mathbb{R}^3$).

(b) Durch den Nullpunkt wird eine Ebene g mit dem Normalenvektor $\vec{a}$ gelegt und der Ortsvektor an der Ebene gespiegelt. (Dadurch entsteht eine Spiegelung im $\mathbb{R}^3$).

(c) Man führe zuerst die Drehung aus (a) und danach die Spiegelung aus (b) (mit demselben Vektor $\vec{a}$). (Dadurch entsteht eine Drehspiegelung im $\mathbb{R}^3$).

(d) Für die Drehung und die Drehspiegelung setze man die Elemente von $M(f)$ mit der Drehachse und dem Drehwinkel in Beziehung.

Lösung: **(a)** Wir gehen zu einer neuen Basis des $\mathbb{R}^3$ über:

$$\begin{aligned}
\vec{b}_1 &= \vec{a} \\
&= b_{11}\,\vec{e}_1^{\,(3)} + b_{21}\,\vec{e}_2^{\,(3)} + b_{31}\,\vec{e}_3^{\,(3)}\,, \\
\vec{b}_2 &= \frac{1}{\sin(\theta)}\,\vec{a} \times \vec{e}_3^{\,(3)} \\
&= b_{12}\,\vec{e}_1^{\,(3)} + b_{22}\,\vec{e}_2^{\,(3)} + b_{32}\,\vec{e}_3^{\,(3)}\,, \\
\vec{b}_3 &= \frac{1}{\sin(\theta)}\,\vec{a} \times (\vec{a} \times \vec{e}_3^{\,(3)}) \\
&= b_{13}\,\vec{e}_1^{\,(3)} + b_{23}\,\vec{e}_2^{\,(3)} + b_{33}\,\vec{e}_3^{\,(3)}\,.
\end{aligned}$$

Aufgrund der Eigenschaften des vektoriellen Produkts, stellt die neue Basis wieder eine Orthonormalbasis dar. Da wir von der kanonischen Basis ausgehen sind, lautet die Basisübergangsmatrix:

$$B = \begin{pmatrix} b_{11} & b_{12} & b_{13} \\ b_{21} & b_{22} & b_{23} \\ b_{31} & b_{32} & b_{33} \end{pmatrix} = \begin{pmatrix} a_1 & \frac{a_2}{\sin(\theta)} & \frac{a_1 a_3}{\sin(\theta)} \\ a_2 & -\frac{a_1}{\sin(\theta)} & \frac{a_2 a_3}{\sin(\theta)} \\ a_3 & 0 & -\frac{a_1^2 + a_2^2}{\sin(\theta)} \end{pmatrix}.$$

Wegen der Orthonormalität ergibt sich auch sofort die inverse Matrix:

$$B^{-1} = B^T = \begin{pmatrix} b_{11} & b_{21} & b_{31} \\ b_{12} & b_{22} & b_{32} \\ b_{13} & b_{23} & b_{33} \end{pmatrix} = \begin{pmatrix} a_1 & a_2 & a_3 \\ \frac{a_2}{\sin(\theta)} & -\frac{a_1}{\sin(\theta)} & 0 \\ \frac{a_1 a_3}{\sin(\theta)} & \frac{a_2 a_3}{\sin(\theta)} & -\frac{a_1^2 + a_2^2}{\sin(\theta)} \end{pmatrix}.$$

In der neuen Basis lautet die Matrix der Drehung:

$$\tilde{M}(f) = \begin{pmatrix} 1 & 0 & 0 \\ 0 & \cos(\phi) & -\sin(\phi) \\ 0 & \sin(\phi) & \cos(\phi) \end{pmatrix}.$$

Aus der Beziehung $M(f) = B\tilde{M}(f)B^{-1}$ bekommen wir nun die gewünschte Matrix der Drehung bezüglich der kanonischen Basis:

$$M(f) =$$

$$\begin{pmatrix} \cos(\phi) + (1 - \cos(\phi))a_1^2 & (1 - \cos(\phi))a_1 a_2 - a_3 \sin(\phi) & (1 - \cos(\phi))a_1 a_3 + a_2 \sin(\phi) \\ (1 - \cos(\phi))a_1 a_2 + a_3 \sin(\phi) & \cos(\phi) + (1 - \cos(\phi))a_2^2 & (1 - \cos(\phi))a_2 a_3 - a_1 \sin(\phi) \\ (1 - \cos(\phi))a_1 a_3 - a_2 \sin(\phi) & (1 - \cos(\phi))a_2 a_3 + a_1 \sin(\phi) & \cos(\phi) + (1 - \cos(\phi))a_3^2 \end{pmatrix}.$$

(Hierbei haben wir noch $a_3 = \cos(\theta)$ und $(\sin(\theta))^2 = 1 - a_3^2 = a_1^2 + a_2^2$ berücksichtigt).

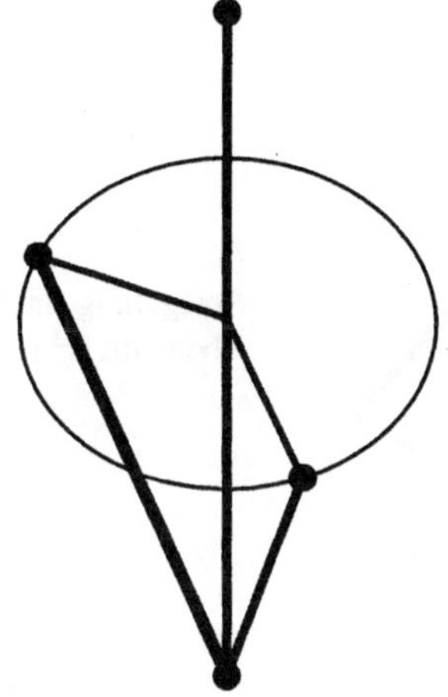

Drehung um einen Vektor im $\mathbb{R}^3$

(b) Wir gehen wie in (a) vor und verwenden dieselbe neue Basis. Bezüglich dieser Basis lautet die Matrix der Spiegelung:

$$\tilde{M}(f) = \begin{pmatrix} -1 & 0 & 0 \\ 0 & 1 & 0 \\ 0 & 0 & 1 \end{pmatrix} .$$

Aus der Beziehung $M(f) = B\tilde{M}(f)B^{-1}$ bekommen wir wieder die gewünschte Matrix der Spiegelung bezüglich der kanonischen Basis:

$$M(f) = \begin{pmatrix} 1-2a_1^2 & -2a_1a_2 & -2a_1a_3 \\ -2a_1a_2 & 1-2a_2^2 & -2a_2a_3 \\ -2a_1a_3 & -2a_2a_3 & 1-2a_3^2 \end{pmatrix} .$$

(Hierbei haben wir noch $a_3 = \cos(\theta)$ und $(\sin(\theta))^2 = 1 - a_3^2 = a_1^2 + a_2^2$ berücksichtigt).

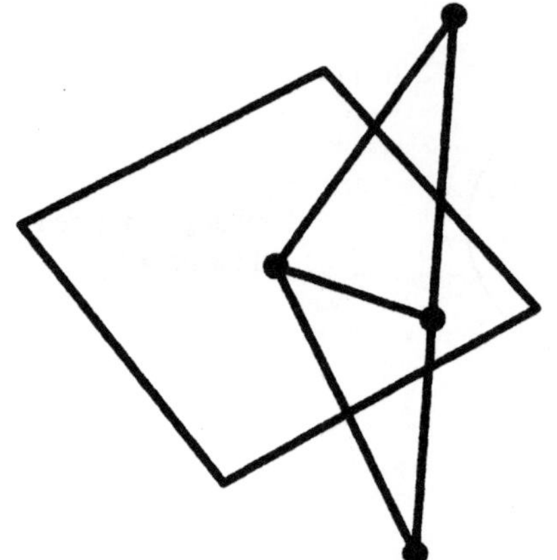

Spiegelung an einer Ebene im $\mathbb{R}^3$

Mathematica:

tM = {{-1, 0, 0}, {0, 1, 0}, {0, 0, 1}};

MatrixForm[tM]

$$\begin{pmatrix} -1 & 0 & 0 \\ 0 & 1 & 0 \\ 0 & 0 & 1 \end{pmatrix}$$

$$B = \Big\{\Big\{\mathbf{a1}, \frac{\mathbf{a2}}{\sqrt{\mathbf{a1}^2+\mathbf{a2}^2}}, \frac{\mathbf{a1}\sqrt{1-\mathbf{a1}^2-\mathbf{a2}^2}}{\sqrt{\mathbf{a1}^2+\mathbf{a2}^2}}\Big\}, \Big\{\mathbf{a2}, -\frac{\mathbf{a1}}{\sqrt{\mathbf{a1}^2+\mathbf{a2}^2}}, \frac{\mathbf{a2}\sqrt{1-\mathbf{a1}^2-\mathbf{a2}^2}}{\sqrt{\mathbf{a1}^2+\mathbf{a2}^2}}\Big\}, \Big\{\sqrt{1-\mathbf{a1}^2-\mathbf{a2}^2}, 0, -\frac{\mathbf{a1}^2+\mathbf{a2}^2}{\sqrt{\mathbf{a1}^2+\mathbf{a2}^2}}\Big\}\Big\};$$

MatrixForm[B]

$$\begin{pmatrix} \mathrm{a1} & \frac{\mathbf{a2}}{\sqrt{\mathbf{a1}^2+\mathbf{a2}^2}} & \frac{\mathbf{a1}\sqrt{1-\mathbf{a1}^2-\mathbf{a2}^2}}{\sqrt{\mathbf{a1}^2+\mathbf{a2}^2}} \\ \mathrm{a2} & -\frac{\mathbf{a1}}{\sqrt{\mathbf{a1}^2+\mathbf{a2}^2}} & \frac{\mathbf{a2}\sqrt{1-\mathbf{a1}^2-\mathbf{a2}^2}}{\sqrt{\mathbf{a1}^2+\mathbf{a2}^2}} \\ \sqrt{1-\mathbf{a1}^2-\mathbf{a2}^2} & 0 & \frac{-\mathbf{a1}^2-\mathbf{a2}^2}{\sqrt{\mathbf{a1}^2+\mathbf{a2}^2}} \end{pmatrix}$$

MatrixForm[Simplify[B.tM.Transpose[B]]]

$$\begin{pmatrix} 1-2\mathbf{a1}^2 & -2\mathbf{a1a2} & -2\mathbf{a1}\sqrt{1-\mathbf{a1}^2-\mathbf{a2}^2} \\ -2\mathbf{a1a2} & 1-2\mathbf{a2}^2 & -2\mathbf{a2}\sqrt{1-\mathbf{a1}^2-\mathbf{a2}^2} \\ -2\mathbf{a1}\sqrt{1-\mathbf{a1}^2-\mathbf{a2}^2} & -2\mathbf{a2}\sqrt{1-\mathbf{a1}^2-\mathbf{a2}^2} & -1+2\mathbf{a1}^2+2\mathbf{a2}^2 \end{pmatrix}$$

Maple: Damit Simplify auf jedes Matrixelement wirkt, verwendet man Map.

simplify
map

```
> tM:=matrix(3,3,[-1,0,0,0,1,0,0,0,1]);
```

$$tM := \begin{bmatrix} -1 & 0 & 0 \\ 0 & 1 & 0 \\ 0 & 0 & 1 \end{bmatrix}$$

```
> B:=matrix(3,3,[a1,a2/sqrt(a1^2+a2^2),
>     a1*sqrt(1-a1^2-a2^2)/sqrt(a1^2+a2^2),
>     a2,-a1/sqrt(a1^2+a2^2),
>     a2*sqrt(1-a1^2-a2^2)/sqrt(a1^2+a2^2),
>     sqrt(1-a1^2-a2^2),0,-(a1^2+a2^2)/sqrt(a1^2+a2^2)]);
```

$$B := \begin{bmatrix} a1 & \dfrac{a2}{\sqrt{a1^2+a2^2}} & \dfrac{a1\sqrt{1-a1^2-a2^2}}{\sqrt{a1^2+a2^2}} \\ a2 & -\dfrac{a1}{\sqrt{a1^2+a2^2}} & \dfrac{a2\sqrt{1-a1^2-a2^2}}{\sqrt{a1^2+a2^2}} \\ \sqrt{1-a1^2-a2^2} & 0 & -\sqrt{a1^2+a2^2} \end{bmatrix}$$

```
> map(simplify,evalm(B&*tM&*transpose(B)));
```

$$\begin{bmatrix} -2\,a1^2+1 & -2\,a1\,a2 & -2\,a1\sqrt{1-a1^2-a2^2} \\ -2\,a1\,a2 & -2\,a2^2+1 & -2\,a2\sqrt{1-a1^2-a2^2} \\ -2\,a1\sqrt{1-a1^2-a2^2} & -2\,a2\sqrt{1-a1^2-a2^2} & -1+2\,a1^2+2\,a2^2 \end{bmatrix}$$

Lösung: **(c)** Bezüglich der in (a) konstruierten Basis lautet die Matrix der Hintereinanderausführung von Drehung und Spiegelung:

$$\tilde{M}(f) =$$

$$\begin{pmatrix} -1 & 0 & 0 \\ 0 & 1 & 0 \\ 0 & 0 & 1 \end{pmatrix} \begin{pmatrix} 1 & 0 & 0 \\ 0 & \cos(\phi) & -\sin(\phi) \\ 0 & \sin(\phi) & \cos(\phi) \end{pmatrix} = \begin{pmatrix} -1 & 0 & 0 \\ 0 & \cos(\phi) & -\sin(\phi) \\ 0 & \sin(\phi) & \cos(\phi) \end{pmatrix}.$$

Durch Linksmultiplikation mit B^T und Rechtsmultiplikation mit B bekommen wir folgende Matrix bezüglich des kononischen Basissystems:

$$M(f) =$$

$$\begin{pmatrix} \cos(\phi)+(-1-\cos(\phi))a_1^2 & (-1-\cos(\phi))a_1a_2-a_3\sin(\phi) & (-1-\cos(\phi))a_1a_3+a_2\sin(\phi) \\ (-1-\cos(\phi))a_1a_2+a_3\sin(\phi) & \cos(\phi)+(-1-\cos(\phi))a_2^2 & (-1-\cos(\phi))a_2a_3-a_1\sin(\phi) \\ (-1-\cos(\phi))a_1a_3-a_2\sin(\phi) & (-1-\cos(\phi))a_2a_3+a_1\sin(\phi) & \cos(\phi)+(-1-\cos(\phi))a_3^2 \end{pmatrix}.$$

(d) Die Matrix $M(f)$ besitze jeweils die Elemente:

$$M(f) = \begin{pmatrix} d_{11} & d_{12} & d_{13} \\ d_{21} & d_{22} & d_{23} \\ d_{31} & d_{32} & d_{33} \end{pmatrix}.$$

Berücksichtigt man, daß die Richtung der Drehachse durch den Einheitsvektor $\vec{a} = (a_1, a_2, a_3)$ gegeben wird, so bekommt man durch Aufsummieren der Diagonalelemente (Spurbildung) für die Drehung:

$$d_{11} + d_{22} + d_{33} = 2\cos(\phi) + 1$$

und für die Drehspiegelungung:

$$d_{11} + d_{22} + d_{33} = 2\cos(\phi) - 1 .$$

Auf ähnliche Weise ergibt sich die in beiden Fällen geltende Beziehung:

$$(d_{32} - d_{23}, d_{13} - d_{31}, d_{21} - d_{12}) = 2\sin(\phi)\,(a_1, a_2, a_3) .$$

5 Lineare Gleichungssysteme und Determinanten

5.1 Der Lösungsraum eines linearen Gleichungssystems

Wir betrachten in diesem Abschnitt lineare Gleichungssysteme und die Struktur ihres Lösungsraumes.

Das System:

$$\begin{array}{ccccccc} a_{11}x_1 & + & a_{12}x_2 & +\cdots+ & a_{1n}x_n & = & b_1 \\ a_{21}x_1 & + & a_{22}x_2 & +\cdots+ & a_{2n}x_n & = & b_2 \\ \multicolumn{7}{c}{\cdots\cdots\cdots\cdots\cdots\cdots\cdots\cdots\cdots\cdots} \\ a_{m-1,1}x_1 & + & a_{m-1,2}x_2 & +\cdots+ & a_{m-1,n}x_n & = & b_{m-1} \\ a_{m1}x_1 & + & a_{m2}x_2 & +\cdots+ & a_{mn}x_n & = & b_m \end{array}$$

heißt lineares Gleichungssystem mit m Gleichungen und n Unbekannten. Dabei sind a_{kj} und b_k, $k = 1, \ldots, m$, $j = 1, \ldots, n$ Elemente aus $\mathbb{K} = \mathbb{R}$ oder $\mathbb{K} = \mathbb{C}$.

Lineares Gleichungssystem

Wir formulieren das System mit Hilfe von Matrizen.

Mit der Systemmatrix $A = (a_{kj})_{\substack{k=1,\ldots,m \\ j=1,\ldots,n}}$ und

$$\vec{x} = (x_1, \ldots, x_n), \quad \vec{b} = (b_1, \ldots, b_m)$$

schreiben wir:

$$A\,\vec{x}^{\,T} = \vec{b}^{\,T}.$$

Matrixform eines linearen Gleichungssystems

Wir unterscheiden homogene und inhomogene Systeme.

Das System $A\,\vec{x}^{\,T} = \vec{b}^{\,T}$ heißt homogen, wenn $\vec{b} = \vec{0}$, und inhomogen, wenn $\vec{b} \neq \vec{0}$.

Homogene und inhomogene Systeme

Die Lösungen eines Systems fassen wir zum Lösungsraum zusammen.

Jedes n-Tupel $\vec{x} = (x_1, \ldots, x_n)$, $x_j \in \mathbb{K}$, das alle Gleichungen löst, heißt Lösung des Systems. Die Menge aller Lösungen heißt Lösungsraum.

Lösungsraum eines linearen Gleichungssystems

Wie bei den linearen Abbildungen gilt.

Lösungsraum eines homogenen Systems

Der Lösungsraum des homogenen Systems

$$A\,\vec{x}^{\,T} = \vec{0}^{\,T},$$

mit einer $m \times n$-Matrix A, stellt einen Unterraum der Dimension $n - \operatorname{Rg}(A)$ von $\mathbb{K}^n$ dar.

Beim inhomogenen System erweitern wir die Systemmatrix A um die rechte Seite und fügen den Spaltenvektor $\vec{b}^{\,T}$ hinzu.

Erweiterte Matrix

Fügt man den Spaltenvektor $\vec{b}^{\,T}$ zur Matrix A hinzu, so ergibt sich die erweiterte Matrix:

$$(A\,|\,\vec{b}^{\,T}) = \begin{pmatrix} a_{11} & a_{12} & \dots & a_{1n} & b_1 \\ a_{21} & a_{22} & \dots & a_{2n} & b_2 \\ \vdots & \vdots & \dots & \vdots & \vdots \\ a_{m-1,1} & a_{m-1,2} & \dots & a_{m-1,n} & b_{m-1} \\ a_{m1} & a_{m2} & \dots & a_{mn} & b_m \end{pmatrix}.$$

Mit der erweiterten Matrix bekommen wir das Rangkriterium.

Rangkriterium für inhomogene Systeme

$A\,\vec{x}^T = \vec{b}^T$ ist genau dann lösbar, wenn gilt:

$$\operatorname{Rg}(A) = \operatorname{Rg}(A\,|\,\vec{b}^{\,T}).$$

Während der Lösungsraum eines homogenen Systems einen Vektorraum darstellt, läßt sich die Struktur des Lösungsraumes eines inhomgenen Systems wie folgt beschreiben.

Lösungsraum eines inhomogenen Systems

Sei A eine $m \times n$-Matrix mit Elementen aus $\mathbb{K}^n$ und $\vec{b}$ ein Vektor aus $\mathbb{K}^n$.

$$\operatorname{Rg}(A) = \operatorname{Rg}(A\,|\,\vec{b}^{\,T}) = r.$$

Der Lösungsraum des inhomogenen Systems $A\,\vec{x}^{\,T} = \vec{b}^{\,T}$ bildet einen linearen Teilraum des $\mathbb{K}^n$ der Dimension $n - r$. (Die allgemeine Lösung des inhomogenen Systems setzt sich zusammen aus einer speziellen Lösung des inhomogenen Systems und der allgemeinen Lösung des homogenen Systems).

Für Systeme mit quadratischer Systemmatrix gilt.

Ist die Matrix des Systems eine quadratische $n \times n$-Matrix mit maximalem Rang n, dann besteht der Lösungsraum des homogenen Systems nur aus dem Nullvektor aus $\mathbb{K}^n$.
Das inhomogene System besitzt in diesem Fall genau eine Lösung.

Lösung von Systemen mit quadratischer Systemmatrix

Aufgabe 5.1

Lineare Gleichungssysteme in Matrixform umwandeln

(a) Gegeben sei das folgende System in Gleichungsform:

$$\begin{aligned} x_1 + 4\,x_3 &= 1 \\ \frac{2}{3}\,x_1 + 2\,x_2 + 2x_3 &= 2 + 2\,i \\ x_2 + \frac{2}{3}\,x_3 &= \frac{2}{3} + i \\ \left(1 + \frac{2}{3}\,i\right) x_1 + i\,x_2 + \left(1 + \frac{4}{3}\,i\right) x_3 &= \frac{4}{3}\,i\,. \end{aligned}$$

Man schreibe das System in Matrixform.

(b) Gegeben sei die 3×4-Matrix

$$A = \begin{pmatrix} 0 & 1 & i & 1 \\ i & 3 & 0 & 1 \\ -1 & 1+3\,i & i & 1+i \end{pmatrix}$$

und der Vektor $\vec{b} = (1 + i\,, 1\,, 1 + 2\,i)$. Man schreibe das System $A\,\vec{x}^{\,T} = \vec{b}^{\,T}$ in Gleichungsform.

Lösung: **(a)** Wir bekommen $A\,\vec{x}^T = \vec{b}^T$ mit:

$$A = \begin{pmatrix} 1 & 0 & 1 \\ \frac{2}{3} & 2 & 2 \\ 0 & 1 & \frac{2}{3} \\ 1+\frac{2}{3}\,i & i & 1+\frac{4}{3}\,i \end{pmatrix}$$

und

$$\vec{b} = \left(1\,, 2 + 2\,i\,, \frac{2}{3} + i\,, \frac{4}{3}\,i\right).$$

(b) Das System nimmt folgende Gestalt an:

$$\begin{aligned} x_2 + i\,x_3 + x_4 &= 1 + i \\ i\,x_1 + 3\,x_2 + x_4 &= 1 \\ -x_1 + (1 + 3\,i)\,x_2 + i\,x_3 + (1 + i)\,x_4 &= 1 + 2\,i\,. \end{aligned}$$

Schnittgerade zweier Ebenen im $\mathbb{R}^3$ bestimmen, entsprechendes Gleichungssystem diskutieren

Aufgabe 5.2 Man bestimme die Schnittgerade der folgenden Ebenen im $\mathbb{R}^3$:

$$-x_1 + x_2 - x_3 = 1\,, \quad 2x_1 + x_2 + x_3 = 0\,.$$

Man beschreibe die Schnittgerade als Lösungsraum eines linearen Gleichungssystems.

Lösung: Wir werden auf das folgende Gleichungssystem geführt:

$$\begin{aligned} -x_1 + x_2 - x_3 &= 1 \\ 2x_1 + x_2 + x_3 &= 0. \end{aligned}$$

Die Systemmatrix

$$\begin{pmatrix} -1 & 1 & -1 \\ 2 & 1 & 1 \end{pmatrix}$$

besitzt offenbar den Rang 2. Damit besitzt auch die um die rechte Seite des Systems erweiterte Matrix

$$\begin{pmatrix} -1 & 1 & -1 & 1 \\ 2 & 1 & 1 & 0 \end{pmatrix}$$

den Rang 2.

Setzt man für $x_3 = \lambda \in \mathbb{R}$, so bekommt man:

$$\begin{aligned} -x_1 + x_2 &= 1 + \lambda \\ 2x_1 + x_2 &= -\lambda \end{aligned}$$

und daraus:

$$x_1 = -\frac{1}{3} - \frac{2}{3}\lambda\,, \quad x_2 = \frac{2}{3} + \frac{1}{3}\lambda\,.$$

Das Gleichungssystem besitzt also den eindimensionalen Teilraum

$$\left(-\frac{1}{3}, \frac{2}{3}, 0\right) + \lambda\left(-\frac{2}{3}, \frac{1}{3}, 1\right), \quad \lambda \in \mathbb{R},$$

als Lösung, welcher die Schnittgerade der beiden Ebenen darstellt.

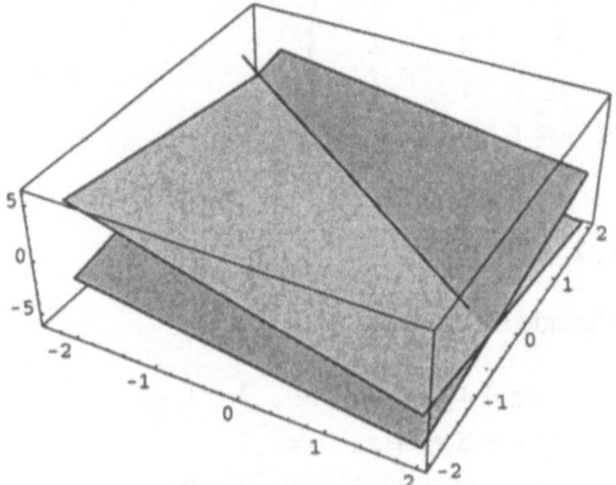

Die Schnittgerade der Ebenen $-x_1 + x_2 - x_3 = 1$ und $2x_1 + x_2 + x_3 = 0$

Mathematica:

Solve[{−x1 + x2 − x3 == 1, 2 x1 + x2 + x3 == 0}, {x1, x2, x3}]

$$\{\{\mathbf{x1} \to -\frac{1}{3} - \frac{2\,\mathbf{x3}}{3}, \mathbf{x2} \to \frac{2}{3} + \frac{\mathbf{x3}}{3}\}\}$$

Maple:

```
> solve({-x1+x2-x3=1,2*x1+x2+x3=0},{x1,x2,x3});
```

$$\{x3 = -\frac{3}{2}\,x1 - \frac{1}{2},\; x1 = x1,\; x2 = -\frac{1}{2}\,x1 + \frac{1}{2}\}$$

Aufgabe 5.3 Gegeben sei eine Gerade g im $\mathbb{R}^3$ mit beliebigem $a \in \mathbb{R}$ durch:

$$x_1 = 2 + t\,a\,, \quad x_2 = \frac{1}{3} + t\,, \quad x_3 = -4 + t\,.$$

(a) Man wähle a so, daß g einen Schnittpunkt mit der folgenden Geraden besitzt:

$$x_1 = -2 + s\,3\,, \quad x_2 = s\,\frac{2}{3}\,, \quad x_3 = -7 - s\,.$$

(b) Kann a so gewählt werden, daß g keinen Schnittpunkt mit der folgenden Ebene besitzt:

$$x_1 = \sigma + \tau\,2\,,\; x_2 = -\frac{1}{4} + \sigma\,3 - \tau\,4\,,\; x_3 = 3 - \sigma\,2 - \tau\,.$$

Einen Parameter so bestimmen, daß sich zwei Geraden schneiden bzw. eine Gerade und eine Ebene nicht schneiden. Entsprechende Gleichungssysteme diskutieren

Lösung: **(a)** Die Geraden schneiden sich, wenn das folgende Gleichungssystem eine Lösung besitzt:

$$\begin{aligned} 2 + t\,a &= -2 + s\,3 \\ \frac{1}{3} + t &= s\,\frac{2}{3} \\ -4 + t &= -7 - s \end{aligned}$$

bzw.

$$\begin{aligned} a\,t - 3\,s &= -4 \\ t - \frac{2}{3}\,s &= -\frac{1}{3} \\ t + s &= -3\,. \end{aligned}$$

Die Matrix des Systems:

$$\begin{pmatrix} a & -3 \\ 1 & -\frac{2}{3} \\ 1 & 1 \end{pmatrix}$$

besitzt den Rang 2, und das homogene System besitzt nur den Nullvektor als Lösungsvektor. Wir müssen a nun so bestimmen, daß die erweiterte Matrix:

$$\begin{pmatrix} a & -3 & -4 \\ 1 & -\frac{2}{3} & -\frac{1}{3} \\ 1 & 1 & -3 \end{pmatrix}$$

ebenfalls den Rang 2 besitzt. Dies ist dann der Fall, wenn das Spatprodukt der Vektoren:

$$(a\,,-3\,,-4)\,,\quad \left(1\,,-\frac{2}{3}\,,-\frac{1}{3}\right),\quad (1\,,1\,,-3)$$

Null ergibt. Hieraus bekommt man die Bedingung:

$$\frac{7}{3}a - \frac{44}{3} = 0\,,$$

also $a = \frac{44}{7}$.

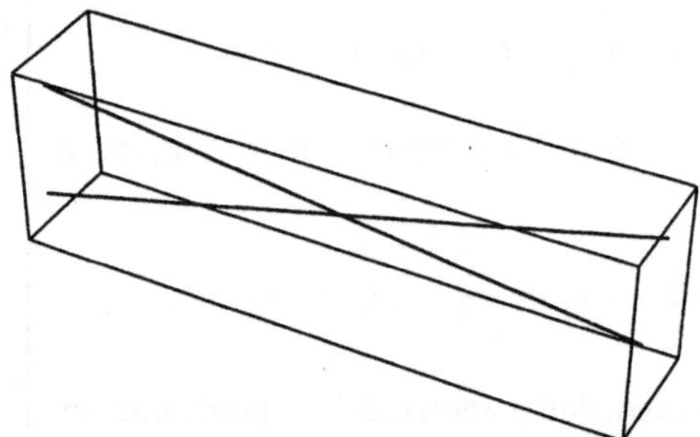

Schnittpunkt der Geraden $x_1 = 2 + t\,a, x_2 = \frac{1}{3} + t, x_3 = -4 + t$ und $x_1 = -2 + s\,3, x_2 = s\,\frac{2}{3}, x_3 = -7 - s$, $a = \frac{44}{7}$

Mathematica:

$$\mathbf{Simplify}\left[\{\mathbf{a}, -\mathbf{3}, -\mathbf{4}\} \times \left\{\mathbf{1}, -\frac{\mathbf{2}}{\mathbf{3}}, -\frac{\mathbf{1}}{\mathbf{3}}\right\}.\{\mathbf{1}, \mathbf{1}, -\mathbf{3}\}\right]$$

$$\frac{1}{3}\,(-44 + 7\,a)$$

Maple:

```
> with(linalg);
> dotprod(crossprod([a,-3,-4],[1,-2/3,-1/3]),[1,1,-3]);
```

$$-\frac{44}{3} + \frac{7}{3}a$$

Lösung: (b) Die Gerade schneidet die Ebene nicht, wenn das folgende Gleichungssystem keine Lösung besitzt:

$$\begin{aligned} 2 + t\,a &= \sigma + \tau\,2 \\ \frac{1}{3} + t &= -\frac{1}{4} + \sigma\,3 - \tau\,4 \\ -4 + t &= 3 - \sigma\,2 - \tau \end{aligned}$$

bzw.

$$\begin{aligned} a\,t - \sigma - 2\tau &= -2 \\ t - 3\sigma + 4\tau &= -\frac{7}{12} \\ t + 2\sigma + \tau &= 7\,. \end{aligned}$$

Die letzten beiden Spalten der Matrix des Systems:

$$\begin{pmatrix} a & -1 & -2 \\ 1 & -3 & 4 \\ 1 & 2 & 1 \end{pmatrix}$$

sind linear unabhängig. Wir müssen a so bestimmen, daß die Matrix insgesamt nicht den Rang 3 besitzt. Dies ist wiederum dann der Fall, wenn das Spatprodukt der Vektoren:

$$(a\,,-1\,,-2)\,, \quad (1\,,-3\,,4)\,, \quad (1\,,2\,,1)$$

Null ergibt. Hieraus bekommt man die Bedingung:

$$-11\,a - 13 = 0\,,$$

d.h. $a = -\dfrac{11}{13}$.

Wir zeigen nun, daß die erweiterte Matrix:

$$\begin{pmatrix} a & -1 & -2 & -2 \\ 1 & -3 & 4 & \frac{7}{12} \\ 1 & 2 & 1 & 7 \end{pmatrix}$$

den Rang 3 besitzt. Dazu berechnen wir das Spatprodukt der Vektoren

$$(-1\,,-2\,,-2)\,, \quad \left(-3\,,4\,,\frac{7}{12}\right)\,, \quad (2\,,1\,,7)\,,$$

welches $-\dfrac{199}{4}$ ergibt. Wir können also $a = -\dfrac{11}{13}$ wählen.

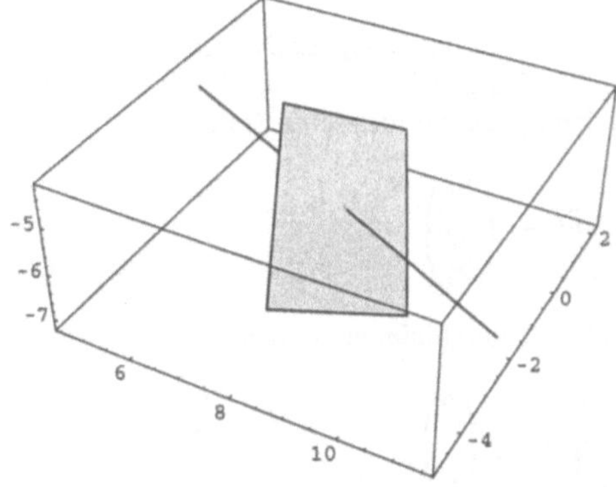

Schnittpunkt der Geraden $x_1 = 2 + t\,a, x_2 = \frac{1}{3} + t, x_3 = -4 + t$ mit der Ebene $x_1 = \sigma + \tau\,2, x_2 = -\frac{1}{4} + \sigma\,3 - \tau\,4, x_3 = 3 - \sigma\,2 - \tau$, $a = -\frac{11}{3}$

Mathematica:

$$\mathbf{Simplify[\{a, -1, -2\} \times \{1, -3, 4\}.\{1, 2, 1\}]}$$

$$-13 - 11\,a$$

$$\mathbf{Simplify[\{-1, -2, -2\} \times \{-3, 4, \frac{7}{12}\}.\{2, 1, 7\}]}$$

$$-\frac{199}{4}$$

Maple:

```
> with(linalg);
> dotprod(crossprod([a,-1,-2],[1,-3,4]),[1,2,1]);
```

$$-13 - 11\,a$$

```
> dotprod(crossprod([-1,-2,-2],[-3,4,7/12]),[2,1,7]);
```

$$\frac{-199}{4}$$

Lösbarkeit eines linearen Gleichungssystems in Abhängigkeit von der rechten Seite diskutieren

Aufgabe 5.4 Für welche $\vec{b} \in \mathbb{C}^3$ wird das folgende System lösbar:

$$\begin{pmatrix} 0 & 1 & 0 \\ -2 & -1 & 1 \\ 0 & 2i & 0 \end{pmatrix} \vec{x}^T = \vec{b}^T .$$

Lösung: Offenbar sind die zweite und die dritte Spalte

$$\begin{pmatrix} 1 \\ -1 \\ 2i \end{pmatrix}, \quad \begin{pmatrix} 0 \\ 1 \\ 0 \end{pmatrix}$$

der Systemmatrix linear unabhängig, während die erste Spalte

$$\begin{pmatrix} 0 \\ -2 \\ 0 \end{pmatrix}$$

von der dritten linear abhängt. Damit ist der Rang der Systemmatrix 2, und das System wird lösbar, wenn der Rang der erweiterten Matrix auch 2 ist. Letzteres ist gleichbedeutend damit, daß wir die rechte Seite

$$\vec{b}^T = \begin{pmatrix} b_1 \\ b_2 \\ b_3 \end{pmatrix}$$

linear aus zweiten und dritten Spalte kombinieren können:

$$\begin{pmatrix} b_1 \\ b_2 \\ b_3 \end{pmatrix} = \lambda_2 \begin{pmatrix} 1 \\ -1 \\ 2i \end{pmatrix} + \lambda_3 \begin{pmatrix} 0 \\ 1 \\ 0 \end{pmatrix} = \begin{pmatrix} \lambda_2 \\ -\lambda_2 + \lambda_3 \\ 2i\,\lambda_2 \end{pmatrix} .$$

Hieraus liest man die Lösbarkeitsbedingung ab:

$$2\,i\,b_1 = b_3 .$$

Wir können auch so vorgehen, daß wir den Rang der erweiterten Matrix nur mit Hilfe von Zeilenoperationen bestimmen, so daß wir gleichzeitig auch den Rang der Systemmarix selbst ablesen können.

A			$\vec{b}^T$	
0	1	0	b_1	
−2	−1	1	b_2	
0	$2i$	0	b_3	
−2	−1	1	b_2	$\vec{z}_2$
0	1	0	b_1	$\vec{z}_1$
0	$2i$	0	b_3	
−2	−1	1	b_2	
0	1	0	b_1	
0	0	0	$-2i\,b_1 + b_3$	$\vec{z}_3 - 2i\,\vec{z}_2$

Hieraus entnimmt man wieder, daß der Rang der Systemmatrix 2 ist. Während der Rang der erweiterten Matrix nur dann 2 beträgt, wenn $2i\,b_1 = b_3$.

RowReduce

Mathematica: Bestimmt man den Rang der erweiterten Matrix mit RowReduce, so wird der Sonderfall $2i\,b_1 = b_3$ nicht berücksichtigt.

A = {{0, 1, 0}, {−2, −1, 1}, {0, 2i, 0}}; MatrixForm[A]

$$\begin{pmatrix} 0 & 1 & 0 \\ -2 & -1 & 1 \\ 0 & 2i & 0 \end{pmatrix}$$

MatrixForm[RowReduce[A]]

$$\begin{pmatrix} 1 & 0 & -\frac{1}{2} \\ 0 & 1 & 0 \\ 0 & 0 & 0 \end{pmatrix}$$

b = {b1, b2, b3};

AE = Transpose[Append[Transpose[A], b]]; MatrixForm[AE]

$$\begin{pmatrix} 0 & 1 & 0 & \mathrm{b1} \\ -2 & -1 & 1 & \mathrm{b2} \\ 0 & 2i & 0 & \mathrm{b3} \end{pmatrix}$$

MatrixForm[RowReduce[AE]]

$$\begin{pmatrix} 1 & 0 & -\frac{1}{2} & 0 \\ 0 & 1 & 0 & 0 \\ 0 & 0 & 0 & 1 \end{pmatrix}$$

concat

Maple: Mit Concat kann man eine Matrix um einen Spaltenvektor erweitern.

Bestimmt man den Rang der erweiterten Matrix mit Rref, so wird der Sonderfall $2\,i\,b_1 = b_3$ nicht berücksichtigt.

```
> with(linalg);
> A:=matrix(3,3,[0,1,0,-2,-1,1,0,2*I,0]);
```

$$A := \begin{bmatrix} 0 & 1 & 0 \\ -2 & -1 & 1 \\ 0 & 2I & 0 \end{bmatrix}$$

```
> rref(A);
```

$$\begin{bmatrix} 1 & 0 & \frac{-1}{2} \\ 0 & 1 & 0 \\ 0 & 0 & 0 \end{bmatrix}$$

```
> b:=[b1,b2,b3];
```

$$b := [b1,\ b2,\ b3]$$

```
> AE:=concat(A,b);
```

$$AE := \begin{bmatrix} 0 & 1 & 0 & b1 \\ -2 & -1 & 1 & b2 \\ 0 & 2I & 0 & b3 \end{bmatrix}$$

```
> rref(AE);
```

$$\begin{bmatrix} 1 & 0 & \frac{-1}{2} & 0 \\ 0 & 1 & 0 & 0 \\ 0 & 0 & 0 & 1 \end{bmatrix}$$

Rangkriterium anwenden, schematisch vorgehen

Aufgabe 5.5 Mit dem Rangkriterium entscheide man, ob die folgenden Gleichungssysteme lösbar sind:

(a)
$$\begin{array}{rrrcl} 2x_1 & +x_2 & +3x_3 & = & i, \\ 3x_1 & +4x_2 & & = & 1, \\ i\,x_1 & +2x_2 & -2x_3 & = & 0, \\ & -2x_2 & +2x_3 & = & 3, \end{array}$$

(b)
$$\begin{array}{rrrrcl} 2x_1 & & +3x_3 & -x_4 & = & 2, \\ 3x_1 & +4x_2 & & +2x_4 & = & 1, \\ & +2x_2 & -2x_3 & -3x_4 & = & 0. \end{array}$$

Lösung: **(a)** Wir formen die Matrix $A|\vec{b}^{\,T}$ mit Zeilenoperationen um:

A			$\vec{b}^T$	
2	1	3	i	
3	4	0	1	
i	2	-2	0	
0	-2	2	3	
2	1	3	i	
0	$\frac{5}{2}$	$-\frac{9}{2}$	$1-\frac{3i}{2}$	$\vec{z}_2 - \frac{3}{2}\vec{z}_1$
0	$2-\frac{i}{2}$	$-2-\frac{3i}{2}$	$\frac{1}{2}$	$\vec{z}_3 - \frac{i}{2}\vec{z}_1$
0	-2	2	3	
2	1	3	i	
0	$\frac{5}{2}$	$-\frac{9}{2}$	$1-\frac{3i}{2}$	
0	0	$\frac{8}{5}-\frac{12i}{5}$	$\frac{7i}{5}$	$\vec{z}_3 - \left(2-\frac{i}{2}\right)\vec{z}_2$
0	0	$-\frac{8}{5}$	$\frac{19}{5}-\frac{6i}{5}$	$\vec{z}_4 + \frac{4}{5}\vec{z}_2$
2	1	3	i	
0	$\frac{5}{2}$	$-\frac{9}{2}$	$1-\frac{3i}{2}$	
0	0	$\frac{8}{5}-\frac{12i}{5}$	$\frac{7i}{5}$	
0	0	0	$\frac{41}{13}-\frac{10i}{13}$	$\vec{z}_4 + \left(\frac{4}{13}+\frac{6i}{13}\right)\vec{z}_3$

Hieraus entnimmt man: $\mathrm{Rg}\,(A) = 3$ und $\mathrm{Rg}\,(A|\vec{b}^T) = 4$. Das System ist nicht lösbar.

Mathematica:

A = {{2, 1, 3}, {3, 4, 0}, {i, 2, −2}, {0, −2, 2}}; MatrixForm[A]

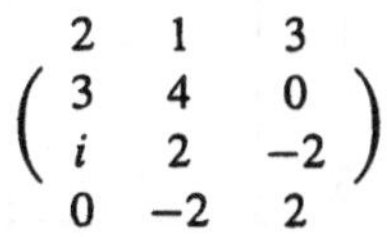

$$\begin{pmatrix} 2 & 1 & 3 \\ 3 & 4 & 0 \\ i & 2 & -2 \\ 0 & -2 & 2 \end{pmatrix}$$

b = {i, 1, 0, 3};

AE = Transpose[Append[Transpose[A], b]]; MatrixForm[AE]

$$\begin{pmatrix} 2 & 1 & 3 & i \\ 3 & 4 & 0 & 1 \\ i & 2 & -2 & 0 \\ 0 & -2 & 2 & 3 \end{pmatrix}$$

MatrixForm[RowReduce[AE]]

$$\begin{pmatrix} 1 & 0 & 0 & 0 \\ 0 & 1 & 0 & 0 \\ 0 & 0 & 1 & 0 \\ 0 & 0 & 0 & 1 \end{pmatrix}$$

Maple:

```
> with(linalg);
```

```
> A:=matrix(4,3,[2,1,3,3,4,0,I,2,-2,0,-2,2]);
```

$$A := \begin{bmatrix} 2 & 1 & 3 \\ 3 & 4 & 0 \\ I & 2 & -2 \\ 0 & -2 & 2 \end{bmatrix}$$

```
> b:=[I,1,0,3];
```

$$b := [I,\ 1,\ 0,\ 3]$$

```
> AE:=concat(A,b);
```

$$AE := \begin{bmatrix} 2 & 1 & 3 & I \\ 3 & 4 & 0 & 1 \\ I & 2 & -2 & 0 \\ 0 & -2 & 2 & 3 \end{bmatrix}$$

```
> rref(AE);
```

$$\begin{bmatrix} 1 & 0 & 0 & 0 \\ 0 & 1 & 0 & 0 \\ 0 & 0 & 1 & 0 \\ 0 & 0 & 0 & 1 \end{bmatrix}$$

Lösung: **(b)** Wir formen die Matrix $A|\vec{b}^{\,T}$ wieder mit Zeilenoperationen um:

A				$\vec{b}^{\,T}$	
2	0	3	−1	2	
3	4	0	2	i	
0	2	−2	−3	0	
2	0	3	−1	2	
0	4	$-\frac{9}{2}$	$\frac{7}{2}$	$-3+i$	$\vec{z}_2 - \frac{3}{2}\vec{z}_1$
0	2	−2	−3	0	
2	0	3	−1	2	
0	4	$-\frac{9}{2}$	$\frac{7}{2}$	$-3+i$	
0	0	$\frac{1}{4}$	$-\frac{19}{4}$	$\frac{3}{2}-\frac{i}{2}$	$\vec{z}_3 - \frac{1}{2}\vec{z}_2$

Hieraus entnimmt man: $\mathrm{Rg}\,(A) = 3$ und $\mathrm{Rg}\,(A|\vec{b}^{\,T}) = 3$. Das System ist lösbar.

Mathematica:

A = {{2, 0, 3, −1}, {3, 4, 0, 2}, {0, 2, −2, −3}}; MatrixForm[A]

$$\begin{pmatrix} 2 & 0 & 3 & -1 \\ 3 & 4 & 0 & 2 \\ 0 & 2 & -2 & -3 \end{pmatrix}$$

b = {2, i, 0};

AE = Transpose[Append[Transpose[A], b]]; MatrixForm[AE]

$$\begin{pmatrix} 2 & 0 & 3 & -1 & 2 \\ 3 & 4 & 0 & 2 & i \\ 0 & 2 & -2 & -3 & 0 \end{pmatrix}$$

MatrixForm[RowReduce[AE]]

$$\begin{pmatrix} 1 & 0 & 0 & 28 & -8+3i \\ 0 & 1 & 0 & -\frac{41}{2} & 6-2i \\ 0 & 0 & 1 & -19 & 6-2i \end{pmatrix}$$

Maple:

```
> A:=matrix(3,4,[2,0,3,-1,3,4,0,2,0,2,-2,-3]);
```

$$A := \begin{bmatrix} 2 & 0 & 3 & -1 \\ 3 & 4 & 0 & 2 \\ 0 & 2 & -2 & -3 \end{bmatrix}$$

```
> b:=[2,I,0];
```

$$b := [2,\ I,\ 0]$$

```
> AE:=concat(A,b);
```

$$AE := \begin{bmatrix} 2 & 0 & 3 & -1 & 2 \\ 3 & 4 & 0 & 2 & I \\ 0 & 2 & -2 & -3 & 0 \end{bmatrix}$$

```
> rref(AE);
```

$$\begin{bmatrix} 1 & 0 & 0 & 28 & -8+3I \\ 0 & 1 & 0 & \frac{-41}{2} & 6-2I \\ 0 & 0 & 1 & -19 & 6-2I \end{bmatrix}$$

5.2 Der Gaußsche Algorithmus

Der Lösungsraum eines inhomogenen Gleichungssystems soll nun konkret beschrieben werden.

> Gegeben sei das System: $A\vec{x}^T = \vec{b}^T$ mit der $m \times n$-Matrix A. Führt man in der erweiterten Matrix $(A \mid \vec{b}^T)$ eine Zeilenoperation durch, so verändert sich der Lösungsraum nicht. Vertauscht man in der Matrix A zwei Spaltenvektoren, so verändert sich der Lösungsraum nicht. (Wenn man zwei Spalten vertauscht, so empfiehlt es sich, die entsprechenden Unbekannten umzubenennen).

Zeilen- und Spaltenoperationen bei Gleichungssystemen

Der Gaußsche Algorithmus verläuft völlig analog zu der Umformung einer Matrix bei der Rangbestimmung.

Gaußscher Algorithmus

In r Rechenschritten läßt sich das System: $A\vec{x}^T = \vec{b}^T$ in die folgende Gestalt bringen: $A^{(r)}\vec{x}^T = \vec{b}^{(r)T}$ mit

$$A^{(r)} = \begin{pmatrix} 1 & a_{12}^{(r)} & a_{13}^{(r)} & \dots & a_{1,r}^{(r)} & a_{1,r+1}^{(r)} & \dots & a_{1,n}^{(r)} \\ 0 & 1 & a_{23}^{(r)} & \dots & a_{2,r}^{(r)} & a_{2,r+1}^{(r)} & \dots & a_{2,n}^{(r)} \\ \vdots & \vdots & \vdots & \dots & \vdots & \vdots & \dots & \vdots \\ 0 & 0 & 0 & \dots & 1 & a_{r,r+1}^{(r)} & \dots & a_{r,n}^{(r)} \\ 0 & 0 & 0 & \dots & 0 & 0 & \dots & 0 \\ \vdots & \vdots & \vdots & \dots & \vdots & \vdots & \dots & \vdots \\ 0 & 0 & 0 & \dots & 0 & 0 & \dots & 0 \end{pmatrix}$$

und $\vec{b}^{(r)} = (b_1^{(r)}, \dots, b_m^{(r)})$.

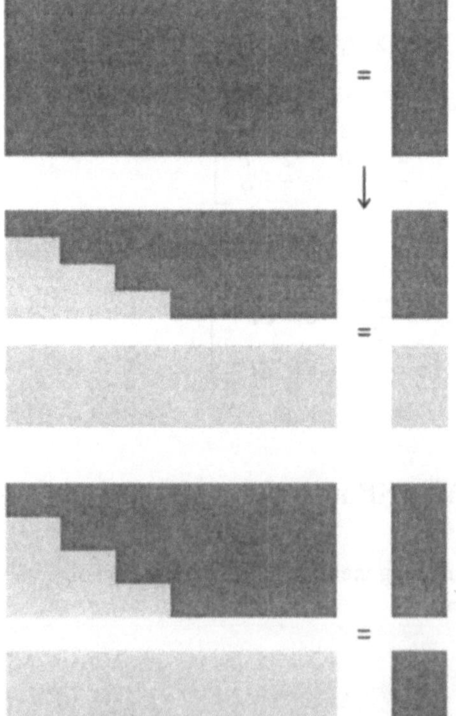

Der Gaußsche Algorithmus - lösbares System. (Helle Felder sind mit Nullen besetzt).

Der Gaußsche Algorithmus - nicht lösbares System. (Helle Felder sind mit Nullen besetzt).

Diese Form gestattet es, den Lösungsraum bequem darzustellen.

Lösung eines linearen Gleichungssystems

Falls eine der Konstanten $b_{r+1}^{(r)}, \ldots, b_m^{(r)}$ ungleich Null ist, ist das Rangkriterium verletzt, und das Gleichungssystem besitzt keine Lösung.
Falls jedoch: $b_{r+1}^{(r)} = \cdots = b_m^{(r)} = 0$ setzt man mit beliebigen Skalaren aus $\mathbb{K}$

$$x_{r+1} = \lambda_{r+1}, x_{r+1} = \lambda_{r+1}, \ldots, x_n = \lambda_n$$

und berechnet die $x_1, \ldots, x_r$ aus den ersten r Gleichungen.

Gaußschen Algorithmus durchführen, Lösbarkeit prüfen

Aufgabe 5.6 Mit dem Gaußschen Algorithmus prüfe man, ob das folgende System lösbar ist:

$$\begin{aligned} 2x_1 + 2x_2 - 4x_3 &= 8, \\ -3x_1 - x_2 + x_3 &= 1, \\ x_1 + 3x_2 - 7x_3 &= 5. \end{aligned}$$

Lösung: Mit

$$A = \begin{pmatrix} 2 & 2 & -4 \\ -3 & -1 & 1 \\ 1 & 3 & -7 \end{pmatrix}, \quad \vec{b} = (8, 1, 5),$$

bilden wir zuerst die erweiterte Matrix $(A|\vec{b}^T)$:

$$(A|\vec{b}^T) = \begin{pmatrix} 2 & 2 & -4 & 8 \\ -3 & -1 & 1 & 1 \\ 1 & 3 & -7 & 5 \end{pmatrix}.$$

Der erste Schritt des Gaußschen Algorithmus ergibt:

$$\begin{pmatrix} 1 & 1 & -2 & 4 \\ -3 & -1 & 1 & 1 \\ 1 & 3 & -7 & 5 \end{pmatrix},$$

$$\begin{pmatrix} 1 & 1 & -2 & 4 \\ 0 & 2 & -5 & 13 \\ 0 & 2 & -5 & 1 \end{pmatrix}.$$

Der zweite Schritt des Gaußschen Algorithmus ergibt:

$$\begin{pmatrix} 1 & 1 & -2 & 4 \\ 0 & 1 & -\frac{5}{2} & \frac{5}{2} \\ 0 & 2 & -5 & 1 \end{pmatrix},$$

$$\begin{pmatrix} 1 & 1 & -2 & 4 \\ 0 & 1 & -\frac{5}{2} & \frac{13}{2} \\ 0 & 0 & 0 & -12 \end{pmatrix}.$$

Diese letzte lösungsäquivalente Form zeigt, daß das vorliegende System keine Lösung besitzt.

Wie bei der Rangbestimmung gehen wir auch beim Gaußschen Algorithmus schematisch vor:

A			$\vec{b}^{\,T}$	
2	2	−4	8	
−3	−1	1	1	
1	3	−7	5	
1	1	−2	4	$\frac{1}{2}\vec{z}_1$
−3	−1	1	1	
1	3	−7	5	
1	1	−2	4	
0	2	−5	13	$\vec{z}_2 + 3\vec{z}_1$
0	2	−5	1	$\vec{z}_3 - \vec{z}_1$
1	1	−2	4	
0	1	$-\frac{5}{2}$	$\frac{13}{2}$	$\frac{1}{2}\vec{z}_2$
0	2	−5	1	
1	1	−2	4	
0	1	$-\frac{5}{2}$	$-\frac{13}{2}$	
0	0	0	−12	$\vec{z}_3 - 2\vec{z}_2$

LinearSolve

Mathematica: Zur Lösung linearer Gleichungssysteme wird die Funktion LinearSolve bereitgestellt. Man gibt die Matrix und die rechte Seite (als Zeilenvektor) ein. Ist das System nicht lösbar, wird es von LinearSolve zurückgegeben.

A = {{2, 2, −4}, {−3, −1, 1}, {1, 3, −7}}; MatrixForm[A]

$$\begin{pmatrix} 2 & 2 & -4 \\ -3 & -1 & 1 \\ 1 & 3 & -7 \end{pmatrix}$$

b = {8, 1, 5}

{8, 1, 5}

LinearSolve[A, b]

LinearSolve[{{2, 2, −4}, {−3, −1, 1}, {1, 3, −7}}, {8, 1, 5}]

AE = Transpose[Append[Transpose[A], b]]; MatrixForm[AE]

$$\begin{pmatrix} 2 & 2 & -4 & 8 \\ -3 & -1 & 1 & 1 \\ 1 & 3 & -7 & 5 \end{pmatrix}$$

MatrixForm[RowReduce[AE]]

$$\begin{pmatrix} 1 & 0 & \frac{1}{2} & 0 \\ 0 & 1 & -\frac{5}{2} & 0 \\ 0 & 0 & 0 & 1 \end{pmatrix}$$

Maple: Zur Lösung linearer Gleichungssysteme wird die Funktion Linsolve (in dem Paket Linalg) bereitgestellt. Man gibt die Matrix und die rechte Seite (als Zeilenvektor) ein. Ist das System nicht lösbar, wird es von Linsolve zurückgegeben.

`linsolve`

```
> A:=matrix(3,3,[2,2,-4,-3,-1,1,1,3,-7]);
```

$$A := \begin{bmatrix} 2 & 2 & -4 \\ -3 & -1 & 1 \\ 1 & 3 & -7 \end{bmatrix}$$

```
> b:=[8,1,5];
```

$$b := [8, 1, 5]$$

```
> linsolve(A,b);
> AE:=concat(A,b);
```

$$AE := \begin{bmatrix} 2 & 2 & -4 & 8 \\ -3 & -1 & 1 & 1 \\ 1 & 3 & -7 & 5 \end{bmatrix}$$

```
> rref(AE);
```

$$\begin{bmatrix} 1 & 0 & \frac{1}{2} & 0 \\ 0 & 1 & \frac{-5}{2} & 0 \\ 0 & 0 & 0 & 1 \end{bmatrix}$$

Aufgabe 5.7 Ist das folgende lineare Gleichungssystem lösbar:

Gaußschen Algorithmus (Rechenschema) durchführen, Lösbarkeit prüfen

$$\begin{pmatrix} 0 & 1 & i & 1 \\ i & 3 & 0 & 1 \\ -1 & 1+3i & i & 1+i \end{pmatrix} \begin{pmatrix} x_1 \\ x_2 \\ x_3 \\ x_4 \end{pmatrix} = \begin{pmatrix} 10i \\ 0 \\ -3 \end{pmatrix}.$$

Lösung: Gemäß dem Gaußschen Algorithmus formen wir die erweiterte Matrix

$$\begin{pmatrix} 0 & 1 & i & 1 & 10i \\ i & 3 & 0 & 1 & 0 \\ -1 & 1+3i & i & 1+i & -3 \end{pmatrix}$$

um und bekommen:

A				$\vec{b}^T$	
0	1	i	1	$10\,i$	
i	3	0	1	0	
-1	$1+3\,i$	i	$1+i$	-3	
1	$-1-3\,i$	$-i$	$-1-i$	3	$-\vec{z}_3$
0	1	i	1	$10\,i$	$\vec{z}_1$
i	3	0	1	0	$\vec{z}_2$
1	$-1-3\,i$	$-i$	$-1-i$	3	
0	1	i	1	$10\,i$	
0	i	-1	i	$-3\,i$	$\vec{z}_3 - i\,\vec{z}_1$
1	$-1-3\,i$	$-i$	$-1-i$	3	
0	1	i	1	$10\,i$	
0	0	0	0	$10-3\,i$	$\vec{z}_3 - i\,\vec{z}_2$

Damit besitzt das System keine Lösung.

Mathematica:

$A = \{\{0, 1, i, 1\}, \{i, 3, 0, 1\}, \{-1, 1+3*i, i, 1+i\}\};$
MatrixForm[A**]**

$$\begin{pmatrix} 0 & 1 & i & 1 \\ i & 3 & 0 & 1 \\ -1 & 1+3i & i & 1+i \end{pmatrix}$$

b = {10i, 0, 3}

$\{10i, 0, 3\}$

LinearSolve[A, b]

LinearSolve[$\{\{0, 1, i, 1\}, \{i, 3, 0, 1\}, \{-1, 1+3i, i, 1+i\}\}$,
$\{10i, 0, 3\}$**]**

AE = Transpose[Append[Transpose[A], b]]; MatrixForm[AE]

$$\begin{pmatrix} 0 & 1 & i & 1 & 10i \\ i & 3 & 0 & 1 & 0 \\ -1 & 1+3i & i & 1+i & 3 \end{pmatrix}$$

MatrixForm[RowReduce[AE]]

$$\begin{pmatrix} 1 & 0 & -3 & 2i & 0 \\ 0 & 1 & i & 1 & 0 \\ 0 & 0 & 0 & 0 & 1 \end{pmatrix}$$

Maple:

```
> A:=matrix(3,4,[0,1,I,1,I,3,0,1,-1,1+3*I,I,1+I]);
```

$$A := \begin{bmatrix} 0 & 1 & I & 1 \\ I & 3 & 0 & 1 \\ -1 & 1+3I & I & 1+I \end{bmatrix}$$

```
> b:=[10*I,0,-3];
```

$$b := [10\,I,\ 0,\ -3]$$

```
> linsolve(A,b);
> AE:=concat(A,b);
```

$$AE := \begin{bmatrix} 0 & 1 & I & 1 & 10\,I \\ I & 3 & 0 & 1 & 0 \\ -1 & 1+3I & I & 1+I & -3 \end{bmatrix}$$

```
> rref(AE);
```

$$\begin{bmatrix} 1 & 0 & -3 & 2I & 0 \\ 0 & 1 & I & 1 & 0 \\ 0 & 0 & 0 & 0 & 1 \end{bmatrix}$$

Aufgabe 5.8 Man löse das System:

Inhomogenes System mit Gaußschem Algorithmus lösen, eine Basis des Lösungsraumes des homogenen Systems angeben

$$\begin{aligned} 3x_1 + x_2 - 2x_3 &= 3\,, \\ 24x_1 + 10x_2 - 13x_3 &= 25\,, \\ -6x_1 - 4x_2 + x_3 &= -7\,, \end{aligned}$$

und bestimme eine Basis des Lösungsraumes des homogenen Systems.

Lösung: Wir bilden wieder mit

$$A = \begin{pmatrix} 3 & 1 & -2 \\ 24 & 10 & -13 \\ -6 & -4 & 1 \end{pmatrix}, \quad \vec{b} = (3, 25, -7)\,,$$

die erweiterte Matrix:

$$(A|\vec{b}^T) = \begin{pmatrix} 3 & 1 & -2 & 3 \\ 24 & 10 & -13 & 25 \\ -6 & -4 & 1 & -7 \end{pmatrix}.$$

Der Gaußsche Algorithmus wird nun schematisch ausgeführt:

A			$\vec{b}^T$	
3	1	−2	3	
24	10	−13	25	
−6	−4	1	−7	
1	$\frac{1}{3}$	$-\frac{2}{3}$	1	$\frac{1}{3}\vec{z}_1$
24	10	−13	25	
−6	−4	1	−7	
1	$\frac{1}{3}$	$-\frac{2}{3}$	1	
0	2	3	1	$\vec{z}_2 - 24\vec{z}_1$
0	−2	−3	−1	$\vec{z}_3 + 6\vec{z}_1$
1	$\frac{1}{3}$	$-\frac{2}{3}$	1	
0	1	$\frac{3}{2}$	$\frac{1}{2}$	$\frac{1}{2}\vec{z}_2$
0	−2	−3	−1	
1	$\frac{1}{3}$	$-\frac{2}{3}$	1	
0	1	$\frac{3}{2}$	$\frac{1}{2}$	
0	0	0	0	$\vec{z}_3 + 2\vec{z}_2$

Diese lösungsäquivalente Form zeigt $\text{Rg}(A) = \text{Rg}(A \,|\, \vec{b}^T) = 2$, so daß das System einen linearen Teilraum der Dimension 1 als Lösungsraum besitzt. Wir beschreiben ihn durch

$$\begin{aligned} x_1 &= \frac{5}{6} + \frac{7}{6}\lambda_3\,, \\ x_2 &= \frac{1}{2} - \frac{3}{2}\lambda_3\,, \\ x_3 &= \lambda_3\,, \end{aligned}$$

bzw. durch

$$\vec{x} = \left(\frac{5}{6}, \frac{1}{2}, 0\right) + \lambda_3 \left(\frac{7}{6}, -\frac{3}{2}, 1\right).$$

Die Lösung des homogenen Systems kann man auch hieraus entnehmen:

$$\vec{x} = \lambda_3 \left(\frac{7}{6}, -\frac{3}{2}, 1\right).$$

Der Vektor $\left(\frac{7}{6}, -\frac{3}{2}, 1\right)$ stellt eine Basis des Lösungsraumes dar.

LinearSolve
Nullspace

Mathematica: Ist ein inhomogenes System lösbar, so liefert LinearSolve eine spezielle Lösung des inhomogenen Systems. Eine Basis des Lösungsraumes eines homogenen Systems erhält man mit Nullspace.

A = {{3, 1, −2}, {24, 10, −13}, {−6, −4, 1}}; MatrixForm[A]

$$\begin{pmatrix} 3 & 1 & -2 \\ 24 & 10 & -13 \\ -6 & -4 & 1 \end{pmatrix}$$

b = {3, 25, −7}

{3, 25, −7}

LinearSolve[A, b]

$\{\frac{5}{6}, \frac{1}{2}, 0\}$

NullSpace[A]

{{7, −9, 6}}

Maple: Ist ein inhomogenes System lösbar, so liefert Linsolve die allgemeine Lösung des inhomogenen Systems. Eine Basis des Lösungsraumes eines homogenen Systems erhält man mit Nullspace.

linsolve
nullspace

```
> with(linalg);
> A:=matrix(3,3,[3,1,-2,24,10,-13,-6,-4,1]);
```

$$A := \begin{bmatrix} 3 & 1 & -2 \\ 24 & 10 & -13 \\ -6 & -4 & 1 \end{bmatrix}$$

```
> b:=[3,25,-7];
```

$$b := [3, 25, -7]$$

```
> linsolve(A,b);
```

$$\left[\frac{5}{6} + \frac{7}{6}\_t_1, \frac{1}{2} - \frac{3}{2}\_t_1, \_t_1\right]$$

```
> nullspace(A);
```

$$\left\{\left[\frac{7}{6}, \frac{-3}{2}, 1\right]\right\}$$

Aufgabe 5.9 Für welche $a \in \mathbb{C}$ und $\vec{b} = (b_1, b_2, b_3) \in \mathbb{C}^3$ wird das folgende System lösbar:

Lösbarkeit eines linearen Gleichungssystems in Abhängigkeit von einem Parameter und der rechten Seite prüfen

$$\begin{aligned} x_1 + x_3 &= b_1, \\ a\,x_1 + 2x_2 + 2\,x_3 &= b_2, \\ x_2 + a\,x_3 &= b_3, \end{aligned}$$

und wie lautet die Lösung?

Lösung: Die erweiterte Matrix des Systems lautet:

$$A \,|\, \vec{b}^T = \begin{pmatrix} 1 & 0 & 1 & b_1 \\ a & 2 & 2 & b_2 \\ 0 & 1 & a & b_3 \end{pmatrix}.$$

Umformen nach dem Gaußschen Algorithmus ergibt:

A			$\vec{b}^T$	
1	0	1	b_1	
a	2	2	b_2	
0	1	a	b_3	
1	0	1	b_1	
0	2	$2-a$	$-a\,b_1+b_2$	$\vec{z}_2 - a\,\vec{z}_1$
0	1	a	b_3	
1	0	1	b_1	
0	1	$\frac{2-a}{2}$	$\frac{-a\,b_1+b_2}{2}$	$\frac{1}{2}\,\vec{z}_2$
0	1	a	b_3	
1	0	1	b_1	
0	1	$\frac{2-a}{2}$	$\frac{-a\,b_1+b_2}{2}$	
0	0	$\frac{2-3\,a}{2}$	$\frac{a\,b_1+b_2-2\,b_3}{2}$	$\vec{z}_3 - \vec{z}_2$

Dieser lösungsäquivalenten Form des Systems entnehmen wir Folgendes:
Der Rang von A ist gleich 3 mit Ausnahme des Falles, wo $1-\frac{3}{2}a=0 \Leftrightarrow a=\frac{2}{3}$.
Falls $a \neq \frac{2}{3}$ besitzt das inhomogene System stets genau eine Lösung:

$$\vec{x} = \left(\frac{(-2+2a)b_1+b_2-2b_3}{-2+3a}, \frac{-a^2b_1+ab_2+(-2+a)b_3}{-2+3a}, \frac{ab_1-b_2+2b_3}{-2+3a}\right)$$

Falls $a=\frac{2}{3}$ ist das inhomogene System dann und nur dann lösbar, wenn die Beziehung $\frac{1}{3}\,b_1-\frac{1}{2}\,b_2+b_3=0$ erfüllt ist. Die Lösung des inhomogenen Systems lautet dann:

$$\begin{aligned}
\vec{x} &= \left(\frac{3}{2}b_2-3b_3-\lambda_3\,,\, b_3-\frac{2}{3}\lambda_3\,,\,\lambda_3\right)\\
&= \left(b_1-\lambda_3\,,\,-\frac{1}{3}b_1+\frac{1}{2}b_2-\frac{2}{3}\lambda_3\,,\,\lambda_3\right)\\
&= \left(b_1\,,\,-\frac{1}{3}b_1+\frac{1}{2}b_2\,,\,0\right)+\lambda_3\left(-1\,,\,-\frac{2}{3}\,,\,1\right).
\end{aligned}$$

Mathematica:

A = {{1, 0, 1}, {a, 2, 2}, {0, 1, a}}; MatrixForm[A]

$$\begin{pmatrix} 1 & 0 & 1 \\ a & 2 & 2 \\ 0 & 1 & a \end{pmatrix}$$

b = {b1, b2, b3}

{b1, b2, b3}

LinearSolve[A, b]

$$\left\{\frac{-2b1+2ab1+b2-2b3}{-2+3a}, \frac{-a^2b1+ab2-2b3+ab3}{-2+3a}, \frac{ab1-b2+2b3}{-2+3a}\right\}$$

NullSpace[A]

{}

$$\mathbf{a} = \frac{\mathbf{2}}{\mathbf{3}}$$

$$\frac{2}{3}$$

LinearSolve[A, b]

$$\mathbf{LinearSolve}\left[\left\{\{1,0,1\},\left\{\frac{2}{3},2,2\right\},\left\{0,1,\frac{2}{3}\right\}\right\},\{\mathbf{b1},\mathbf{b2},\mathbf{b3}\}\right]$$

Maple:

```
> with(linalg);
> A:=matrix(3,3,[1,0,1,a,2,2,0,1,a]);
```

$$A := \begin{bmatrix} 1 & 0 & 1 \\ a & 2 & 2 \\ 0 & 1 & a \end{bmatrix}$$

```
> b:=[b1,b2,b3];
```

$$b := [b1,\ b2,\ b3]$$

```
> linsolve(A,b);
```

$$\left[\frac{b2+2\,a\,b1-2\,b3-2\,b1}{-2+3\,a},\ -\frac{-a\,b2+a^2\,b1-a\,b3+2\,b3}{-2+3\,a},\ \frac{-b2+a\,b1+2\,b3}{-2+3\,a}\right]$$

```
> nullspace(A);
```

{}

```
> a:=2/3;
```

$$a := \frac{2}{3}$$

```
> linsolve(A,b);
Error, (in solve/linear/sparse) division by zero
```

Aufgabe 5.10 Man löse das folgende Gleichungssystem mit dem Gaußschen Algorithmus:

Inhomogenes System mit Gaußschem Algorithmus lösen, eine Basis des Lösungsraumes des homogenen Systems angeben

$$\begin{array}{lllll} 2\,x_1 & +x_2 & +3\,x_3 & & +2\,x_5 & =2\,, \\ 3\,x_1 & & +x_3 & +x_4 & +x_5 & =0\,, \\ x_1 & +2\,x_2 & -2\,x_3 & & +5\,x_5 & =2\,. \end{array}$$

Man gebe eine Basis des Lösungsraumes des homogenen Systems an.

Lösung: Durch schematisches Umformen ergibt sich:

A					$\vec{b}^T$	
2	1	3	0	2	2	
3	0	1	1	1	0	
1	2	−2	0	5	2	
1	2	−2	0	5	2	$\vec{z}_3$
3	0	1	1	1	0	
2	1	3	0	2	2	$\vec{z}_1$
1	2	−2	0	5	2	
0	−6	7	1	−14	−6	$\vec{z}_2 - 3\vec{z}_1$
0	−3	7	0	−8	−2	$\vec{z}_3 - 2\vec{z}_1$
1	2	−2	0	5	2	
0	1	$-\frac{7}{6}$	$-\frac{1}{6}$	$\frac{7}{3}$	1	$-\frac{1}{6}\vec{z}_2$
0	0	$\frac{7}{2}$	$-\frac{1}{2}$	−1	1	$\vec{z}_3 - \frac{1}{2}\vec{z}_2$
1	2	−2	0	5	2	
0	1	$-\frac{7}{6}$	$-\frac{1}{6}$	$\frac{7}{3}$	1	
0	0	1	$-\frac{1}{7}$	$-\frac{2}{7}$	$\frac{2}{7}$	$\frac{2}{7}\vec{z}_3$

Der Rang der Systemmatrix beträgt 3 und der Lösungsraum des homogenen Systems hat die Dimension 2.

Mit beliebigen λ_4 und λ_5 bekommt man durch Rückwärtsauflösen als Lösung des inhomogenen Systems:

$$\begin{aligned} x_5 &= \lambda_5\,, \\ x_4 &= \lambda_4\,, \\ x_3 &= \frac{2}{7} + \frac{1}{7}\lambda_4 + \frac{2}{7}\lambda_5\,, \\ x_2 &= \frac{4}{3} + \frac{1}{3}\lambda_4 - 2\lambda_5\,, \\ x_1 &= -\frac{2}{21} - \frac{8}{21}\lambda_4 - \frac{3}{7}\lambda_5\,. \end{aligned}$$

Hieraus kann man auch sofort folgende Basis des Lösungsraumes des homogenen Systems ablesen:

$$\left(-\frac{8}{21}, \frac{1}{3}, \frac{1}{7}, 1, 0\right), \left(-\frac{3}{7}, -2, \frac{2}{7}, 0, 1\right).$$

Mathematica:

$A = \{\{2, 1, 3, 0, 2\}, \{3, 0, 1, 1, 1\}, \{1, 2, -2, 0, 5\}\};$

MatrixForm[A]

$$\begin{pmatrix} 2 & 1 & 3 & 0 & 2 \\ 3 & 0 & 1 & 1 & 1 \\ 1 & 2 & -2 & 0 & 5 \end{pmatrix}$$

b = {2, 0, 2}

$$\{2, 0, 2\}$$

LinearSolve[A, b]

$$\{-\frac{2}{21}, \frac{4}{3}, \frac{2}{7}, 0, 0\}$$

NullSpace[A]

$$\{\{-3, -14, 2, 0, 7\}, \{-8, 7, 3, 21, 0\}\}$$

Maple:

```
> with(linalg);
> A:=matrix(3,5,[2,1,3,0,2,3,0,1,1,1,1,2,-2,0,5]);
```

$$A := \begin{bmatrix} 2 & 1 & 3 & 0 & 2 \\ 3 & 0 & 1 & 1 & 1 \\ 1 & 2 & -2 & 0 & 5 \end{bmatrix}$$

```
> b:=[2,0,2];
```

$$b := [2, 0, 2]$$

```
> linsolve(A,b);
```

$$\left[\_t_1, -\frac{7}{8}\_t_1 + \frac{5}{4} - \frac{19}{8}\_t_2, -\frac{3}{8}\_t_1 + \frac{1}{4} + \frac{1}{8}\_t_2, -\frac{21}{8}\_t_1 - \frac{1}{4} - \frac{9}{8}\_t_2, \_t_2\right]$$

```
> nullspace(A);
```

$$\{[1, -8, 0, -6, 3], [0, -19, 1, -9, 8]\}$$

5.3 Determinanten

Wir beginnen mit Determinanten von 2×2- und 3×3-Matrizen mit Elementen aus $\mathbb{C}$.

Determinante einer 2×2-Matrix

Die Determinante der 2×2-Matrix

$$A = \begin{pmatrix} a_{11} & a_{12} \\ a_{21} & a_{22} \end{pmatrix}$$

wird erklärt durch:

$$\det(A) = \begin{vmatrix} a_{11} & a_{12} \\ a_{21} & a_{22} \end{vmatrix} = a_{11}a_{22} - a_{12}a_{21}\,.$$

Die Determinante einer 3×3-Matrix merkt man sich am besten mit der Sarrusschen Regel.

Die Determinante der 3×3-Matrix

$$A = \begin{pmatrix} a_{11} & a_{12} & a_{13} \\ a_{21} & a_{22} & a_{23} \\ a_{21} & a_{22} & a_{23} \end{pmatrix}$$

wird erklärt durch:

Determinante einer 3×3-Matrix, Sarrussche Regel

$$\begin{aligned} \det(A) &= \begin{vmatrix} a_{11} & a_{12} & a_{13} \\ a_{21} & a_{22} & a_{23} \\ a_{31} & a_{32} & a_{33} \end{vmatrix} \\ &= a_{11}a_{22}a_{33} + a_{12}a_{23}a_{31} + a_{13}a_{21}a_{32} \\ &\quad -a_{13}a_{22}a_{31} - a_{11}a_{23}a_{32} - a_{12}a_{21}a_{33} \\ &= \end{aligned}$$

$$\begin{array}{ccc|cc} a_{11} & a_{12} & a_{13} & a_{11} & a_{12} \\ a_{21} & a_{22} & a_{23} & a_{21} & a_{22} \\ a_{31} & a_{32} & a_{33} & a_{31} & a_{32} \\ + & + & + & - & - \quad - \end{array}$$

Mit dem Begriff der Adjunkte erklären wir Determinanten von $n \times n$-Matrizen.

Sei

$$A = \begin{pmatrix} a_{11} & \cdots & a_{1n} \\ \vdots & \vdots & \vdots \\ a_{n1} & \cdots & a_{nn} \end{pmatrix}$$

eine $n \times n$-Matrix mit Elementen aus $\mathbb{C}$. Durch Streichen der i-ten Zeile und der k-ten Spalte entsteht eine $(n-1) \times (n-1)$-Matrix:

Adjunkte

$$B_{ik} = \begin{pmatrix} a_{11} & \cdots & a_{1,k-1} & a_{1,k+1} & \cdots & a_{1n} \\ \vdots & \cdots & \vdots & \vdots & \cdots & \vdots \\ a_{i-1,1} & \cdots & a_{i-1,k-1} & a_{i-1,k+1} & \cdots & a_{i-1,n} \\ a_{i+1,1} & \cdots & a_{i+1,k-1} & a_{i+1,k+1} & \cdots & a_{i+1,n} \\ \vdots & \cdots & \vdots & \vdots & \cdots & \vdots \\ a_{n1} & \cdots & a_{n,k-1} & a_{n,k+1} & \cdots & a_{nn} \end{pmatrix}.$$

Die komplexe Zahl

$$A_{ik} = (-1)^{i+k} \det(B_{ik})$$

heißt Adjunkte des Matrixelements a_{ik}.

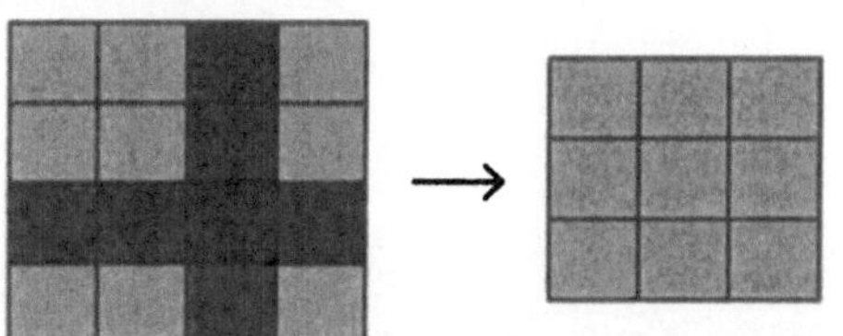

Bildung der Adjunkte des Elements $a_{3,3}$ einer 4×4-Matrix

Mit den Adjunkten der Elemente einer Zeile oder einer Spalte bekommen wir.

Berechnen einer Determinante durch Entwickeln nach einer Zeile oder Spalte

Die Determinante einer $n \times n$-Matrix läßt sich folgendermaßen auf die Berechnung von Determinanten von $(n-1) \times (n-1)$-Matrizen zurückführen:

$$\det(A) = \sum_{k=1}^{n} a_{ik} A_{ik}, \quad 1 \leq i \leq n,$$

(Entwickeln nach der i-ten Zeile) und

$$\det(A) = \sum_{i=1}^{n} a_{ik} A_{ik}, \quad 1 \leq k \leq n,$$

(Entwickeln nach der k-ten Spalte).

Wir stellen einige wichtige Eigenschaften der Determinante zusammen.

Eigenschaften der Determinante

Seien E die $n \times n$-Einheitsmatrix und A, B $n \times n$-Matrizen. Dann gilt:

1.) $\det(E) = 1$,

2.) $\det(A^T) = \det(A)$,

3.) $\det(A\,B) = \det(A)\,\det(B)$,

4.) $\det(A) = \begin{cases} 0 & \text{, falls A nicht invertierbar} \\ \neq 0 & \text{, falls A invertierbar} \end{cases}$

5.) $\det(A^{(-1)}) = \dfrac{1}{\det(A)}$, falls $\det(A) \neq 0$.

Wir beschreiben die Determinante noch als multilineare Abbildung.

Alternierende Multilinearform

Die Determinante stellt eine alternierende Multilinearform ihrer Spaltenvektoren dar:

1.) det ist in jedem Argument linear:

$$\det(\vec{s}_1, \ldots, \lambda\vec{s}_i + \mu\vec{s}_i{}', \ldots, \vec{s}_n) =$$

$$\lambda \det(\vec{s}_1, \ldots, \vec{s}_i, \ldots, \vec{s}_n) + \mu \det(\vec{s}_1, \ldots, \vec{s}_i{}', \ldots, \vec{s}_n)$$

für jeden Index $1 \leq i \leq n$.

2.) det ist alternierend:

$$\det(\vec{s}_1, \ldots, \vec{s}_i, \ldots, \vec{s}_k, \ldots, \vec{s}_n) =$$

$$-\det(\vec{s}_1, \ldots, \vec{s}_k, \ldots, \vec{s}_i, \ldots, \vec{s}_n)$$

für je zwei verschiedene Indizes $1 \leq i < k \leq n$.

(Ganz analoge Aussagen gelten für Zeilenvektoren).

Mit Hilfe der Adjunkten läßt sich die inverse Matrix berechnen.

Berechnung der inversen Matrix mit Adjunkten

Die $n \times n$-Matrix $A = \left(a_{jk}\right)_{\substack{j=1,\ldots,n \\ k=1,\ldots,n}}$, habe eine nichtverschwindende Determinante $\det(A) \neq 0$.
Die inverse Matrix A^{-1} hat die Gestalt:

$$A^{-1} = \left(a_{jk}^{(-1)}\right)_{\substack{j=1,\ldots,n \\ k=1,\ldots,n}} = \left(\frac{A_{kj}}{\det(A)}\right)_{\substack{k=1,\ldots,n \\ j=1,\ldots,n}}.$$

Damit bekommen wir die Cramersche Regel.

Cramersche Regel bei einer 4×4-Matrix. Berechnung von x_3

Die $n \times n$-Matrix $A = (a_{jk})_{\substack{j=1,\dots,n \\ k=1,\dots,n}}$, sei regulär. Dann besitzt das lineare Gleichungssystem

$$\begin{array}{ccccccc} a_{11}x_1 & + & a_{12}x_2 & + \cdots + & a_{1n}x_n & = & b_1 \\ a_{21}x_1 & + & a_{22}x_2 & + \cdots + & a_{2n}x_n & = & b_2 \\ \multicolumn{7}{c}{\dotfill} \\ a_{n-1,1}x_1 & + & a_{n-1,2}x_2 & + \cdots + & a_{n-1,n}x_n & = & b_{n-1} \\ a_{n1}x_1 & + & a_{n2}x_2 & + \cdots + & a_{nn}x_n & = & b_n \end{array}$$

genau eine Lösung $\vec{x} = (x_1, \dots, x_n)$:

$$x_k = \frac{1}{\det(A)} \cdot \det \begin{pmatrix} a_{11} & \cdots & a_{1,k-1} & b_1 & a_{1,k+1} & \cdots & a_{1n} \\ \vdots & \cdots & \vdots & \vdots & \vdots & \cdots & \vdots \\ a_{n1} & \cdots & a_{n,k-1} & b_n & a_{n,k+1} & \cdots & a_{nn} \end{pmatrix}.$$

Cramersche Regel

Aufgabe 5.11 Man berechne die folgende Determinante nach der Sarrusschen Regel sowie durch Entwickeln nach der ersten Zeile:

$$\begin{vmatrix} 2 & 4 & 1 \\ i & 2 & 3 \\ 4 & 2 & i \end{vmatrix}$$

Determinante einer 3×3-Matrix mit der Sarrusschen Regel und durch Entwickeln nach der ersten Zeile berechnen

Lösung: Nach der Sarruschen Regel gilt:

$$\begin{vmatrix} 2 & 4 & 1 \\ i & 2 & 3 \\ 4 & 2 & i \end{vmatrix} =$$

$$\begin{array}{ccccc} 2 & 4 & 1 & 2 & 4 \\ i & 2 & 3 & i & 2 \\ 4 & 2 & i & 4 & 2 \\ + & + & + & - & - & - \end{array}$$

$$\begin{aligned} &= 2 \cdot 2 \cdot i + 4 \cdot 3 \cdot 4 + 1 \cdot i \cdot 2 \\ &\quad -4 \cdot 2 \cdot 1 - 2 \cdot 3 \cdot 2 - i \cdot i \cdot 4 \\ &= 32 + 6i\,. \end{aligned}$$

Entwickeln nach der ersten Zeile ergibt:

$$\begin{aligned} \begin{vmatrix} 2 & 4 & 1 \\ i & 2 & 3 \\ 4 & 2 & i \end{vmatrix} &= 2 \begin{vmatrix} 2 & 3 \\ 2 & i \end{vmatrix} - 4 \begin{vmatrix} i & 3 \\ 4 & i \end{vmatrix} + \begin{vmatrix} i & 2 \\ 4 & 2 \end{vmatrix} \\ &= 2\,(2i - 6) - 4\,(i^2 - 12) + (2i - 8) \\ &= 32 + 6i\,. \end{aligned}$$

Det

Mathematica: Determinanten berechnet man mit Det.

$$\text{det}[\{\{\mathbf{2,4,1}\},\{\mathbf{i,2,3}\},\{\mathbf{4,2,i}\}\}]$$

$$32+6\,i$$

det

Maple:

```
> with(linalg):
> det(matrix(3,3,[2,4,1,I,2,3,4,2,I]));
```

$$\text{Det}(\begin{bmatrix} 2 & 4 & 1 \\ I & 2 & 3 \\ 4 & 2 & I \end{bmatrix}) = 32+6\,I$$

Berechnen der Determinante einer 4 × 4-Matrix durch Entwickeln nach der zweiten Spalte

Aufgabe 5.12 Man berechne folgende Determinante durch Entwickeln nach der zweiten Spalte:

$$\begin{vmatrix} 4 & 1 & 2 & 0 \\ 0 & 3 & 4 & 1 \\ 2 & 1 & 0 & i \\ 1 & 0 & 3 & 4 \end{vmatrix}$$

Lösung: Entwickeln nach der zweiten Spalte ergibt:

$$\begin{vmatrix} 4 & 1 & 2 & 0 \\ 0 & 3 & 4 & 1 \\ 2 & 1 & 0 & i \\ 1 & 0 & 3 & 4 \end{vmatrix} = -\begin{vmatrix} 0 & 4 & 1 \\ 2 & 0 & i \\ 1 & 3 & 4 \end{vmatrix} + 3\begin{vmatrix} 4 & 2 & 0 \\ 2 & 0 & i \\ 1 & 3 & 4 \end{vmatrix} - \begin{vmatrix} 4 & 2 & 0 \\ 0 & 4 & 1 \\ 1 & 3 & 4 \end{vmatrix}$$

$$= 26-4\,i-48-30\,i+54$$

$$= -76-34\,i\,.$$

Mathematica:

$$A = \{\{4,1,2,0\},\{0,3,4,1\},\{2,1,0,i\},\{1,0,3,4\}\};$$

MatrixForm[A**]**

$$\begin{pmatrix} 4 & 1 & 2 & 0 \\ 0 & 3 & 4 & 1 \\ 2 & 1 & 0 & i \\ 1 & 0 & 3 & 4 \end{pmatrix}$$

$$\text{det}[\mathbf{A}]$$

$$-76-34\,i$$

B21 = {{0, 4, 1}, {2, 0, i}, {1, 3, 4}}; MatrixForm[B21]

$$\begin{pmatrix} 0 & 4 & 1 \\ 2 & 0 & i \\ 1 & 3 & 4 \end{pmatrix}$$

B22 = {{4, 2, 0}, {2, 0, i}, {1, 3, 4}}; MatrixForm[B22]

$$\begin{pmatrix} 4 & 2 & 0 \\ 2 & 0 & i \\ 1 & 3 & 4 \end{pmatrix}$$

B23 = {{4, 2, 0}, {0, 4, 1}, {1, 3, 4}}; MatrixForm[B23]

$$\begin{pmatrix} 4 & 2 & 0 \\ 0 & 4 & 1 \\ 1 & 3 & 4 \end{pmatrix}$$

− det[B21] + 3 det[B22] − det[B23]

$$-76 - 34\,i$$

Maple:

```
with(linalg);
> A:=matrix(4,4,[4,1,2,0,0,3,4,1,2,1,0,I,1,0,3,4]);
```

$$A := \begin{bmatrix} 4 & 1 & 2 & 0 \\ 0 & 3 & 4 & 1 \\ 2 & 1 & 0 & I \\ 1 & 0 & 3 & 4 \end{bmatrix}$$

```
> Det(A)=det(A);
```

$$\mathrm{Det}(A) = -76 - 34\,I$$

```
> -det(matrix(3,3,[0,4,1,2,0,I,1,3,4]))
> +3*det(matrix(3,3,[4,2,0,2,0,I,1,3,4]))
> -det(matrix(3,3,[4,2,0,0,4,1,1,3,4]));
```

$$-\mathrm{Det}\begin{bmatrix} 0 & 4 & 1 \\ 2 & 0 & I \\ 1 & 3 & 4 \end{bmatrix} + 3\,\mathrm{Det}\begin{bmatrix} 4 & 2 & 0 \\ 2 & 0 & I \\ 1 & 3 & 4 \end{bmatrix} - \mathrm{Det}\begin{bmatrix} 4 & 2 & 0 \\ 0 & 4 & 1 \\ 1 & 3 & 4 \end{bmatrix}$$
$$= -76 - 34\,I$$

Aufgabe 5.13 Man berechne die Determinanten folgender Matrizen:

Entwicklungssatz und Sarrusche Regel anwenden

(a)

$$\begin{pmatrix} 0 & a & 0 & b \\ -a & 0 & c & 0 \\ 0 & -c & 0 & d \\ -b & 0 & -d & 0 \end{pmatrix},$$

(b)

$$\begin{pmatrix} \sin(\alpha)\,\cos(\beta) & \sin(\alpha)\,\sin(\beta) & \cos(\alpha) \\ r\,\cos(\alpha)\,\cos(\beta) & r\,\cos(\alpha)\,\sin(\beta) & -r\,\sin(\alpha) \\ -r\,\sin(\alpha)\,\sin(\beta) & r\,\sin(\alpha)\,\cos(\beta) & 0 \end{pmatrix},$$

$a, b, c, d, \alpha, \beta \in \mathbb{R}$.

Lösung: **(a)** Entwicklung nach der ersten Zeile ergibt:

$$\begin{aligned}\begin{vmatrix} 0 & a & 0 & b \\ -a & 0 & c & 0 \\ 0 & -c & 0 & d \\ -b & 0 & -d & 0 \end{vmatrix} &= -a \begin{vmatrix} -a & c & 0 \\ 0 & 0 & d \\ -b & -d & 0 \end{vmatrix} - b \begin{vmatrix} -a & 0 & c \\ 0 & -c & 0 \\ -b & 0 & 0 \end{vmatrix} \\ &= a\,b\,c\,d + a^2\,d^2 + a\,b\,c\,d + c^2\,b^2 \\ &= 2\,a\,b\,c\,da^2\,d^2 + 2\,a\,b\,c\,d + c^2\,b^2 .\end{aligned}$$

Mathematica:

$A = \{\{0, a, 0, b\}, \{-a, 0, c, 0\}, \{0, -c, 0, d\}, \{-b, 0, -d, 0\}\};$
MatrixForm$[A]$

$$\begin{pmatrix} 0 & a & 0 & b \\ -a & 0 & c & 0 \\ 0 & -c & 0 & d \\ -b & 0 & -d & 0 \end{pmatrix}$$

det[**A**]

$$b^2\,c^2 + 2\,a\,b\,c\,d + a^2\,d^2$$

Maple:

```
> with(linalg);
> det(matrix(4,4,[0,a,0,b,-a,0,c,0,0,-c,0,d,-b,0,-d,0]));
```

$$\text{Det}\left(\begin{bmatrix} 0 & a & 0 & b \\ -a & 0 & c & 0 \\ 0 & -c & 0 & d \\ -b & 0 & -d & 0 \end{bmatrix}\right) = a^2\,d^2 + 2\,a\,c\,b\,d + c^2\,b^2$$

Lösung: **(b)** Mit der Sarrusschen Regel bekommen wir:

$$\begin{aligned}&\begin{vmatrix} \sin(\alpha)\cos(\beta) & \sin(\alpha)\sin(\beta) & \cos(\alpha) \\ r\cos(\alpha)\cos(\beta) & r\cos(\alpha)\sin(\beta) & -r\sin(\alpha) \\ -r\sin(\alpha)\sin(\beta) & r\sin(\alpha)\cos(\beta) & 0 \end{vmatrix} \\ &= r^2\,(\sin(\alpha))^3\,(\sin(\beta))^2 + r^2\sin(\alpha)\,(\cos(\alpha))^2\,(\cos(\beta))^2 \\ &\quad + r^2\sin(\alpha)\,(\cos(\alpha))^2\,(\sin(\beta))^2 + r^2\,(\sin(\alpha))^3\,(\cos(\beta))^2 \\ &= r^2\,(\sin(\alpha))^3 + r^2\sin(\alpha)\,(\cos(\alpha))^2 \\ &= r^2\sin(\alpha) .\end{aligned}$$

Mathematica:

$$
\begin{aligned}
A = \{&\{\sin[\alpha]\ \cos[\beta], \sin[\alpha]\ \sin[\beta], \cos[\alpha]\},\\
&\{r\ \cos[\alpha]\ \cos[\beta],\\
&\quad r\ \cos[\alpha]\ \sin[\beta], -r\ \sin[\alpha]\},\\
&\{-r\ \sin[\alpha]\ \sin[\beta], r\ \sin[\alpha]\ \cos[\beta], 0\}\};
\end{aligned}
$$

MatrixForm[A]

$$
\begin{pmatrix}
\cos[\beta]\ \sin[\alpha] & \sin[\alpha]\ \sin[\beta] & \cos[\alpha] \\
r\ \cos[\alpha]\ \cos[\beta] & r\ \cos[\alpha]\ \sin[\beta] & -r\ \sin[\alpha] \\
-r\ \sin[\alpha]\ \sin[\beta] & r\ \cos[\beta]\ \sin[\alpha] & 0
\end{pmatrix}
$$

Simplify[det[**A**]]

$$r^2\ \sin[\alpha]$$

Maple:

```
> simplify(det(
> matrix(3,3,[sin(alpha)*cos(beta),sin(alpha)*sin(beta),
> cos(alpha),r*cos(alpha)*cos(beta),
> r*cos(alpha)*sin(beta),-r*sin(alpha),
> -r*sin(alpha)*sin(beta),r*sin(alpha)*cos(beta),0])));
```

$$
\text{Simplify}(\text{Det}(\begin{bmatrix}
\sin(\alpha)\cos(\beta) & \sin(\alpha)\sin(\beta) & \cos(\alpha) \\
r\cos(\alpha)\cos(\beta) & r\cos(\alpha)\sin(\beta) & -r\sin(\alpha) \\
-r\sin(\alpha)\sin(\beta) & r\sin(\alpha)\cos(\beta) & 0
\end{bmatrix}))
$$

$$= \sin(\alpha)\, r^2$$

Aufgabe 5.14 Man zeige, daß für eine obere bzw. untere Dreiecksmatrix gilt:

Determinante von Dreiecksmatrizen berechnen

$$
\begin{vmatrix}
a_{11} & a_{12} & a_{13} & \dots & a_{1n} \\
0 & a_{22} & a_{23} & \dots & a_{2n} \\
\vdots & \vdots & \vdots & \dots & \vdots \\
0 & 0 & 0 & \dots & a_{nn}
\end{vmatrix} = a_{11}a_{22}\cdots a_{nn}\,,
$$

bzw.

$$
\begin{vmatrix}
a_{11} & 0 & 0 & \dots & 0 \\
a_{21} & a_{22} & 0 & \dots & 0 \\
\vdots & \vdots & \vdots & \dots & \vdots \\
a_{n1} & a_{n2} & a_{n3} & \dots & a_{nn}
\end{vmatrix} = a_{11}a_{22}\cdots a_{nn}\,,
$$

Lösung: Wir betrachten zuerst die obere Dreiecksmatrix. Da unterhalb der Hauptdiagonalen lauter Nullen stehen bekommen wir durch Entwickeln nach der ersten Spalte:

$$\begin{vmatrix} a_{11} & a_{12} & a_{13} & \dots & a_{1n} \\ 0 & a_{22} & a_{23} & \dots & a_{2n} \\ \vdots & \vdots & \vdots & \dots & \vdots \\ 0 & 0 & 0 & \dots & a_{nn} \end{vmatrix} = a_{11} \begin{vmatrix} a_{22} & a_{23} & \dots & a_{2n} \\ 0 & a_{33} & \dots & a_{3n} \\ \vdots & \vdots & \dots & \vdots \\ 0 & 0 & \dots & a_{nn} \end{vmatrix}$$

$$= a_{11}\, a_{22} \begin{vmatrix} a_{33} & a_{34} & \dots & a_{3n} \\ 0 & a_{44} & \dots & a_{4n} \\ \vdots & \vdots & \dots & \vdots \\ 0 & 0 & \dots & a_{nn} \end{vmatrix}$$

$$\vdots$$

$$= a_{11} a_{22} \cdots a_{nn} \,.$$

Bei der unteren Dreiecksmatrix geht man völlig analog durch Entwickeln nach der ersten Zeile vor, oder man benutzt die Regel $\det(A) = \det(A^T)$.

Determinante von Blockdreiecksmatrizen berechnen

Aufgabe 5.15 Längs der Diagonale einer quadratischen Matrix seien n quadratische Matrizen $\mathbf{a}_1 \dots \mathbf{a}_n$ angeordnet. Oberhalb dieser Matrizen sollen beliebige Elemente stehen unterhalb jedoch lauter Nullen. Man zeige:

$$\begin{vmatrix} \mathbf{a}_1 & \cdots & \cdots & \dots & \cdots \\ 0 & \mathbf{a}_2 & \cdots & \dots & \cdots \\ \vdots & \vdots & \vdots & \dots & \vdots \\ 0 & 0 & 0 & \dots & \mathbf{a}_n \end{vmatrix} = |\mathbf{a}_1|\,|\mathbf{a}_2| \cdots |\mathbf{a}_n| \,.$$

Lösung: Wir machen den Grundgedanken anhand von zwei Spezialfällen klar.

$$\begin{vmatrix} a_{11} & a_{12} & c_{11} & c_{12} & c_{13} \\ a_{21} & a_{22} & c_{21} & c_{22} & c_{23} \\ 0 & 0 & b_{11} & b_{12} & b_{13} \\ 0 & 0 & b_{21} & b_{22} & b_{23} \\ 0 & 0 & b_{31} & b_{32} & b_{33} \end{vmatrix}$$

$$= a_{11} \begin{vmatrix} a_{22} & c_{21} & c_{22} & c_{23} \\ 0 & b_{11} & b_{12} & b_{13} \\ 0 & b_{21} & b_{22} & b_{23} \\ 0 & b_{31} & b_{32} & b_{33} \end{vmatrix} - a_{21} \begin{vmatrix} a_{11} & c_{11} & c_{12} & c_{13} \\ 0 & b_{11} & b_{12} & b_{13} \\ 0 & b_{21} & b_{22} & b_{23} \\ 0 & b_{31} & b_{32} & b_{33} \end{vmatrix}$$

$$= a_{11}\, a_{22} \begin{vmatrix} b_{11} & b_{12} & b_{13} \\ b_{21} & b_{22} & b_{23} \\ b_{31} & b_{32} & b_{33} \end{vmatrix} - a_{21}\, a_{12} \begin{vmatrix} b_{11} & b_{12} & b_{13} \\ b_{21} & b_{22} & b_{23} \\ b_{31} & b_{32} & b_{33} \end{vmatrix}$$

$$= \begin{vmatrix} a_{11} & a_{12} \\ a_{21} & a_{22} \end{vmatrix} \begin{vmatrix} b_{11} & b_{12} & b_{13} \\ b_{21} & b_{22} & b_{23} \\ b_{31} & b_{32} & b_{33} \end{vmatrix}$$

Damit bekommen wir nun:

$$\begin{vmatrix} a_{11} & a_{12} & a_{13} & c_{11} & c_{12} & c_{13} \\ a_{21} & a_{22} & a_{23} & c_{21} & c_{22} & c_{23} \\ a_{31} & a_{32} & a_{33} & c_{31} & c_{32} & c_{33} \\ 0 & 0 & 0 & b_{11} & b_{12} & b_{13} \\ 0 & 0 & 0 & b_{21} & b_{22} & b_{23} \\ 0 & 0 & 0 & b_{31} & b_{32} & b_{33} \end{vmatrix}$$

$$= a_{11} \begin{vmatrix} a_{22} & a_{23} & c_{21} & c_{22} & c_{23} \\ a_{32} & a_{33} & c_{31} & c_{32} & c_{33} \\ 0 & 0 & b_{11} & b_{12} & b_{13} \\ 0 & 0 & b_{21} & b_{22} & b_{23} \\ 0 & 0 & b_{31} & b_{32} & b_{33} \end{vmatrix}$$

$$-a_{21} \begin{vmatrix} a_{12} & a_{13} & c_{11} & c_{12} & c_{13} \\ a_{32} & a_{33} & c_{31} & c_{32} & c_{33} \\ 0 & 0 & b_{11} & b_{12} & b_{13} \\ 0 & 0 & b_{21} & b_{22} & b_{23} \\ 0 & 0 & b_{31} & b_{32} & b_{33} \end{vmatrix}$$

$$+a_{31} \begin{vmatrix} a_{12} & a_{13} & c_{11} & c_{12} & c_{13} \\ a_{22} & a_{23} & c_{21} & c_{22} & c_{23} \\ 0 & 0 & b_{11} & b_{12} & b_{13} \\ 0 & 0 & b_{21} & b_{22} & b_{23} \\ 0 & 0 & b_{31} & b_{32} & b_{33} \end{vmatrix}$$

$$= a_{11} \begin{vmatrix} a_{22} & a_{23} \\ a_{32} & a_{33} \end{vmatrix} \begin{vmatrix} b_{11} & b_{12} & b_{13} \\ b_{21} & b_{22} & b_{23} \\ b_{31} & b_{32} & b_{33} \end{vmatrix}$$

$$-a_{21} \begin{vmatrix} a_{12} & a_{13} \\ a_{32} & a_{33} \end{vmatrix} \begin{vmatrix} b_{11} & b_{12} & b_{13} \\ b_{21} & b_{22} & b_{23} \\ b_{31} & b_{32} & b_{33} \end{vmatrix}$$

$$+a_{31} \begin{vmatrix} a_{12} & a_{13} \\ a_{22} & a_{23} \end{vmatrix} \begin{vmatrix} b_{11} & b_{12} & b_{13} \\ b_{21} & b_{22} & b_{23} \\ b_{31} & b_{32} & b_{33} \end{vmatrix}$$

$$= \begin{vmatrix} a_{11} & a_{12} & a_{13} \\ a_{21} & a_{22} & a_{23} \\ a_{31} & a_{32} & a_{33} \end{vmatrix} \begin{vmatrix} b_{11} & b_{12} & b_{13} \\ b_{21} & b_{22} & b_{23} \\ b_{31} & b_{32} & b_{33} \end{vmatrix}$$

Aufgabe 5.16 Man berechne die Determinanten der Matrizen

Determinante von Matrizen durch Überführung in Dreiecksgestalt berechnen

$$A = \begin{pmatrix} 3 & 0 & 2 \\ 2 & 5 & 0 \\ 2 & 2 & 1 \end{pmatrix} \quad \text{und} \quad B = \begin{pmatrix} 3 & i & 0 & 1 \\ 2 & 4 & 2 & 0 \\ i & 0 & 1 & 1 \\ 0 & 1 & 2 & i \end{pmatrix},$$

indem man sie durch Zeilenoperationen auf Dreiecksgestalt bringt.

Lösung: Unter Beachtung der Eigenschaft, daß die Determinante eine multilineare Form der Zeilenvektoren darstellt, gehen wir schematisch vor. Wir bekommen in jedem Rechenschritt eine Matrix, deren Determinante mit der Determinante der Ausgangsmatrix übereinstimmt.

$$
\begin{array}{ccc|c}
 & A & & \\
\hline
3 & 0 & 2 & \\
2 & 5 & 0 & \\
2 & 2 & 1 & \\
\hline
3 & 0 & 2 & \\
0 & 5 & \frac{4}{3} & \vec{z}_2 - \frac{2}{3}\vec{z}_1 \\
0 & -3 & 1 & \vec{z}_3 - \vec{z}_2 \\
\hline
3 & 0 & 2 & \\
0 & 5 & \frac{4}{3} & \\
0 & 0 & \frac{1}{5} & \vec{z}_3 + \frac{3}{5}\vec{z}_2
\end{array}
$$

Hieraus kann man sofort entnehmen:

$$\det(A) = 3 \cdot 5 \cdot \frac{1}{5} = 3\,.$$

Für die Matrix B ergibt sich folgendes Schema:

$$
\begin{array}{cccc|c}
 & B & & & \\
\hline
3 & i & 0 & 1 & \\
2 & 4 & 2 & 0 & \\
i & 0 & 1 & 1 & \\
0 & 1 & 2 & i & \\
\hline
3 & i & 0 & 1 & \\
0 & 4-\frac{2i}{3} & 2 & -\frac{2}{3} & \vec{z}_2 - \frac{2}{3}\vec{z}_1 \\
0 & \frac{1}{3} & 1 & 1-\frac{i}{3} & \vec{z}_3 - \frac{i}{3}\vec{z}_1 \\
0 & 1 & 2 & i & \\
\hline
3 & i & 0 & 1 & \\
0 & 4-\frac{2i}{3} & 2 & -\frac{2}{3} & \\
0 & 0 & \frac{31}{37}-\frac{i}{37} & \frac{39}{37}-\frac{12i}{37} & \vec{z}_3 - \left(\frac{3}{37}+\frac{i}{74}\right)\vec{z}_2 \\
0 & 0 & -1 & -3+2i & \vec{z}_4 - 3\vec{z}_3 \\
\hline
3 & i & 0 & 1 & \\
0 & 4-\frac{2i}{3} & 2 & -\frac{2}{3} & \\
0 & 0 & \frac{31}{37}-\frac{i}{37} & \frac{39}{37}-\frac{12i}{37} & \\
0 & 0 & 0 & -\frac{45}{26}+\frac{43i}{26} & \vec{z}_4 + \left(\frac{31}{26}+\frac{i}{26}\right)\vec{z}_3
\end{array}
$$

Hieraus entnehmen wir:

$$\det(B) = 3\left(4 - \frac{2}{3}i\right)\left(\frac{31}{37} - \frac{1}{37}i\right)\left(-\frac{45}{26} + \frac{43}{26}i\right) = -14 + 20i\,.$$

Mathematica:

A = {{3, 0, 2}, {2, 5, 0}, {2, 2, 1}}; MatrixForm[A]

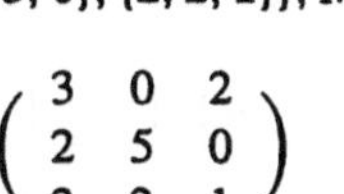

$$\begin{pmatrix} 3 & 0 & 2 \\ 2 & 5 & 0 \\ 2 & 2 & 1 \end{pmatrix}$$

det[A]

3

B = {{3, i, 0, 1}, {2, 4, 2, 0}, {i, 0, 1, 1}, {0, 1, 2, i}};
MatrixForm[B]

$$\begin{pmatrix} 3 & i & 0 & 1 \\ 2 & 4 & 2 & 0 \\ i & 0 & 1 & 1 \\ 0 & 1 & 2 & i \end{pmatrix}$$

det[B]

$-14 + 20\,i$

Maple:

```
> with(linalg);
> A:=matrix(3,3,[3,0,2,2,5,0,2,2,1]);
```

$$A := \begin{bmatrix} 3 & 0 & 2 \\ 2 & 5 & 0 \\ 2 & 2 & 1 \end{bmatrix}$$

```
> det(A);
```

$$\mathrm{Det}(A) = 3$$

```
> B:=matrix(4,4,[3,I,0,1,2,4,2,0,I,0,1,1,0,1,2,I]);
```

$$B := \begin{bmatrix} 3 & I & 0 & 1 \\ 2 & 4 & 2 & 0 \\ I & 0 & 1 & 1 \\ 0 & 1 & 2 & I \end{bmatrix}$$

```
> det(B);
```

$$\mathrm{Det}(B) = -14 + 20\,I$$

Aufgabe 5.17 Man berechne die Inverse der folgenden Matrix mit Hilfe von Adjunkten:

Inverse einer Matrix mit Hilfe von Adjunkten berechnen

$$A = \begin{pmatrix} 1 & 0 & 1 \\ 4 & -1 & 0 \\ 0 & 1 & 2 \end{pmatrix}.$$

Lösung: Wir bekommen die Inverse in der Gestalt:

$$A^{-1} = \frac{1}{\det(A)} \begin{pmatrix} \begin{vmatrix} -1 & 0 \\ 1 & 2 \end{vmatrix} & -\begin{vmatrix} 0 & 1 \\ 1 & 2 \end{vmatrix} & \begin{vmatrix} 0 & 1 \\ -1 & 0 \end{vmatrix} \\ -\begin{vmatrix} 4 & 2 \\ 0 & 2 \end{vmatrix} & \begin{vmatrix} 1 & 1 \\ 0 & 2 \end{vmatrix} & -\begin{vmatrix} 1 & 1 \\ 4 & 0 \end{vmatrix} \\ \begin{vmatrix} 4 & -1 \\ 0 & 1 \end{vmatrix} & -\begin{vmatrix} 1 & 0 \\ 0 & 1 \end{vmatrix} & \begin{vmatrix} 1 & 0 \\ 4 & -1 \end{vmatrix} \end{pmatrix}$$

$$= \frac{1}{2} \begin{pmatrix} -2 & 1 & 1 \\ -8 & 2 & 4 \\ 4 & -1 & -1 \end{pmatrix}.$$

Mathematica:

A = {{1, 0, 1}, {4, −1, 0}, {0, 1, 2}}; MatrixForm[A]

$$\begin{pmatrix} 1 & 0 & 1 \\ 4 & -1 & 0 \\ 0 & 1 & 2 \end{pmatrix}$$

MatrixForm[Inverse[A]]

$$\begin{pmatrix} -1 & \frac{1}{2} & \frac{1}{2} \\ -4 & 1 & 2 \\ 2 & -\frac{1}{2} & -\frac{1}{2} \end{pmatrix}$$

Maple:

```
> with(linalg);
> A:=matrix(3,3,[1,0,1,4,-1,0,0,1,2]);
```

$$A := \begin{bmatrix} 1 & 0 & 1 \\ 4 & -1 & 0 \\ 0 & 1 & 2 \end{bmatrix}$$

```
> inverse(A);
```

$$\mathrm{Inverse}(A) = \begin{bmatrix} -1 & \frac{1}{2} & \frac{1}{2} \\ -4 & 1 & 2 \\ 2 & \frac{-1}{2} & \frac{-1}{2} \end{bmatrix}$$

Gleichungssysteme mit der Cramerschen Regel lösen

Aufgabe 5.18 Man löse folgende Gleichungssysteme mit der Cramerschen Regel:

(a)

$$\begin{aligned} 2x_1 \quad\quad\;\; +2x_3 &= 0, \\ 4x_1 - x_2 \quad\quad\quad\; &= -1, \\ -x_2 - 2x_3 &= 1, \end{aligned}$$

(b)

$$\begin{aligned} i\,x_1 \quad\quad\;\; +3x_3 + 4x_4 &= i, \\ 4x_1 - x_2 \quad\quad\quad\; - x_4 &= -1, \\ x_1 - x_2 - 2x_3 \quad\quad\quad &= 4, \\ -3x_1 + x_2 + 2x_3 + i\,x_4 &= 1. \end{aligned}$$

Lösung: **(a)** Die Systemmatrix

$$A = \begin{pmatrix} 2 & 0 & 2 \\ 4 & -1 & 0 \\ 0 & -1 & -2 \end{pmatrix}$$

hat eine nichtverschwindende Determinante:

$$\det(A) = -4 .$$

Damit bekommen wir nach der Cramerschen Regel:

$$\begin{aligned} x_1 &= -\frac{1}{4} \begin{vmatrix} 0 & 0 & 2 \\ -1 & -1 & 0 \\ 1 & -1 & -2 \end{vmatrix} = -1 , \\ x_2 &= -\frac{1}{4} \begin{vmatrix} 2 & 0 & 2 \\ 4 & -1 & 0 \\ 0 & 1 & -2 \end{vmatrix} = -3 , \\ x_3 &= -\frac{1}{4} \begin{vmatrix} 2 & 0 & 0 \\ 4 & -1 & -1 \\ 0 & -1 & 1 \end{vmatrix} = 1 . \end{aligned}$$

(b) Die Systemmatrix

$$A = \begin{pmatrix} i & 0 & 3 & 4 \\ 4 & -1 & 0 & -1 \\ 1 & -1 & -2 & 0 \\ -3 & 1 & 2 & i \end{pmatrix}$$

hat eine nichtverschwindende Determinante:

$$\det(A) = 20 - 9\,i .$$

Damit bekommen wir nach der Cramerschen Regel:

$$\begin{aligned} x_1 &= \frac{1}{20-9\,i} \begin{vmatrix} i & 0 & 3 & 4 \\ -1 & -1 & 0 & -1 \\ 4 & -1 & -2 & 0 \\ 1 & 1 & 2 & i \end{vmatrix} = -\frac{1275}{481} - \frac{213}{481}\,i , \\ x_2 &= \frac{1}{20-9\,i} \begin{vmatrix} i & i & 3 & 4 \\ 4 & -1 & 0 & -1 \\ 1 & 4 & -2 & 0 \\ -3 & 1 & 2 & i \end{vmatrix} = -\frac{4193}{481} - \frac{997}{481}\,i , \\ x_3 &= \frac{1}{20-9\,i} \begin{vmatrix} i & 0 & i & 4 \\ 4 & -1 & -1 & -1 \\ 1 & -1 & 4 & 0 \\ -3 & 1 & 1 & i \end{vmatrix} = \frac{497}{481} + \frac{392}{481}\,i , \\ x_4 &= \frac{1}{20-9\,i} \begin{vmatrix} i & 0 & 3 & i \\ 4 & -1 & 0 & -1 \\ 1 & -1 & -2 & 4 \\ -3 & 1 & 2 & 1 \end{vmatrix} = -\frac{426}{481} + \frac{145}{481}\,i . \end{aligned}$$

Mathematica:

$A = \{\{i, 0, 3, 4\}, \{4, -1, 0, -1\}, \{1, -1, -2, 0\}, \{-3, 1, 2, i\}\};$
MatrixForm$[A]$

$$\begin{pmatrix} i & 0 & 3 & 4 \\ 4 & -1 & 0 & -1 \\ 1 & -1 & -2 & 0 \\ -3 & 1 & 2 & i \end{pmatrix}$$

$$\det[\mathbf{A}]$$

$$20 - 9i$$

$$\frac{\mathbf{1}}{\det[\mathbf{A}]}$$

$$\frac{20}{481} + \frac{9i}{481}$$

$\frac{1}{20-9i}(\det[\{\{i, 0, 3, 4\}, \{-1, -1, 0, -1\}, \{4, -1, -2, 0\},$
$\{1, 1, 2, i\}\}])$

$$-\frac{1275}{481} - \frac{213i}{481}$$

$\frac{1}{20-9i}(\det[$
$\{\{i, i, 3, 4\}, \{4, -1, 0, -1\}, \{1, 4, -2, 0\}, \{-3, 1, 2, i\}\}])$

$$-\frac{4193}{481} - \frac{997i}{481}$$

$\frac{1}{20-9i}(\det[\{\{i, 0, i, 4\}, \{4, -1, -1, -1\}, \{1, -1, 4, 0\},$
$\{-3, 1, 1, i\}\}])$

$$\frac{497}{481} + \frac{392i}{481}$$

$\frac{1}{20-9i}(\det[\{\{i, 0, 3, i\}, \{4, -1, 0, -1\}, \{1, -1, -2, 4\},$
$\{-3, 1, 2, 1\}\}])$

$$-\frac{426}{481} + \frac{145i}{481}$$

Maple:

```
> A:=matrix(4,4,[I,0,3,4,4,-1,0,-1,1,-1,-2,0,-3,1,2,I]);
```

$$A := \begin{bmatrix} I & 0 & 3 & 4 \\ 4 & -1 & 0 & -1 \\ 1 & -1 & -2 & 0 \\ -3 & 1 & 2 & I \end{bmatrix}$$

```
> det(A);
```

$$\mathrm{Det}(A) = 20 - 9\,I$$

```
> 1/det(A);
```

$$\frac{20}{481}+\frac{9}{481}I$$

```
> (1/(20-9*I))*det(matrix(4,4,[I,0,3,4,-1,-1,0,-1,4,-1,
> -2,0,1,1,2,I]));
```

$$(\frac{20}{481}+\frac{9}{481}I)\operatorname{Det}\left(\begin{bmatrix} I & 0 & 3 & 4 \\ -1 & -1 & 0 & -1 \\ 4 & -1 & -2 & 0 \\ 1 & 1 & 2 & I \end{bmatrix}\right)=-\frac{1275}{481}-\frac{213}{481}I$$

```
> (1/(20-9*I))*det(matrix(4,4,[I,I,3,4,4,-1,0,-1,1,4,-2,
> 0,-3,1,2,I]));
```

$$(\frac{20}{481}+\frac{9}{481}I)\operatorname{Det}\left(\begin{bmatrix} I & I & 3 & 4 \\ 4 & -1 & 0 & -1 \\ 1 & 4 & -2 & 0 \\ 3 & 1 & 2 & I \end{bmatrix}\right)=-\frac{4193}{481}-\frac{997}{481}I$$

```
> (1/(20-9*I))*det(matrix(4,4,[I,0,I,4,4,-1,-1,-1,1,-1,
> 4,0,-3,1,1,I]));
```

$$(\frac{20}{481}+\frac{9}{481}I)\operatorname{Det}\left(\begin{bmatrix} I & 0 & I & 4 \\ 4 & -1 & -1 & -1 \\ 1 & -1 & 4 & 0 \\ 3 & 1 & 1 & I \end{bmatrix}\right)=\frac{497}{481}+\frac{392}{481}I$$

```
> (1/(20-9*I))*det(matrix(4,4,[I,0,3,I,4,-1,0,-1,1,-1,
> -2,4,-3,1,2,1]));
```

$$(\frac{20}{481}+\frac{9}{481}I)\operatorname{Det}\left(\begin{bmatrix} I & 0 & 3 & I \\ 4 & -1 & 0 & -1 \\ 1 & -1 & -2 & 4 \\ 3 & 1 & 2 & 1 \end{bmatrix}\right)=-\frac{426}{481}+\frac{145}{481}I$$

Aufgabe 5.19 Mit dem Determinantenkriterium entscheide man, ob folgende Vektoren linear unabhängig sind:

Lineare Unabhängigkeit mit Hilfe von Determinanten überprüfen

(a) $(2,3,4)$, $(3,6,10)$, $(5,4,3)$,

(b) $(2,i,0,-i)$, $(1+i,3,3,0)$, $(1,0,2,0)$, $(0,7,0,1-i)$.

Lösung: **(a)** Nach dem Determinantenkriterium sind die drei Vektoren genau dann linear unabhängig, wenn die folgende Determinante nicht verschwindet:

$$\begin{vmatrix} 2 & 3 & 4 \\ 3 & 6 & 10 \\ 5 & 4 & 3 \end{vmatrix} = 36+48+150-27-80-120=7\,.$$

Die drei Vektoren sind also linear unabhängig.

(b) Wiederum entscheidet die Determinante:

$$\begin{vmatrix} 2 & i & 0 & -i \\ 1+i & 3 & 3 & 0 \\ 1 & 0 & 2 & 0 \\ 0 & 7 & 0 & 1-i \end{vmatrix} = i \begin{vmatrix} 1+i & 3 & 3 \\ 1 & 0 & 2 \\ 0 & 7 & 0 \end{vmatrix} + (1-i) \begin{vmatrix} 2 & i & 0 \\ 1+i & 3 & 3 \\ 1 & 0 & 2 \end{vmatrix}$$
$$= 29 - 6i\,.$$

Die vier Vektoren sind also linear unabhängig.

Mathematica:

det[{{2, i, 0, −i}, {1 + i, 3, 3, 0}, {1, 0, 2, 0}, {0, 7, 0, 1 − i}}]

$29 - 6\,i$

Maple:

```
> det(matrix(4,4,[2,I,0,-I,1+I,3,3,0,1,0,2,0,0,7,0,1-I]));
```

$$\mathrm{Det}\left(\begin{bmatrix} 2 & I & 0 & -I \\ 1+I & 3 & 3 & 0 \\ 1 & 0 & 2 & 0 \\ 0 & 7 & 0 & 1-I \end{bmatrix}\right) = 29 - 6\,I$$

Ebenengleichungen mit Hilfe von Determinanten schreiben

Aufgabe 5.20 Durch die drei Punkte $P_1 = (x_1, y_1, z_1)$, $P_2 = (x_2, y_2, z_2)$, $P_3 = (x_3, y_3, z_3)$ werde eine Ebene im $\mathbb{R}^3$ festgelegt. Man schreibe die Ebenengleichung mit Hilfe einer 3×3- und einer 4×4-Determinante.

Lösung: Tragen wir die Ebene im Punkt P_1 ab und nehmen die Richtungsvektoren $\vec{P_1P_2} = (x_2 - x_1, y_2 - y_1, z_2 - z_1)$, $\vec{P_1P_3} = (x_3 - x_1, y_3 - y_1, z_3 - z_1)$, so gilt für einen Punkt $P = (x, y, z)$ auf der Ebene:

$$\begin{aligned} (x, y, z) &= (x_1, y_1, z_1) + \lambda\,(x_2 - x_1, y_2 - y_1, z_2 - z_1) \\ &\quad + \mu\,(x_3 - x_1, y_3 - y_1, z_3 - z_1)\,. \end{aligned}$$

In parameterfreier Form bekommen wir mit dem Spatprodukt:

$$[\vec{P_1P_2}, \vec{P_1P_3}, \vec{P_1P}] = 0$$

bzw.

$$\begin{vmatrix} x - x_1 & y - y_1 & z - z_1 \\ x_2 - x_1 & y_2 - y_1 & z_2 - z_1 \\ x_3 - x_1 & y_3 - y_1 & z_3 - z_1 \end{vmatrix} = 0\,.$$

Wir gehen nun von der folgenden Darstellung der Ebene aus:

$$A\,x + B\,y + C\,z + D = 0\,, \quad (A, B, C) \neq (0, 0, 0)\,.$$

Da die Punkte P_1, P_2, P_3 in der Ebene liegen, bekommen wir insgesamt das System

$$\begin{array}{ccccccccc} x\,A & + & y\,B & + & z\,C & + & D & = & 0\,, \\ x_1\,A & + & y_1\,B & + & z_1\,C & + & D & = & 0\,, \\ x_2\,A & + & y_2\,B & + & z_2\,C & + & D & = & 0\,, \\ x_3\,A & + & y_3\,B & + & z_3\,C & + & D & = & 0\,. \end{array}$$

mit einer nichttrivialen Lösung $(A, B, C, D) \neq (0, 0, 0, 0)$. Dies ist dann und nur dann möglich, wenn die Determinante des Systems Null ergibt:

$$\begin{vmatrix} x & y & z & 1 \\ x_1 & y_1 & z_1 & 1 \\ x_2 & y_2 & z_2 & 1 \\ x_3 & y_3 & z_3 & 1 \end{vmatrix} = 0 .$$

Die 4×4-Determinante kann folgendermaßen umgeformt werden:

$$\begin{vmatrix} x & y & z & 1 \\ x_1 & y_1 & z_1 & 1 \\ x_2 & y_2 & z_2 & 1 \\ x_3 & y_3 & z_3 & 1 \end{vmatrix} = \begin{vmatrix} x - x_1 & y - y_1 & z - z_1 & 0 \\ x_1 & y_1 & z_1 & 1 \\ x_2 - x_1 & y_2 - y_1 & z_2 - z_1 & 0 \\ x_3 - x_1 & y_3 - y_1 & z_3 - z_1 & 0 \end{vmatrix}$$
$$= \begin{vmatrix} x - x_1 & y - y_1 & z - z_1 \\ x_2 - x_1 & y_2 - y_1 & z_2 - z_1 \\ x_3 - x_1 & y_3 - y_1 & z_3 - z_1 \end{vmatrix} .$$

so daß beide Darstellungen übereinstimmen.

6 Eigenwerte und Eigenvektoren

6.1 Das charakteristische Polynom

Einer $n \times n$-Matrix ordnen wir ein Polynom zu, indem wir mit $\lambda \in \mathbb{C}$ zunächst die Matrix $A - \lambda E$ bilden.

Charakteristisches Polynom

Sei

$$A = \begin{pmatrix} a_{11} & \cdots & a_{1n} \\ \vdots & \vdots & \vdots \\ a_{n1} & \cdots & a_{nn} \end{pmatrix}$$

eine $n \times n$-Matrix mit Elementen aus $\mathbb{C}$ und E die $n \times n$-Einheitsmatrix. Das Polynom

$$\chi_A(\lambda) = \det(A - \lambda E)$$

heißt charakteristisches Polynom von A. Das charakteristische Polynom stellt ein Polynom vom Grad n in λ dar.

Jede $n \times n$-Matrix A legt eine lineare Abbildung des $\mathbb{C}^n$ in sich fest. Wechselt man die Basis, so wird die Abbildung durch eine Matrix $\tilde{A} = B^{-1}AB$ mit der Basisübergangsmatrix B vermittelt.

Charakteristisches Polynom ähnlicher Matrizen

Zwei $n \times n$-Matrizen A und $\tilde{A}$ mit Elementen aus $\mathbb{C}$ heißen ähnlich, wenn es eine reguläre $n \times n$-Matrix B gibt mit $\tilde{A} = B^{-1}AB$. Das charakteristische Polynom ähnlicher Matrizen ist gleich:

$$\chi_{B^{-1}AB}(\lambda) = \chi_A(\lambda) .$$

Das charakteristische Polynom der transponierten Matrix ist gleich dem charakteristischen Polynom der Ausgangsmatix.

Charakteristisches Polynom der transponierten Matrix

Für jede $n \times n$-Matrix A gilt:

$$\chi_A^T(\lambda) = \chi_A(\lambda) .$$

Setzt man eine Matrix selber anstelle von λ in ihr charakteristisches Polynom ein, so entsteht die Nullmatrix.

Jede $n \times n$-Matrix wird von ihrem charakteristischen Polynom anulliert. Das heißt, das Ausführen der Matrizenoperation $\chi_A(A)$ liefert die $n \times n$ Nullmatrix.

Satz von Cayley-Hamilton

Aufgabe 6.1 Man berechne das charakterische Polynom folgender Matrizen:

Charakterisches Polynom berechnen

$$A = \begin{pmatrix} 1 & 2 \\ i & 7 \end{pmatrix}, \quad B = \begin{pmatrix} 1 & 4 & 2 \\ 3 & i & 1 \\ 5 & 0 & 1 \end{pmatrix}, \quad C = \begin{pmatrix} 1 & 3 & 5 \\ 4 & i & 0 \\ 2 & 1 & 1 \end{pmatrix}.$$

Lösung: Wir schreiben zuerst:

$$A - \lambda\, E = \begin{pmatrix} 1-\lambda & 2 \\ i & 7-\lambda \end{pmatrix}$$

und bekommen

$$\begin{aligned} \det(A - \lambda\, E) &= (1-\lambda)\,(7-\lambda) - 2\,i \\ &= \lambda^2 - 8\,\lambda + 7 - 2\,i\,. \end{aligned}$$

Wir schreiben wieder:

$$B - \lambda\, E = \begin{pmatrix} 1-\lambda & 4 & 2 \\ 3 & i-\lambda & 1 \\ 5 & 0 & 1-\lambda \end{pmatrix}$$

und bekommen

$$\begin{aligned} \det(B - \lambda\, E) &= 5\,(4 - 2\,(i-\lambda)) + (1-\lambda)\,((1-\lambda)\,(i-\lambda) - 12) \\ &= 20 - 10\,i + 10\,\lambda + (1-\lambda)\,(\lambda^2 - (1-i)\,\lambda - 12 + i) \\ &= -\lambda^3 + (2+i)\,\lambda^2 + (21 - 2\,i)\,\lambda + 8 - 9\,i\,. \end{aligned}$$

Offenbar ist $C = B^T$ und somit $\chi_C(\lambda) = \chi_B(\lambda)$.

Mathematica: Das charakteristische Polynom wird mit CharacteristicPolynomial berechnet.

`CharacteristicPolynomial`

A = {{1, 2}, {i, 7}};

CharacteristicPolynomial[A, λ]

$7 - 2i - 8\lambda + \lambda^2$

B = {{1, 4, 2}, {3, i, 1}, {5, 0, 1}};

CharacteristicPolynomial[B, λ]

$8 - 9i + 21\lambda - 2i\lambda + 2\lambda^2 + i\lambda^2 - \lambda^3$

Unprotect[C];

$$\mathbf{C = \{\{1, 3, 5\}, \{4, i, 0\}, \{2, 1, 1\}\};}$$

$$\mathbf{CharacteristicPolynomial[C, \lambda]}$$

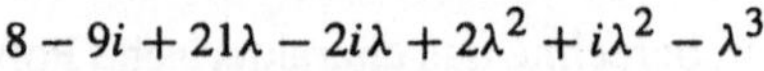

$$8 - 9i + 21\lambda - 2i\lambda + 2\lambda^2 + i\lambda^2 - \lambda^3$$

charpoly

Maple: Das charakteristische Polynom wird nach Laden des Pakets Linalg mit Charpoly berechnet. Das Polynom $\chi_A(\lambda)$ wird mit dem Faktor $(-1)^n$ versehen.

```
> A := matrix(2,2,[1,2,i,7]):
> charpoly(A,lambda);
```

$$\lambda^2 - 8\lambda + 7 - 2i$$

```
> B:=matrix(3,3,[1,4,2,3,i,1,5,0,1]):
> charpoly(B,lambda);
```

$$\lambda^3 - \lambda^2 i - 2\lambda^2 + 2\lambda i - 21\lambda + 9i - 8$$

```
> C:=matrix(3,3,[1,3,5,4,i,0,2,1,1]):

> charpoly(C,lambda);
```

$$\lambda^3 - \lambda^2 i - 2\lambda^2 + 2\lambda i - 21\lambda + 9i - 8$$

Charakterisches Polynom berechnen

Aufgabe 6.2 Man berechne das charakteristische Polynom der Matrix:

$$A = \begin{pmatrix} i & 0 & 2 & 7i \\ 3 & i & i & 4 \\ 2 & 0 & 3 & 1 \\ 0 & 0 & i & 0 \end{pmatrix}$$

Lösung: Durch Entwickeln nach der zweiten Spalte folgt:

$$\begin{aligned} \det(A - \lambda E) &= \begin{vmatrix} i-\lambda & 0 & 2 & 7i \\ 3 & i-\lambda & i & 4 \\ 2 & 0 & 3-\lambda & 1 \\ 0 & 0 & i & -\lambda \end{vmatrix} \\ &= (i-\lambda) \begin{vmatrix} i-\lambda & 2 & 7i \\ 2 & 3-\lambda & 1 \\ 0 & i & -\lambda \end{vmatrix} \\ &= (i-\lambda)\left((i-\lambda)(-(3-\lambda)\lambda - i) - 2(-2\lambda + 7)\right) \\ &= \lambda^4 - (3+2i)\lambda^3 - (5-5i)\lambda^2 + (15+4i)\lambda - 13i\,. \end{aligned}$$

Mathematica:

$$\mathbf{A = \{\{i, 0, 2, 7i\}, \{3, i, i, 4\}, \{2, 0, 3, 1\}, \{0, 0, i, 0\}\};}$$

$$\mathbf{CharacteristicPolynomial[A, \lambda]}$$

$$-13i + (15+4i)\lambda - (5-5i)\lambda^2 - (3+2i)\lambda^3 + \lambda^4$$

Maple:

```
> with(linalg);
> A := matrix(4,4,[I,0,2,7*I,3,I,I,4,2,0,3,1,0,0,I,0]);
> charpoly(A,lambda);
```

$$\lambda^4 - 3\lambda^3 + 5I\lambda^2 - 2I\lambda^3 + 15\lambda - 5\lambda^2 - 13I + 4I\lambda$$

Aufgabe 6.3 Man bestätige den Satz von Cayley-Hamilton anhand der Matrix

$$A = \begin{pmatrix} 1 & 1 \\ 1 & 2 \end{pmatrix}$$

und berechne A^4.

Satz von Cayley-Hamilton bestätigen, Potenzen einer Matrix berechnen

Lösung: Wir berechnen zuerst das carakteristische Polynom:

$$\chi_A(\lambda) = \begin{vmatrix} 1-\lambda & 1 \\ 1 & 2-\lambda \end{vmatrix} = (1-\lambda)(2-\lambda) - 1$$

und bekommen

$$\chi_A(\lambda) = \lambda^2 - 3\lambda + 1 .$$

Nach dem Satz von Cayley-Hamilton muß nun gelten:

$$A^2 - 3A + E = O ,$$

wobei E die 2×2-Einheitsmatrix und O die 2×2-Nullmatrix darstellt. Wir überprüfen dies wie folgt:

$$\begin{aligned} A^2 - 3A + E &= \begin{pmatrix} 1 & 1 \\ 1 & 2 \end{pmatrix}\begin{pmatrix} 1 & 1 \\ 1 & 2 \end{pmatrix} - 3\begin{pmatrix} 1 & 1 \\ 1 & 2 \end{pmatrix} + \begin{pmatrix} 1 & 0 \\ 0 & 1 \end{pmatrix} \\ &= \begin{pmatrix} 2 & 3 \\ 3 & 5 \end{pmatrix} + \begin{pmatrix} -3 & -3 \\ -3 & -6 \end{pmatrix} + \begin{pmatrix} 1 & 0 \\ 0 & 1 \end{pmatrix} \\ &= \begin{pmatrix} 0 & 0 \\ 0 & 0 \end{pmatrix} . \end{aligned}$$

Zur Berechnung von A^4 kann man von A^2 ausgehen und erhält:

$$A^4 = A^2 A^2 = \begin{pmatrix} 2 & 3 \\ 3 & 5 \end{pmatrix}\begin{pmatrix} 2 & 3 \\ 3 & 5 \end{pmatrix} = \begin{pmatrix} 13 & 21 \\ 21 & 34 \end{pmatrix} .$$

Man kann aber auch von

$$A^2 = 3A - E$$

ausgehen und erhält zunächst:

$$A^3 = 3A^2 - A = 3\begin{pmatrix} 2 & 3 \\ 3 & 5 \end{pmatrix} - \begin{pmatrix} 1 & 1 \\ 1 & 2 \end{pmatrix} = \begin{pmatrix} 5 & 8 \\ 8 & 13 \end{pmatrix} .$$

Hieraus ergibt sich dann:

$$A^4 = A^3 A = \begin{pmatrix} 5 & 8 \\ 8 & 13 \end{pmatrix}\begin{pmatrix} 1 & 1 \\ 1 & 2 \end{pmatrix} = \begin{pmatrix} 13 & 21 \\ 21 & 34 \end{pmatrix} .$$

IdentityMatrix

Mathematica: Potenzen einer Matrix berechnet man mit MatrixPower. Die $n \times n$-Einheitsmatrix kann mit IdentityMatrix[n] abgerufen werden.

A = {{1, 1}, {1, 2}};

MatrixPower[A, 2]//MatrixForm

$$\begin{pmatrix} 2 & 3 \\ 3 & 5 \end{pmatrix}$$

MatrixPower[A, 2] − 3 * A + IdentityMatrix[2]

{{0, 0}, {0, 0}}

MatrixPower[A, 4]//MatrixForm

$$\begin{pmatrix} 13 & 21 \\ 21 & 34 \end{pmatrix}$$

array(identity,1..n,1..n)

Maple: Die n-te Potenz einer Matrix A berechnet man mit Evalm(A^n). Die $n \times n$-Einheitsmatrix wird mit Array(identity,1..n,1..n) eingegeben.

```
> A:= matrix(2,2,[1,1,1,2]):
> evalm(A&*A);
```

$$\text{Evalm}(A \,\&{*}\, A) = \begin{bmatrix} 2 & 3 \\ 3 & 5 \end{bmatrix}$$

```
> evalm((A&*A)-3*A+array(identity,1..2,1..2));
```

$$\begin{bmatrix} 0 & 0 \\ 0 & 0 \end{bmatrix}$$

```
> evalm(A^4);
```

$$\begin{bmatrix} 13 & 21 \\ 21 & 34 \end{bmatrix}$$

Potenzen einer Matrix berechnen, Satz von Cayley-Hamilton anwenden

Aufgabe 6.4 Man berechne sämtliche Potenzen der Matrix

$$A = \begin{pmatrix} 0 & 1 & 0 \\ 1 & 0 & 3 \\ 0 & 3 & 0 \end{pmatrix}.$$

Lösung: Das charakteristische Polynom lautet:

$$\chi_A(\lambda) = \begin{vmatrix} -\lambda & 1 & 0 \\ 1 & 0-\lambda & 3 \\ 0 & 3 & -\lambda \end{vmatrix} = -\lambda^3 + 10\,\lambda.$$

Nach dem Satz von Cayley-Hamilton gilt also:

$$A^3 = 10\,A.$$

Hiermit können nun die Potenzen berechnet werden:

$$\begin{aligned} A^3 &= 10\,A \\ A^4 &= 10\,A^2 \\ A^5 &= 10\,A^3 = 10^2\,A \\ A^6 &= 10^2\,A^2 \\ A^7 &= 10^2\,A^3 = 10^3\,A \\ A^8 &= 10^3\,A^2 \\ A^9 &= 10^3\,A^3 = 10^4\,A \\ &\vdots \end{aligned}$$

Insgesamt ergibt sich für $n \geq 1$:

$$A^{2n} = 10^{n-1}\,A^2$$

und

$$A^{2n+1} = 10^n\,A\,.$$

Wir berechnen schließlich noch A^2:

$$\begin{aligned} A^2 &= \begin{pmatrix} 0 & 1 & 0 \\ 1 & 0 & 3 \\ 0 & 3 & 0 \end{pmatrix} \begin{pmatrix} 0 & 1 & 0 \\ 1 & 0 & 3 \\ 0 & 3 & 0 \end{pmatrix} \\ &= \begin{pmatrix} 1 & 0 & 3 \\ 0 & 10 & 0 \\ 3 & 0 & 9 \end{pmatrix}. \end{aligned}$$

Charakteristisches Polynom einer 3×3-Matrix umordnen

Aufgabe 6.5 Sei A eine beliebige 3×3-Matrix:

$$A = \begin{pmatrix} a_{11} & a_{12} & a_{13} \\ a_{21} & a_{22} & a_{23} \\ a_{31} & a_{32} & a_{33} \end{pmatrix}.$$

Man zeige:

$$\begin{aligned} &\chi_A(\lambda) \\ &= -\lambda^3 + (a_{11} + a_{22} + a_{33})\,\lambda^2 \\ &- \left(\det\begin{pmatrix} a_{11} & a_{12} \\ a_{21} & a_{22} \end{pmatrix} + \det\begin{pmatrix} a_{11} & a_{13} \\ a_{31} & a_{33} \end{pmatrix} + \det\begin{pmatrix} a_{22} & a_{23} \\ a_{32} & a_{33} \end{pmatrix}\right)\lambda \\ &+ \det(A)\,. \end{aligned}$$

Lösung: Mit den Rechenregeln für Determinanten als Multilinearformen bekommt man:

$$\begin{aligned}
\chi_A(\lambda) &= \begin{vmatrix} a_{11}-\lambda & a_{12} & a_{13} \\ a_{21} & a_{22}-\lambda & a_{23} \\ a_{31} & a_{32} & a_{33}-\lambda \end{vmatrix} \\
&= \begin{vmatrix} a_{11} & a_{12} & a_{13} \\ a_{21} & a_{22}-\lambda & a_{23} \\ a_{31} & a_{32} & a_{33}-\lambda \end{vmatrix} - \begin{vmatrix} \lambda & a_{12} & a_{13} \\ 0 & a_{22}-\lambda & a_{23} \\ 0 & a_{32} & a_{33}-\lambda \end{vmatrix} \\
&= \begin{vmatrix} a_{11} & a_{12} & a_{13} \\ a_{21} & a_{22} & a_{23} \\ a_{31} & a_{32} & a_{33}-\lambda \end{vmatrix} - \begin{vmatrix} a_{11} & 0 & a_{13} \\ a_{21} & \lambda & a_{23} \\ a_{31} & 0 & a_{33}-\lambda \end{vmatrix} \\
&\quad - \begin{vmatrix} \lambda & a_{12} & a_{13} \\ 0 & a_{22} & a_{23} \\ 0 & a_{32} & a_{33}-\lambda \end{vmatrix} + \begin{vmatrix} \lambda & 0 & a_{13} \\ 0 & \lambda & a_{23} \\ 0 & 0 & a_{33}-\lambda \end{vmatrix} \\
&= \begin{vmatrix} a_{11} & a_{12} & a_{13} \\ a_{21} & a_{23} & a_{33} \\ a_{31} & a_{32} & a_{33} \end{vmatrix} - \begin{vmatrix} a_{11} & a_{12} & 0 \\ a_{21} & a_{23} & 0 \\ a_{31} & a_{32} & \lambda \end{vmatrix} \\
&\quad - \begin{vmatrix} a_{11} & 0 & a_{13} \\ a_{21} & \lambda & a_{33} \\ a_{31} & 0 & a_{33} \end{vmatrix} + \begin{vmatrix} a_{11} & 0 & 0 \\ a_{21} & \lambda & 0 \\ a_{31} & 0 & \lambda \end{vmatrix} \\
&\quad - \begin{vmatrix} \lambda & a_{12} & a_{13} \\ 0 & a_{22} & a_{33} \\ 0 & a_{32} & a_{33} \end{vmatrix} + \begin{vmatrix} \lambda & a_{12} & 0 \\ 0 & a_{22} & 0 \\ 0 & a_{32} & \lambda \end{vmatrix} \\
&\quad + \begin{vmatrix} \lambda & 0 & a_{13} \\ 0 & \lambda & a_{23} \\ 0 & 0 & a_{33} \end{vmatrix} - \begin{vmatrix} \lambda & 0 & 0 \\ 0 & \lambda & 0 \\ 0 & 0 & \lambda \end{vmatrix} .
\end{aligned}$$

Hieraus kann die Behauptung sofort abgelesen werden.

Regeln für das charakteristische Polynom ähnlicher Matrizen und Transponierter nachweisen

Aufgabe 6.6 Man zeige:

$$\chi_{B^{-1}AB} = \chi_A \quad \text{und} \quad \chi_{A^T} = \chi_A .$$

Lösung: Wir benutzen die Rechenregeln für Determinanten von Produkten und Transponierten und rechnen nach:

$$\begin{aligned}
\chi_{B^{-1}AB}(\lambda) &= \det(B^{-1}AB - \lambda E) \\
&= \det(B^{-1}(A-\lambda E)B) \\
&= \det(B^{-1})\det(A-\lambda E)\det(B) \\
&= \det(A-\lambda E) \\
&= \chi_A(\lambda),
\end{aligned}$$

$$\begin{aligned}
\chi_{A^T}(\lambda) &= \det(A^T - \lambda E) \\
&= \det((A-\lambda E)^T) \\
&= \det(A-\lambda E) \\
&= \chi_A(\lambda).
\end{aligned}$$

6.2 Eigenvektoren

Nullstellen des charakteristischen Polynoms einer Matrix A sorgen dafür, daß die Matrix $A - \lambda E$ singulär wird.

Eigenwert

Jede Nullstelle (aus $\mathbb{C}$) des charakteristischen Polynoms $\chi_A(\lambda)$ einer $n \times n$-Matrix A bezeichnet man als Eigenwert von A.

Zu jedem Eigenvektor gibt es nichttriviale Lösungen der Eigengleichung.

Eigenvektor und Eigenraum

Sei λ ein Eigenwert der Matrix A. Jeder Vektor $\vec{u} \in \mathbb{C}^n$ mit $\vec{u} \neq \vec{0}$ und

$$(A - \lambda E)\vec{u}^{\,T} = \vec{0}^{\,T}$$

heißt Eigenvektor von A zum Eigenwert λ. Der gesamte Nullraum der Matrix $A - \lambda E$ wird als Eigenraum des Eigenwertes λ bezeichnet.

Die geometrische Vielfachheit des Eigenwertes $\tilde{\lambda}$ ist höchstens gleich der algebraischen Vielfachheit.

Algebraische Vielfachheit und geometrische Vielfachheit

Sei A eine $n \times n$-Matrix mit dem charakteristischen Polynom $\chi_A(\lambda)$. $\tilde{\lambda}$ sei eine Nullstelle der Vielfachheit $\tilde{k}$ von $\chi_A(\lambda)$. Der Eigenraum des Eigenwertes $\tilde{\lambda}$ habe die Dimension $\tilde{\gamma}$. Dann heißt $\tilde{k}$ die algebraische Vielfachheit und $\tilde{\gamma}$ die geometrische Vielfachheit des Eigenwertes $\tilde{\lambda}$. Stets gilt:

$$1 \leq \tilde{\gamma} \leq \tilde{k} \leq n\,.$$

Eigenvektoren, die zu paarweise verschiedenen Eigenwerten gehören, sind linear unabhängig.

Lineare Unabhängigkeit von Eigenvektoren

Sei A eine $n \times n$-Matrix und $\lambda_1, \ldots, \lambda_m$ paarweise verschiedene Eigenwerte von A. Zu jedem Eigenwert λ_j gehöre ein Eigenvektor $\vec{u}_j$. Dann sind die Eigenvektoren $\vec{u}_1, \ldots, \vec{u}_m$ linear unabhängig.

Stimmen für jeden Eigenwert einer $n \times n$-Matix A geometrische und algebraische Vielfachheit überein, so kann A in eine Diagonalmatrix $\tilde{A}$ überführt werden.

Diagonalähnliche Matrix

Eine Matrix A ist genau dann diagonalähnlich, das heißt, es gibt eine Diagonalmatrix $\tilde{A}$ und eine reguläre Matrix B mit

$$\tilde{A} = B^{-1} A B,$$

wenn die algebraische und die geometrische Vielfachheit für jeden Eigenwert übereinstimmen. Hat ein Eigenwert die Vielfachheit γ, dann tritt er γ-mal in der Diagonale auf.

Eigenwerte und Eigenvektoren bestimmem

Aufgabe 6.7 Man bestimme Eigenwerte und zugehörige Eigenvektoren der Matrix:

$$A = \begin{pmatrix} 1 & 0 & 2 \\ 3 & 0 & 0 \\ 0 & 0 & i \end{pmatrix}.$$

Lösung: Das charakteristische Polynom ergibt sich zu:

$$\begin{aligned} \chi_A(\lambda) &= \begin{vmatrix} 1-\lambda & 0 & 2 \\ 3 & -\lambda & 0 \\ 0 & 0 & i-\lambda \end{vmatrix} \\ &= (i-\lambda)\,((1-\lambda)\,(-\lambda) - 6) \\ &= -\lambda^3 + (1+i)\,\lambda^2 - i\,\lambda. \end{aligned}$$

Den Eigenwert $\lambda_1 = 0$ kann man sofort ablesen. Die Eigenwerte $\lambda_2 = 1$ und $\lambda_3 = i$ bekommt man aus der Faktorisierung:

$$\lambda^2 - (1+i)\,\lambda + i = (\lambda - 1)\,(\lambda - i).$$

Die Eigenvektoren zum Eigenwert $\lambda_1 = 0$ ergeben sich aus dem System $A\,\vec{u}^T = \vec{0}^T$. Da die Matrix A den Rang 2 besitzt, ist der Eigenraum des Eigenvektors $\lambda_1 = 0$ eindimensional. Offenbar wird er vom Vektor $(0, 1, 0)$ erzeugt. Alle Vektoren $(0, \mu, 0)$, $\mu \neq 0$, stellen Eigenvektoren dar.

Die Eigenvektoren zum Eigenwert $\lambda_2 = 1$ ergeben sich aus dem System $(A - E)\,\vec{u}^T = \vec{0}^T$ mit

$$A - E = \begin{pmatrix} 0 & 0 & 2 \\ 3 & -1 & 0 \\ 0 & 0 & i-1 \end{pmatrix}.$$

Hieraus liest man ab, daß der Eigenraum des Eigenvektors $\lambda_2 = 1$ vom Vektor $(1, 3, 0)$ erzeugt wird und daß alle Vektoren $(\mu, 3\,\mu, 0)$, $\mu \neq 0$, Eigenvektoren darstellen.

Die Eigenvektoren zum Eigenwert $\lambda_3 = i$ ergeben sich aus dem System $(A - i\,E)\,\vec{u}^T = \vec{0}^T$ mit

$$A - E = \begin{pmatrix} 1-i & 0 & 2 \\ 3 & -i & 0 \\ 0 & 0 & 0 \end{pmatrix}.$$

Hieraus liest man ab, daß der Eigenraum des Eigenvektors $\lambda_3 = i$ vom Vektor $\left(1, -3\,i, -\dfrac{1-i}{2}\right)$ erzeugt wird und daß alle Vektoren $\left(\mu, -3\,\mu\, i, -\mu\,\dfrac{1-i}{2}\right)$, $\mu \neq 0$, Eigenvektoren darstellen.

Mathematica: Die Eigenwerte können mit CharacteristicPolynomial und Solve ermittelt werden, man kann sie aber auch direkt mit Eigenvalues abfragen.

`CharacteristicPolynomial`
`Solve`
`Eigenvalues`

A = {{1, 0, 2}, {3, 0, 0}, {0, 0, i}};

CharacteristicPolynomial[A, λ]

$$-i\lambda + (1+i)\lambda^2 - \lambda^3$$

Solve[CharacteristicPolynomial[A, λ] == 0]

$$\{\{\lambda \to 0\}, \{\lambda \to i\}, \{\lambda \to 1\}\}$$

Eigenvalues[A]

$$\{0, i, 1\}$$

NullSpace[A]

$$\{\{0, 1, 0\}\}$$

NullSpace[A − IdentityMatrix[3]]

$$\{\{1, 3, 0\}\}$$

NullSpace[A − iIdentityMatrix[3]]

$$\{\{-1-i, -3+3i, 1\}\}$$

Maple: Die Eigenwerte können mit Charpoly und Solve ermittelt werden, man kann sie aber auch direkt mit Eigenvalues abfragen.

`charpoly`
`solve`
`eigenvalues`

```
> with(linalg);
> A:=matrix(3,3,[1,0,2,3,0,0,0,0,I]):
```

```
> charpoly(A,lambda);
```

$$(\lambda - 1)\,\lambda\,(\lambda - I)$$

```
> solve(charpoly(A,lambda)=0);
```

$$1,\ 0,\ I$$

```
> eigenvalues(A);
```

$$I,\ 0,\ 1$$

```
> nullspace(A);
```

$$\{[0,\ 1,\ 0]\}$$

```
> nullspace(A-array(identity,1..3,1..3));
```

$$\{\left[\frac{1}{3}, 1, 0\right]\}$$

```
> nullspace(A-I*array(identity,1..3,1..3));
```

$$\{\left[\frac{1}{3} I, 1, -\frac{1}{6} - \frac{1}{6} I\right]\}$$

Algebraische und geometrische Vielfachheit eines Eigenwertes bestimmem

Aufgabe 6.8 Man bestimme die algebraische und geometrische Vielfachheit des Eigenwertes $\lambda = 2$ der Matrix:

$$A = \begin{pmatrix} \frac{7}{2} & -3 & \frac{5}{2} \\ \frac{13}{4} & -\frac{9}{2} & \frac{15}{4} \\ 5 & -10 & 7 \end{pmatrix}.$$

Lösung: Wir berechnen zuerst das charakteristische Polynom:

$$\begin{aligned} \chi_A(\lambda) &= \begin{vmatrix} \frac{7}{2} - \lambda & -3 & \frac{5}{2} \\ \frac{13}{4} & -\frac{9}{2} - \lambda & \frac{15}{4} \\ 5 & -10 & 7 - \lambda \end{vmatrix} \\ &= -\lambda^3 + 6\lambda^2 - 12\lambda + 8 \\ &= -(\lambda - 2)^3 . \end{aligned}$$

Hieraus ergibt sich sofort, daß $\lambda = 2$ der einzige Eigenwert von A ist und die algebraische Vielfachheit 3 besitzt.

Zur Bestimmung der geometrischen Vielfachheit betrachten wir das Gleichungssystem $(A-2E)\vec{u}^T = \vec{0}^T$. Man sieht sofort, daß $2\vec{z}_2 - \vec{z}_3 = \vec{z}_1$ ergibt für die Zeilenvektoren der Matrix:

$$A - 2E = \begin{pmatrix} \frac{3}{2} & -3 & \frac{5}{2} \\ \frac{13}{4} & -\frac{13}{2} & \frac{15}{4} \\ 5 & -10 & 5 \end{pmatrix}.$$

Die ersten beiden Zeilenvektoren der Matrix $(A - 2E)$ sind jedoch linear unabhängig und damit besitzt das System $(A - 2E)\vec{u}^T = \vec{0}^T$ einen Lösungsraum der Dimension 1. Die geometrische Vielfachheit des Eigenwertes $\lambda = 2$ beträgt also 1. Offenbar wird der Eigenraum vom Basisvektor (2, 1, 0) aufgespannt.

Mathematica:

$$\mathbf{A} = \{\{\frac{7}{2}, -3, \frac{5}{2}\}, \{\frac{13}{4}, -\frac{9}{2}, \frac{15}{4}\}, \{5, -10, 7\}\};$$

CharacteristicPolynomial[A, λ]

$$8 - 12\lambda + 6\lambda^2 - \lambda^3$$

NullSpace[A – 2IdentityMatrix[3]]

{{2, 1, 0}}

Maple:

```
> with(linalg);
> A:=matrix(3,3,[7/2,-3,5/2,13/4,-9/2,15/4,5,-10,7]):

> charpoly(A,lambda);
```

$$\lambda^3 - 6\lambda^2 + 12\lambda - 8$$

```
> nullspace(A-2*array(identity,1..3,1..3));
```

{[2, 1, 0]}

Aufgabe 6.9 Sei A eine $n \times n$-Matrix mit der Eigenschaft, daß algebraische und geometrische Vielfachheit für jeden Eigenwert übereinstimmen. (Dies gilt insbesondere dann, wenn alle Eigenwerte einfach sind). Man konstruiere eine invertierbare Matrix B und eine Diagonalmatrix $\tilde{A}$ mit $\tilde{A} = B^{-1}\, A\, B$.

Diagonalähnliche Matrizen herstellen

Lösung: Wir fassen $A = M(f)$ als Matrix auf, die eine lineare Abbildung $f : \mathbb{C}^n \to \mathbb{C}^n$ bezüglich der kanononischen Basis $\vec{e}_1{}^{(n)}, \ldots, \vec{e}_1{}^{(n)}$ (im Urbild- und im Bildraum) beschreibt. Da bei jedem Eigenwert die algebraische mit der geometrischen Vielfachheit übereinstimmt ist die Summe der Dimensionen der Eigenräume gleich n. Da ferner Eigenvektoren zu verschiedenen Eigenwerten linear unabhängig sind, läßt sich eine Basis $\vec{b}_1, \ldots, \vec{b}_n$ des $\mathbb{C}^n$ aus lauter Eigenvektoren aufstellen. Nun verwenden wir im Urbild- und im Bildraum die neue Basis und ordnen f die Matrix $\tilde{A} = \tilde{M}(f)$ bezüglich dieser Basis zu. Zwischen den beiden Matrizen besteht dann der Zusammenhang:

$$\tilde{M}(f) = B^{-1}\, M(f)\, B$$

mit der Basisübergangsmatrix:

$$B = \left(\begin{pmatrix} \vec{e}_1\,(n) \\ \vdots \\ \vec{e}_n\,(n) \end{pmatrix}^{-1}\right)^T \begin{pmatrix} \vec{b}_1 \\ \vdots \\ \vec{b}_n \end{pmatrix}^T = \begin{pmatrix} \vec{b}_1 \\ \vdots \\ \vec{b}_n \end{pmatrix}^T .$$

Schreibt man die die Basisübergangsmatrix $B = (\beta_{k,j})$, so gilt mit dem betreffenden Eigenwert:

$$f(\vec{b}_j) = \sum_{k=1}^{n} \beta_{k,j}\, \vec{b}_k = \lambda\, b_j\,.$$

Hieraus folgt sofort: $\beta_{k,j} = 0$, wenn $j \neq k$.

Eine Matrix diagonalisieren

Aufgabe 6.10 Gegeben sei die Matrix:

$$A = \begin{pmatrix} 1-i & -\frac{3}{2}-\frac{3}{4}i & 2+i \\ 0 & 3 & 0 \\ 1-2i & \frac{3}{4}-\frac{3}{2}i & 2+2i \end{pmatrix}.$$

Man gebe eine invertierbare Matrix B und eine Diagonalmatrix $\tilde{A}$ an, so daß gilt: $\tilde{A} = B^{-1}\, A\, B$.

Lösung: Durch Entwickeln nach der dritten Zeile berechnen wir zunächst das charakteristische Polynom:

$$\begin{aligned} \chi_A(\lambda) &= \begin{vmatrix} 1-i-\lambda & -\frac{3}{2}-\frac{3}{4}i & 2+i \\ 0 & 3-\lambda & 0 \\ 1-2i & \frac{3}{4}-\frac{3}{2}i & 2+2i-\lambda \end{vmatrix} \\ &= -(\lambda-3)^2\,(\lambda-i)\,. \end{aligned}$$

Es liegt also ein zweifacher Eigenwert $\lambda_1 = 3$ und ein einfacher Eigenwert $\lambda_2 = i$ vor. Die Matrix A kann nur dann diagonalisiert werden, wenn der Eigenwert λ_1 die geometrische Vielvachheit 2 besitzt.

Offensichtlich besitzt die Matrix

$$A - 3\,E = \begin{pmatrix} -2-i & -\frac{3}{2}-\frac{3}{4}i & 2+i \\ 0 & 0 & 0 \\ 1-2i & \frac{3}{4}-\frac{3}{2}i & -1+2i \end{pmatrix}$$

den Rang 1. Multipliziert man die dritte Zeile mit $-i$, so entsteht gerade die erste Zeile. Als Basisvektoren des Eigenraumes von $\lambda_1 = 3$ wählen wir $(1, 0, 1)$, $\left(-\frac{3}{4}, 1, 0\right)$.

Die Matrix

$$A - 3\,E = \begin{pmatrix} 1-2i & -\frac{3}{2}-\frac{3}{4}i & 2+i \\ 0 & 3-i & 0 \\ 1-2i & \frac{3}{4}-\frac{3}{2}i & 2+i \end{pmatrix}$$

besitzt den Rang 2, und wir wählen den Vektor $(-i, 0, 1)$ als Basis des Eigenraumes von $\lambda_2 = i$.

Der Übergang von der kanonischen Basis $(1, 0, 0)$, $(0, 1, 0)$, $(0, 0, 1)$ des $\mathbb{C}^3$ zur Basis $(1, 0, 1)$, $\left(-\frac{3}{4}, 1, 0\right)$, $(-i, 0, 1)$ wird durch die Übergangsmatrix

$$B = \begin{pmatrix} 1 & -\frac{3}{4} & -i \\ 0 & 1 & 0 \\ 1 & 0 & 1 \end{pmatrix}$$

vermittelt. Die Inverse von B ergibt sich zu:

$$B^{-1} = \begin{pmatrix} \frac{1}{2} - \frac{1}{2}i & \frac{3}{8} - \frac{3}{8}i & \frac{1}{2} + \frac{1}{2}i \\ 0 & 1 & 0 \\ -\frac{1}{2} + \frac{1}{2}i & -\frac{3}{8} + \frac{3}{8}i & \frac{1}{2} - \frac{1}{2}i \end{pmatrix}.$$

Schließlich berechnet man $\tilde{A}$:

$$\tilde{A} = B^{-1} A B = \begin{pmatrix} 3 & 0 & 0 \\ 0 & 3 & 0 \\ 0 & 0 & i \end{pmatrix}.$$

Mathematica:

$A =$

$\left\{\left\{1 - i, -\frac{3}{2} - \frac{3i}{4}, 2 + i\right\}, \{0, 3, 0\}, \left\{1 - 2i, \frac{3}{4} - \frac{3i}{2}, 2 + 2i\right\}\right\};$

CharacteristicPolynomial[A, λ]//Factor

$-(-3 + \lambda)^2(-i + \lambda)$

NullSpace[A − 3 ∗ IdentityMatrix[3]]

$\left\{\{1, 0, 1\}, \left\{-\frac{3}{4}, 1, 0\right\}\right\}$

NullSpace[A − i ∗ IdentityMatrix[3]]

$\{\{-i, 0, 1\}\}$

B = {{1, −3/4, −i}, {0, 1, 0}, {1, 0, 1}}

$\left\{\left\{1, -\frac{3}{4}, -i\right\}, \{0, 1, 0\}, \{1, 0, 1\}\right\}$

Inverse[B]

$\left\{\left\{\frac{1}{2} - \frac{i}{2}, \frac{3}{8} - \frac{3i}{8}, \frac{1}{2} + \frac{i}{2}\right\}, \{0, 1, 0\}, \left\{-\frac{1}{2} + \frac{i}{2}, -\frac{3}{8} + \frac{3i}{8}, \frac{1}{2} - \frac{i}{2}\right\}\right\}$

Inverse[B].A.B

$\{\{3, 0, 0\}, \{0, 3, 0\}, \{0, 0, i\}\}$

Maple:

```
> with(linalg):
> A:=matrix(3,3,[1-I,-(3/2)-(3*I)/4,2+I,0,3,
> 0,1-2*I,(3/4)-(3*I)/2,2+2*I]):
> factor(charpoly(A,lambda));
```

$$(\lambda - I)\,(\lambda - 3)^2$$

```
> nullspace(A-3*array(identity,1..3,1..3));
```

$$\left\{\left[\frac{-3}{4},\, 1,\, 0\right],\, [1,\, 0,\, 1]\right\}$$

```
> nullspace(A-I*array(identity,1..3,1..3));
```

$$\{[-I,\, 0,\, 1]\}$$

```
> B:=matrix(3,3,[1,-3/4,-I,0,1,0,1,0,1]);
```

$$B := \begin{bmatrix} 1 & \frac{-3}{4} & -I \\ 0 & 1 & 0 \\ 1 & 0 & 1 \end{bmatrix}$$

```
> inverse(B);
```

$$\begin{bmatrix} \frac{1}{2} - \frac{1}{2} I & \frac{3}{8} - \frac{3}{8} I & \frac{1}{2} + \frac{1}{2} I \\ 0 & 1 & 0 \\ -\frac{1}{2} + \frac{1}{2} I & -\frac{3}{8} + \frac{3}{8} I & \frac{1}{2} - \frac{1}{2} I \end{bmatrix}$$

```
> evalm(inverse(B)&*A&*B);
```

$$\begin{bmatrix} 3 & 0 & 0 \\ 0 & 3 & 0 \\ 0 & 0 & I \end{bmatrix}$$

Diagonalähnlichkeit einer Matrix überprüfen

Aufgabe 6.11 Man prüfe, ob die folgende Matrix diagonalisierbar ist:

$$A = \begin{pmatrix} 4+3i & -\frac{1}{3} - 2i & 1 & 1+6i \\ 0 & 3-3i & 0 & -3 \\ -4 & \frac{2}{3} + 2i & 3i & -2-6i \\ 0 & \frac{1}{3} & 0 & 1-3i \end{pmatrix}.$$

Lösung: Zunächst benötigen wir die Eigenwerte:

$$\chi_A(\lambda) = \begin{vmatrix} 4+3i-\lambda & -\frac{1}{3} - 2i & 1 & 1+6i \\ 0 & 3-3i-\lambda & 0 & -3 \\ -4 & \frac{2}{3} + 2i & 3i-\lambda & -2-6i \\ 0 & \frac{1}{3} & 0 & 1-3i-\lambda \end{vmatrix} = 0$$

und entwickeln nach der dritten Spalte:

$$\begin{aligned}
\chi_A(\lambda) &= \begin{vmatrix} 0 & 3-3i-\lambda & -3 \\ -4 & \frac{2}{3}+2i & -2-6i \\ 0 & \frac{1}{3} & 1-3i-\lambda \end{vmatrix} \\
&\quad +(3i-\lambda)\begin{vmatrix} 4+3i-\lambda & -\frac{1}{3}-2i & 1+6i \\ 0 & 3-3i-\lambda & -3 \\ 0 & \frac{1}{3} & 1-3i-\lambda \end{vmatrix} \\
&= 4\,((3-3i-\lambda)\,(1-3i-\lambda)+1) \\
&\quad +(3i-\lambda)\,(4+3i-\lambda)\,((3-3i-\lambda)\,(1-3i-\lambda)+1) \\
&= (4+(3i-\lambda)\,(4+3i-\lambda))\,(\lambda-(2-3i)^2 \\
&= (\lambda-(2-3i))^2\,(\lambda-(2+3i))^2\,.
\end{aligned}$$

Es liegen somit zwei doppelte Eigenwerte $\lambda_1 = 2 - 3i$ und $\lambda_2 = 2 + 3i$ vor. Man sieht unmittelbar, daß die Matrizen

$$A-(2-3i)\,E = \begin{pmatrix} 2+6i & -\frac{1}{3}-2i & 1 & 1+6i \\ 0 & 1 & 0 & -3 \\ -4 & \frac{2}{3}+2i & -2+6i & -2-6i \\ 0 & \frac{1}{3} & 0 & -1 \end{pmatrix}$$

und

$$A-(2+3i)\,E = \begin{pmatrix} 2 & -\frac{1}{3}-2i & 1 & 1+6i \\ 0 & 1-6i & 0 & -3 \\ -4 & \frac{2}{3}+2i & -2 & -2-6i \\ 0 & \frac{1}{3} & 0 & -1-6i \end{pmatrix}$$

jeweils den Rang 3 besitzen. Also haben λ_1 und λ_2 jeweils die algebraische Vielfachheit 2 und die geometrische Vielfachheit 1. Die Matrix ist somit nicht diagonalähnlich. Der Eigenraum von λ_1 wird vom Vektor $(0, 1, 0, 3)$ aufgespannt und der Eigenraum von λ_2 wird vom Vektor $(1, 0, -2, 3)$.

Mathematica:

$$A = \left\{\left\{4+3i, -\tfrac{1}{3}-2i, 1, 1+6i\right\}, \{0, 3-3i, 0, -3\}, \left\{-4, \tfrac{2}{3}+2i, 3i, -2-6i\right\}, \left\{0, \tfrac{1}{3}, 0, 1-3i\right\}\right\};$$

Factor[CharacteristicPolynomial[A, λ]]

$$(13-4\lambda+\lambda^2)^2$$

Solve[CharacteristicPolynomial[A, λ] == 0]

$\{\{\lambda \to 2-3i\}, \{\lambda \to 2-3i\}, \{\lambda \to 2+3i\},$
$\{\lambda \to 2+3i\}\}$

A − (2 − 3i) ∗ IdentityMatrix[4]//MatrixForm

$$\begin{pmatrix} 2+6i & -\frac{1}{3}-2i & 1 & 1+6i \\ 0 & 1 & 0 & -3 \\ -4 & \frac{2}{3}+2i & -2+6i & -2-6i \\ 0 & \frac{1}{3} & 0 & -1 \end{pmatrix}$$

A − (2 + 3i) ∗ IdentityMatrix[4]//MatrixForm

$$\begin{pmatrix} 2 & -\frac{1}{3}-2i & 1 & 1+6i \\ 0 & 1-6i & 0 & -3 \\ -4 & \frac{2}{3}+2i & -2 & -2-6i \\ 0 & \frac{1}{3} & 0 & -1-6i \end{pmatrix}$$

Maple:

```
> with(linalg);
> A:=matrix(4,4,[4+3*I,-1/3-2*I,1,1+6*I,0,3-3*I,0,
> -3,-4,2/3+2*I,3*I,-2-6*I,0,1/3,0,1-3*I]):
> factor(charpoly(A,lambda));
```

$$(\lambda^2 - 4\lambda + 13)^2$$

```
> solve(charpoly(A,lambda)=0);
```

$$2+3I,\ 2-3I,\ 2+3I,\ 2-3I$$

```
> evalm(A-(2-3*I)*array(identity,1..4,1..4));
```

$$\begin{bmatrix} 2+6I & -\frac{1}{3}-2I & 1 & 1+6I \\ 0 & 1 & 0 & -3 \\ -4 & \frac{2}{3}+2I & -2+6I & -2-6I \\ 0 & \frac{1}{3} & 0 & -1 \end{bmatrix}$$

```
> evalm(A-(2+3*I)*array(identity,1..4,1..4));
```

$$\begin{bmatrix} 2 & -\frac{1}{3}-2I & 1 & 1+6I \\ 0 & 1-6I & 0 & -3 \\ -4 & \frac{2}{3}+2I & -2 & -2-6I \\ 0 & \frac{1}{3} & 0 & -1-6I \end{bmatrix}$$

6.3 Symmetrische und orthogonale Matrizen

Wir betrachten nun Matrizen mit speziellen Eigenschaften.

Eine $n \times n$-Matrix A mit Elementen aus $\mathbb{R}$ heißt symmetrisch, wenn gilt

$$A = A^T,$$

und othogonal, wenn gilt

$$A^{-1} = A^T.$$

Die Determinante einer Orthogonalmatrix beträgt $+1$ oder -1.

Symmetrische und orthogonale Matrizen

Wenn A orthogonal ist, dann sind die Spaltenvektoren (Zeilenvektoren) paarweise orthogonal und haben die Länge 1.

Bilden die Spaltenvektoren (Zeilenvektoren) einer $n \times n$-Matrix A eine Orthonormalbasis des $\mathbb{R}^n$, so bilden auch die Zeilenvektoren (Spaltenvektoren) eine Orthonormalbasis, und A ist orthogonal.

Orthonormalbasen und orthogonalen Matrizen

Symmetrische und orthogonale Matrizen stehen in folgendem Zusammenhang mit dem skalaren Produkt.

Wenn A eine symmetrische $n \times n$-Matrix ist, dann gilt

$$(A\,\vec{x}^T)^T\,\vec{y} = \vec{x}\,(A\,\vec{y}^T)^T,$$

und wenn A eine orthogonale $n \times n$-Matrix ist, dann gilt

$$(A\,\vec{x}^T)^T\,(A\,\vec{y}^T)^T = \vec{x}\,\vec{y}$$

für beliebige Vektoren $\vec{x}, \vec{y} \in \mathbb{R}^n$.

Zusammenhänge zwischen skalarem Produkt und symmetrischen und orthogonalen Matrizen

Im $\mathbb{R}^3$ ergibt sich folgende geometrische Eigenschaft.

Liegt eine orthogonale 3×3-Matrix vor, so bleibt bei der Anwendung der durch die Matrix definierten linearen Abbildung die Länge eines Vektors und der Winkel zwischen zwei Vektoren erhalten.

Erhaltung von Länge und Winkel durch orthogonale Matrizen im $\mathbb{R}^3$

Wir betrachten nun Eigenwerte und Eigenvektoren symmetrischer Matrizen.

Eigenschaften symmetrischer Matrizen

Sei A eine symmetrische Matrix. Dann gilt:

1.) Alle Eigenwerte sind reell.

2.) Sind $\lambda_1 \neq \lambda_2$ zwei verschiedene Eigenwerte mit zugehörigen Eigenvektoren $\vec{u}_1$ bzw. $\vec{u}_2$, so sind $\vec{u}_1$ und $\vec{u}_2$ orthogonal: $\vec{u}_1\,\vec{u}_2 = 0$.

3.) Bei jedem Eigenwert stimmen geometrische und algebraische Vielfachheit überein.

Aus den Eigenschaften der Eigenwerte und Eigenvektoren einer symmetrischen Matrix ergibt sich die Diagonalähnlichkeit.

Diagonalähnlichkeit symmetrischer Matrizen

Jede symmetrische Matrix ist diagonalähnlich.

Schließlich betrachten wir Eigenwerte und Eigenvektoren orthogonaler Matrizen.

Eigenwerte und Eigenvektoren orthogonaler Matrizen

Sei A eine orthogonale Matrix und $\lambda \in \mathbb{C}$ ein Eigenwert. Dann gilt $|\lambda| = \pm 1$. Gehören die Eigenvektoren $\vec{u} \in \mathbb{C}^n$ und $\vec{v} \in \mathbb{C}^n$ zu verschiedenen Eigenwerten, dann sind $\vec{u}$ und $\vec{v}$ orthogonal: $\vec{u}\,\vec{v} = 0$.

Eigenschaften orthogonaler Matrizen nachweisen

Aufgabe 6.12 Sind A und B orthogonale $n \times n$-Matrizen, dann ist auch die Produktmatrix orthogonal.
Gilt $\det(A) = +1$ und ist n ungerade, so ist $\lambda = 1$ ein Eigenwert von A. Gilt $\det(A) = -1$, so ist stets $\lambda = -1$ ein Eigenwert von A.
Für alle Vektoren $\vec{x} \in \mathbb{R}^n$ gilt: $||A\,\vec{x}^T|| = ||\vec{x}||$.
Liegt eine orthogonale 3×3-Matrix vor, so bleibt bei der Anwendung der durch die Matrix definierten linearen Abbildung die Länge eines Vektors und der Winkel zwischen zwei Vektoren erhalten.

Lösung: Aus $A^{-1} = A^T$ und $B^{-1} = B^T$ folgt:

$$(A\,B)^{-1} = B^{-1}\,A^{-1} = B^T\,A^T = (A\,B)^T\,.$$

Wir formen um bei $\det(A) = +1$:

$$\begin{aligned}
\det(A - E) &= \det(A\,(E - A^{-1}) \\
&= \det(A\,(E - A^T) \\
&= \det(A)\,\det(E - A^T) \\
&= \det((E - A)^T) \\
&= \det(E - A) \\
&= \det(-(A - E)) \\
&= (-1)^n\,\det(A - E) \\
&= -\det(A - E)\,.
\end{aligned}$$

Hieraus ergibt sich $\det(A - E) = 0$ für ungerades n.

Wir formen um bei $\det(A) = -1$:

$$\begin{aligned}\det(A + E) &= \det(A\,(E + A^{-1}) \\ &= \det(A\,(E + A^T) \\ &= \det(A)\,\det(E + A^T) \\ &= -\det((E + A)^T) \\ &= -\det(A + E)\,.\end{aligned}$$

Hieraus ergibt sich $\det(A + E) = 0$

Für beliebige Vektoren $\vec{x}, \vec{y} \in \mathbb{R}^n$ gilt:

$$(A\,\vec{x}^T)^T\,(A\,\vec{y}^T)^T = \vec{x}\,\vec{y}\,.$$

Setzt man $\vec{y} = \vec{x}$, so ergibt sich:

$$(A\,\vec{x}^T)^T\,(A\,\vec{x}^T)^T = \vec{x}\,\vec{x}$$

und daraus folgt $||A\,\vec{x}^T|| = ||\vec{x}||$. Das heißt, bei der Anwendung der durch die Matrix definierten linearen Abbildung bleibt die Länge eines Vektors erhalten.

Schreiben wir nun im $\mathbb{R}^3$:

$$\vec{x}\,\vec{y} = ||\vec{x}||\,||\vec{y}||\,\cos(\vec{x}||, ||\vec{y})$$

und

$$(A\,\vec{x}^T)^T\,(A\,\vec{x}^T)^T = ||(A\,\vec{x}^T)^T||\,||(A\,\vec{x}^T)^T||\,\cos(A\,\vec{x}^T)^T\,(A\,\vec{x}^T)^T)\,,$$

so folgt wegen $||A\,\vec{x}^T|| = ||\vec{x}||$ und $||A\,\vec{y}^T|| = ||\vec{y}||$ die Beziehung

$$\cos(A\,\vec{x}^T)^T\,(A\,\vec{x}^T)^T) = \cos(\vec{x}||, ||\vec{y})\,.$$

Aufgabe 6.13 Man zeige: Wenn A eine orthogonale 2×2-Matrix ist, dann gibt es ein $\phi \in [0, 2\pi)$, so daß

$$A = \begin{pmatrix}\cos(\phi) & -\sin(\phi)\\ \sin(\phi) & \cos(\phi)\end{pmatrix} \quad \text{oder} \quad A = \begin{pmatrix}\cos(\phi) & \sin(\phi)\\ \sin(\phi) & -\cos(\phi)\end{pmatrix}.$$

Sämtliche orthogonale 2×2-Matrizen bestimmen

Lösung: Wir schreiben $A = \begin{pmatrix}a_{11} & a_{12}\\ a_{21} & a_{22}\end{pmatrix}$. Die Spaltenvektoren

$$\vec{s}_1 = \begin{pmatrix}a_{11}\\ a_{21}\end{pmatrix} \quad \text{und} \quad \vec{s}_2 = \begin{pmatrix}a_{12}\\ a_{22}\end{pmatrix}$$

bilden ein orthonormales System. Zunächst müssen Winkel ϕ_1, ϕ_2 existieren mit

$$\vec{s}_1 = \begin{pmatrix}\cos(\phi_1)\\ \sin(\phi_1)\end{pmatrix} \quad \text{und} \quad \vec{s}_2 = \begin{pmatrix}\cos(\phi_2)\\ \sin(\phi_2)\end{pmatrix}.$$

Da die beiden Vektoren einen rechten Winkel einschließen, gilt

$$|\phi_2 - \phi_1| = k\,\frac{\pi}{2}$$

bzw. $\phi_2 = \phi_1 \pm k\,\frac{\pi}{2}$ mit $k = 1, 3$. Setzt man nun $\phi_1 = \phi$, so gilt:

$$\vec{s}_1 = \begin{pmatrix}\cos(\phi)\\ \sin(\phi)\end{pmatrix} \quad \text{und} \quad \vec{s}_2 = \begin{pmatrix}\cos\left(\phi \pm k\,\frac{\pi}{2}\right)\\ \sin\left(\phi \pm k\,\frac{\pi}{2}\right)\end{pmatrix}.$$

Die Beziehungen:

$$\begin{aligned}\cos\left(\phi \pm k\,\frac{\pi}{2}\right) &= \cos(\phi)\,\cos\left(\pm k\,\frac{\pi}{2}\right) - \sin(\phi)\,\sin\left(\pm k\,\frac{\pi}{2}\right)\\ \sin\left(\phi \pm k\,\frac{\pi}{2}\right) &= \sin(\phi)\,\cos\left(\pm k\,\frac{\pi}{2}\right) + \cos(\phi)\,\sin\left(\pm k\,\frac{\pi}{2}\right)\end{aligned}$$

zusammen mit

$$\cos\left(\pm k\,\frac{\pi}{2}\right) = 0 \quad \text{und} \quad \sin\left(\pm\frac{\pi}{2}\right) = \pm 1, \quad \sin\left(\pm 3\,\frac{\pi}{2}\right) = \mp 1$$

beweisen die Behauptung.

Eigenwerte und Eigenvektoren von orthogonalen 2×2-Matrizen bestimmen

Aufgabe 6.14 Die Matrix A besitze mit einem $\phi \in [0, 2\pi)$ die Gestalt:

$$A = \begin{pmatrix}\cos(\phi) & -\sin(\phi)\\ \sin(\phi) & \cos(\phi)\end{pmatrix} \quad \text{oder} \quad A = \begin{pmatrix}\cos(\phi) & \sin(\phi)\\ \sin(\phi) & -\cos(\phi)\end{pmatrix}.$$

Man berechne Eigenwerte und Eigenvektoren und interpretiere das Ergebnis geometrisch.

Lösung: Für $A = \begin{pmatrix}\cos(\phi) & -\sin(\phi)\\ \sin(\phi) & \cos(\phi)\end{pmatrix}$ ergibt sich das charakteristische Polynom zu:

$$\chi_A(\lambda) = (\cos(\phi) - \lambda)^2 + (\sin(\phi))^2$$

und die Eigenwerte:

$$\lambda_1 = \cos(\phi) + \sqrt{-(\sin(\phi))^2}, \quad \lambda_2 = \cos(\phi) - \sqrt{-(\sin(\phi))^2}.$$

Im Sonderfall $\phi = 0$ fallen beide Eigenwerte zum doppelten Eigenwert $\lambda_1 = 1$ zusammen. Im Sonderfall $\phi = \pi$ fallen beide Eigenwerte zum doppelten Eigenwert $\lambda_1 = -1$ zusammen. In beiden Fällen sind alle Vektoren aus $\mathbb{C}^2$ ($\mathbb{R}^2$) Eigenvektoren. Im allgemeinen Fall haben wir zwei konjugiert komplexe Eigenwerte. Zur Berechnung der Eigenvektoren betrachten wir die Matrix:

$$A - (\cos(\phi) \pm \sqrt{-(\sin(\phi))^2})\,E = \begin{pmatrix}\mp\sqrt{-(\sin(\phi))^2} & -\sin(\phi)\\ \sin(\phi) & \mp\sqrt{-(\sin(\phi))^2}\end{pmatrix}$$

und bekommen als Basis der Eigenräume von λ_1 bzw. λ_2 die (im $\mathbb{C}^2$) senkrecht aufeinander stehenden Vektoren

$$(-sign(\sin(\phi))\,i, 1) \quad \text{bzw.} \quad (sign(\sin(\phi))\,i, 1).$$

Die Matrix A beschreibt geometrisch eine Drehung in der Ebene um den Winkel ϕ. Ist $\phi = 0$ bzw. $\phi = \pi$, dann sind alle Vektoren Eigenvektoren zum Eigenwert 1 bzw. -1. Ist jedoch $\phi \neq 0, \pi$ dann gibt es keinen reellen Eigenwert.

Für $A = \begin{pmatrix} \cos(\phi) & \sin(\phi) \\ \sin(\phi) & -\cos(\phi) \end{pmatrix}$ ergibt sich das charakteristische Polynom zu:

$$\chi_A(\lambda) = \lambda^2 - (\cos(\phi))^2 - (\sin(\phi))^2 = \lambda^2 - 1$$

und die Eigenwerte:

$$\lambda_1 = -1\,, \quad \lambda_2 = +1\,.$$

Zur Berechnung der Eigenvektoren betrachten wir die Matrix:

$$A - E = \begin{pmatrix} \cos(\phi) \pm 1 & \sin(\phi) \\ \sin(\phi) & -\sin(\phi) \pm 1 \end{pmatrix}.$$

Aus den Additionstheoremen ergibt sich:

$$\cos\left(\frac{\phi}{2}\right) = \cos\left(\phi - \frac{\phi}{2}\right) = \cos(\phi)\,\cos\left(\frac{\phi}{2}\right) + \sin(\phi)\,\sin\left(\frac{\phi}{2}\right)$$

bzw.

$$(\cos(\phi) - 1)\,\cos\left(\frac{\phi}{2}\right) + \sin(\phi)\,\sin\left(\frac{\phi}{2}\right) = 0\,.$$

Damit stellt der Vektor $\left(\cos\left(\frac{\phi}{2}\right), \sin\left(\frac{\phi}{2}\right)\right)$ und eine Basis des Eigenraums von $\lambda_2 = 1$ dar. Da die Eigenvektoren zum Eigenvektor $\lambda_1 = -1$ senkrecht auf dem soeben gefundenen Vektor stehen müssen, kann der Vektor $\left(\cos\left(\frac{\phi}{2} + \frac{\pi}{2}\right), \sin\left(\frac{\phi}{2} + \frac{\pi}{2}\right)\right)$ als Basis des Eigenraums von $\lambda_2 = -1$ genommen werden. Anhand der Bilder $A\begin{pmatrix} 1 \\ 0 \end{pmatrix}$ und $A\begin{pmatrix} 0 \\ 1 \end{pmatrix}$ der Einheitsvektoren erkennt man, daß die Matrix A geometrisch eine Spiegelung in der Ebene an der Gerade $x_2 = \tan\left(\frac{\phi}{2}\right) x_1$ beschreibt.

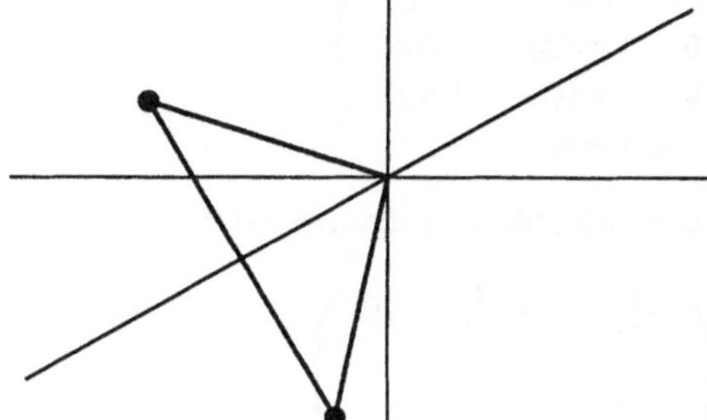

Spiegelung der Ebene an der Gerade $x_2 = \tan\left(\frac{\phi}{2}\right) x_1$

Aufgabe 6.15 Man zeige: Wenn A eine orthogonale 3×3-Matrix ist, dann stellt A eine Drehung oder eine Drehspiegelung im $\mathbb{R}^3$ dar.

Orthogonale 3×3-Matrizen klassifizieren

Lösung: Wir unterscheiden zwei Fälle $\det(A) = +1$ und $\det(A) = -1$. Im ersten Fall ist $\lambda_1 = +1$ ein Eigenwert im zweiten Fall $\lambda_1 = -1$. In beiden Fällen existiert ein Eigenvektor $\vec{b}_1 \in \mathbb{R}^3$ mit der Länge 1. Wir ergänzen diesen Vektor zu einer Orthonormalbasis $\vec{b}_1, \vec{b}_2, \vec{b}_3$ des $\mathbb{R}^3$. Stellen wir die durch A bezüglich der kanonischen Basis vermittelte Abbildung bezüglich der neuen Basis dar, so bekommen wir die Matrix:

$$\tilde{A} = B^T A B, \quad B = \begin{pmatrix} \vec{b}_1^T \\ \vec{b}_2^T \\ \vec{b}_3^T \end{pmatrix}.$$

Da die orthogonale Matrix $\tilde{A}$ die Winkel zwischen Vektoren erhält, muß sie folgende Gestalt annehmen:

$$\tilde{A} = \begin{pmatrix} \pm 1 & 0 & 0 \\ 0 & \tilde{a}_{22} & \tilde{a}_{23} \\ 0 & \tilde{a}_{32} & \tilde{a}_{33} \end{pmatrix}.$$

Da die Spaltenvektoren von $\tilde{A}$ ein Orthonormalsystem bilden, stellt die Matrix

$$\tilde{A}_2 = \begin{pmatrix} \tilde{a}_{22} & \tilde{a}_{23} \\ \tilde{a}_{32} & \tilde{a}_{33} \end{pmatrix}$$

eine Orthogonalmatrix im $\mathbb{R}^2$ dar. Berücksichtigt man ferner

$$\det(A) = \pm \det(\tilde{A}_2),$$

so muß im Fall $\det(A) = +1$ und im Fall $\det(A) = -1$ gelten $\det(\tilde{A}_2) = +1$. Das heißt, daß $\tilde{A}$ im Fall $\det(A) = +1$ die Gestalt einer Drehung (mit der Drehachse in Richtung $\vec{b}_1$)

$$\tilde{A} = \begin{pmatrix} 1 & 0 & 0 \\ 0 & \cos(\phi) & -\sin(\phi) \\ 0 & \sin(\phi) & \cos(\phi) \end{pmatrix}$$

und im Fall $\det(A) = -1$ die Gestalt einer Drehspiegelungung (Drehung mit der Drehachse in Richtung $\vec{b}_1$ anschließende Spiegelung an der Ebene $\vec{b}_1 \vec{x} = 0$)

$$\tilde{A} = \begin{pmatrix} -1 & 0 & 0 \\ 0 & \cos(\phi) & -\sin(\phi) \\ 0 & \sin(\phi) & \cos(\phi) \end{pmatrix}$$

jeweils mit einem $\phi \in [0, 2\pi)$ annimmt.

Drehachse und Drehwinkel einer orthogonalen 3×3-Matrix bestimmen

Aufgabe 6.16 Man entscheide, ob die folgende Matrix

$$A = \begin{pmatrix} \frac{1}{\sqrt{2}} & -\frac{1}{\sqrt{2}} & 0 \\ -\frac{3}{\sqrt{22}} & -\frac{3}{\sqrt{22}} & \frac{2}{\sqrt{22}} \\ \frac{1}{\sqrt{11}} & \frac{1}{\sqrt{11}} & \frac{3}{\sqrt{11}} \end{pmatrix}$$

eine Drehung oder eine Drehspiegelung im $\mathbb{R}^3$ darstellt und gebe Drehachse und Drehwinkel an.

Lösung: Zunächst rechnet man mit

$$\begin{aligned}\vec{z}_1 &= \left(\frac{1}{\sqrt{2}}, -\frac{1}{\sqrt{2}}, 0\right),\\ \vec{z}_2 &= \left(-\frac{3}{\sqrt{22}}, -\frac{3}{\sqrt{22}}, \frac{2}{\sqrt{22}}\right),\\ \vec{z}_3 &= \left(\frac{1}{\sqrt{11}}, \frac{1}{\sqrt{11}}, \frac{3}{\sqrt{11}}\right),\end{aligned}$$

die skalaren Produkte nach:

$$\vec{z}_1\,\vec{z}_1 = 1\,, \vec{z}_2\,\vec{z}_2 = 1\,, \vec{z}_3\,\vec{z}_3 = 1\,,$$

$$\vec{z}_1\,\vec{z}_2 = 0\,, \vec{z}_1\,\vec{z}_3 = 0\,, \vec{z}_2\,\vec{z}_3 = 0\,,$$

so daß die Matrix tatsächlich orthogonal ist. Weiterhin folgt durch Ausrechnen:

$$\det(A) = -1\,.$$

Also liegt eine Drehspiegelung vor, die $\lambda = -1$ als Eigenwert besitzen muß. Eigenvektoren zum Eigenwert -1 ergeben sich aus dem Gleichungssystem:

$$(A+E)\,\vec{u}^T = \begin{pmatrix} \frac{1}{\sqrt{2}}+1 & -\frac{1}{\sqrt{2}} & 0 \\ -\frac{3}{\sqrt{22}} & -\frac{3}{\sqrt{22}}+1 & \frac{2}{\sqrt{22}} \\ \frac{1}{\sqrt{11}} & \frac{1}{\sqrt{11}} & \frac{3}{\sqrt{11}}+1 \end{pmatrix} \begin{pmatrix} u_1 \\ u_2 \\ u_3 \end{pmatrix} = \begin{pmatrix} 0 \\ 0 \\ 0 \end{pmatrix}.$$

Die Matrix $A + E$ besitzt den Rang 2 und als Basis des eindimensionalen Eigenraumes wählen wir:

$$\vec{u} = \left((1-\sqrt{2})\,\frac{3+\sqrt{11}}{\sqrt{2}}, -\frac{3+\sqrt{11}}{\sqrt{2}}, 1\right).$$

Als Richtung der Drehachse können wir den folgenden Einheitsvektor nehmen:

$$\vec{b} = \frac{1}{\sqrt{\vec{u}\,\vec{u}}}\,\vec{u} = \frac{\sqrt{2}}{\sqrt{2+(3+\sqrt{11})^2+(1-\sqrt{2})^2\,(3+\sqrt{11})^2}}\,\vec{u}\,.$$

Nun greifen wir auf folgende Beziehungen zwischen den Elementen der Matrix A und dem Drehwinkel zurück:

$$a_{11} + a_{22} + a_{33} = 2\,\cos(\phi) - 1$$

und

$$(a_{32} - a_{23}, a_{13} - a_{31}, a_{21} - a_{12}) = 2\,\sin(\phi)\,(b_1, b_2, b_3)\,.$$

Aus der ersten Beziehung ergibt sich:

$$\cos(\phi) = \frac{1}{2}\left(\frac{1}{\sqrt{2}} + \frac{3}{\sqrt{11}}\left(1 - \frac{1}{\sqrt{2}}\right) + 1\right)$$

und aus der zweiten Beziehung:

$$\sin(\phi) = \frac{1}{2}\,\frac{1-\sqrt{2}}{\sqrt{11}}\,\frac{\sqrt{2+(3+\sqrt{11})^2+(1-\sqrt{2})^2\,(3+\sqrt{11})^2}}{(1-\sqrt{2})\,(3+\sqrt{11})}.$$

Näherungsweise bekommt man $\cos(\phi) = 0.986\ldots$ und $\sin(\phi) = 0.166\ldots$ und damit einen Drehwinkel $\phi = 0.167\ldots$ (im Bogenmaß).

Mathematica:

$$A = \{\{\tfrac{1}{\sqrt{2}}, -\tfrac{1}{\sqrt{2}}, 0\}, \{-\tfrac{3}{\sqrt{22}}, -\tfrac{3}{\sqrt{22}}, \tfrac{2}{\sqrt{22}}\}, \{\tfrac{1}{\sqrt{11}}, \tfrac{1}{\sqrt{11}}, \tfrac{3}{\sqrt{11}}\}\} \;;$$

det[A]

-1

Simplify[NullSpace[A + IdentityMatrix[3]]]

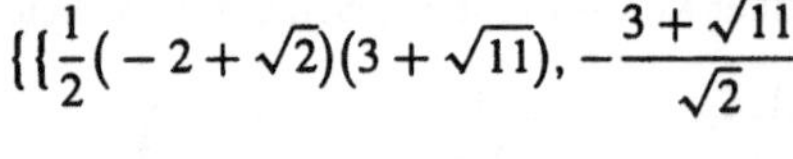

$$\{\{\tfrac{1}{2}(-2+\sqrt{2})(3+\sqrt{11}), -\frac{3+\sqrt{11}}{\sqrt{2}}, 1\}\}$$

Maple:

```
> with(linalg);
> A:=matrix(3,3,[1/sqrt(2),-1/sqrt(2),0,
> -3/sqrt(22),-3/sqrt(22),2/sqrt(22),
> 1/sqrt(11),1/sqrt(11),3/sqrt(11)]);
```

$$A := \begin{bmatrix} \frac{1}{2}\sqrt{2} & -\frac{1}{2}\sqrt{2} & 0 \\ -\frac{3}{22}\sqrt{22} & -\frac{3}{22}\sqrt{22} & \frac{1}{11}\sqrt{22} \\ \frac{1}{11}\sqrt{11} & \frac{1}{11}\sqrt{11} & \frac{3}{11}\sqrt{11} \end{bmatrix}$$

```
> det(A);
```

$$-\frac{1}{22}\sqrt{2}\sqrt{22}\sqrt{11}$$

```
> nullspace(A+array(identity,1..3,1..3));
```

$$\{\left[1,\ 1+\sqrt{2},\ -\sqrt{11}-\frac{1}{2}\sqrt{11}\sqrt{2}+3+\frac{3}{2}\sqrt{2}\right]\}$$

Kriterium für die Definitheit einer quadratischen Form herleiten

Aufgabe 6.17 Sei A eine symmetrische $n \times n$ Matrix. Die Abbildung $Q_A : \mathbb{R}^n \to \mathbb{R}, \vec{x} \longrightarrow \vec{x}\,A\,\vec{x}^T$, heißt quadratische Form. Die Matrix A besitze die Eigenwerte $\lambda_1, \ldots, \lambda_l$ mit Vielfachheiten $k_1, \ldots, k_l$. Man zeige:
$\vec{x}\,A\,\vec{x}^T \leq 0$ ($\vec{x}\,A\,\vec{x}^T \geq 0$) gilt genau dann für alle $\vec{x} \in \mathbb{R}^n$, wenn $\lambda_{k_m} \leq 0$ ($\lambda_{k_m} \geq 0$) für alle $m = 1, \ldots, l$ gilt.

Lösung: Bei einer symmetrischen Matrix stimmen die algebraische und die geometrische Vielfachheit berein. Der Eigenwert λ_{k_m} besitzt einen Eigenraum der Dimension k_m. Für diesen Eigenraum läßt sich mit dem Hilbert-Schmidtschen Verfahren eine Orthonormalbasis $\vec{b}_{m,1}, \ldots, \vec{b}_{m,k_m}$ finden. Nimmt man diese Basen aller Eigenräume zusammen, so ergibt sich eine Orthonormalbasis $\vec{b}_1, \ldots, \vec{b}_n$ des $\mathbb{R}^n$, die aus lauter Eigenvektoren besteht. Mit der Basisübergangsmatrix:

$$B = \begin{pmatrix} \vec{b}_1 \\ \vdots \\ \vec{b}_n \end{pmatrix}^T = (\beta_{k,j})$$

wird die kanonische Basis des $\mathbb{R}^n$ in die neue Basis überführt:

$$\vec{b}_j = \sum_{k=1}^{n} \beta_{k,j} \, \vec{e}_k^{\,(n)} .$$

Berechnet man die Koordinaten eines Punktes $\vec{OP} = \vec{x}$

$$\vec{x} = \sum_{j=1}^{n} x_j \, \vec{e}_j^{\,(n)} = \sum_{j=1}^{n} x'_j \, \vec{b}_j$$

in den Systemen $(O, \vec{e}_1^{\,(n)}, \ldots, \vec{e}_n^{\,(n)})$ bzw. $(O, \vec{b}_1, \ldots, \vec{b}_n)$, so gelten die Beziehungen:

$$\begin{pmatrix} x_1 \\ \vdots \\ x_n \end{pmatrix} = B \begin{pmatrix} x'_1 \\ \vdots \\ x'_n \end{pmatrix}, \quad \begin{pmatrix} x'_1 \\ \vdots \\ x'_n \end{pmatrix} = B^{-1} \begin{pmatrix} x_1 \\ \vdots \\ x_n \end{pmatrix} .$$

Die Matrix B ist gemäß ihrer Konstruktion orthogonal $B^{-1} = B^T$ und deshalb gilt:

$$\begin{aligned}
(x_1, \ldots, x_n) \, A \begin{pmatrix} x_1 \\ \vdots \\ x_n \end{pmatrix} &= \left(B \begin{pmatrix} x'_1 \\ \vdots \\ x'_n \end{pmatrix} \right)^T A \, B \begin{pmatrix} x'_1 \\ \vdots \\ x'_n \end{pmatrix} \\
&= (x'_1, \ldots, x'_n) \, B^T A \, B \begin{pmatrix} x'_1 \\ \vdots \\ x'_n \end{pmatrix} \\
&= (x'_1, \ldots, x'_n) \, \tilde{A} \begin{pmatrix} x'_1 \\ \vdots \\ x'_n \end{pmatrix} .
\end{aligned}$$

Berücksichtigt man, daß die Matrix A diagonalisiert wird

$$B^T A \, B = \begin{pmatrix} \lambda_1 & \cdots & 0 \\ \vdots & \vdots & \vdots \\ 0 & \cdots & \lambda_n \end{pmatrix}$$

mit entsprechend ihrer Vielfachheit aufgeführten Eigenwerten $\lambda_1, \dots, \lambda_n$, so bekommt man

$$(x_1, \dots, x_n)\, A \begin{pmatrix} x_1 \\ \vdots \\ x_n \end{pmatrix} = \sum_{j=1}^{n} \lambda_j\, {x'_j}^2 = \sum_{j=1}^{n} \lambda_j \left(\sum_{k=1}^{n} \beta_{j,k}\, x_k \right)^2 .$$

Hieraus kann man nun das behauptete Kriterium entnehmen.

Hauptachsensystem einer quadratischen Form finden, Kurven und Flächen beschreiben

Aufgabe 6.18 Gegeben seien die symmetrische Matrizen:

$$A_1 = \begin{pmatrix} -2 & 3 \\ 3 & 1 \end{pmatrix} \quad \text{und} \quad A_2 = \begin{pmatrix} 1 & 1 & 1 \\ 1 & 1 & -1 \\ 1 & -1 & 0 \end{pmatrix} .$$

Man gebe orthogonale Matrizen B_1 und B_2 an, so daß

$$\tilde{A}_1 = B_1^T\, A_1\, B_1 \quad \text{und} \quad \tilde{A}_2 = B_2^T\, A_2\, B_2$$

jeweils eine Diagonalmatrix darstellt.
Man beschreibe die Kurve:

$$(x_1, x_2)\, A_1 \begin{pmatrix} x_1 \\ x_2 \end{pmatrix} = 1$$

und die Fläche

$$(x_1, x_2, x_3)\, A_2 \begin{pmatrix} x_1 \\ x_2 \\ x_3 \end{pmatrix} = 1$$

im jeweiligen Hauptachsensystem.

Lösung: Die Matrix A_1 besitzt das charakterische Polynom

$$\chi_{A_1}(\lambda) = \lambda^2 + \lambda - 11$$

mit den Eigenwerten

$$\lambda_1 = -\frac{1}{2} - \frac{3}{2}\sqrt{5}, \quad \lambda_2 = -\frac{1}{2} + \frac{3}{2}\sqrt{5}.$$

Beide Eigenwerte besitzen die algebraische und geometrische Vielfachheit 1. Der Eigenraum von λ_1 wird aufgespannt vom Eigenvektor

$$\vec{u}_1 = \left(-\frac{1}{2} - \frac{1}{2}\sqrt{5}, 1 \right) .$$

Der Eigenraum von λ_2 wird aufgespannt vom Eigenvektor

$$\vec{u}_2 = \left(-\frac{1}{2} + \frac{1}{2}\sqrt{5}, 1\right).$$

Die Vektoren $\vec{u}_1$ und $\vec{u}_2$ stehen senkrecht aufeinander. Normiert man die Vektoren, so entsteht eine Orthonormalbasis des $\mathbb{R}^2$ aus Eigenvektoren:

$$\begin{aligned}
\vec{b}_1 &= \frac{1}{\sqrt{\vec{u}_1\,\vec{u}_1}}\,\vec{u}_1 = \left(-\frac{1+\sqrt{5}}{\sqrt{2\,(5+\sqrt{5})}}, \frac{2}{\sqrt{2\,(5+\sqrt{5})}}\right),\\
\vec{b}_2 &= \frac{1}{\sqrt{\vec{u}_2\,\vec{u}_2}}\,\vec{u}_2 = \left(-\frac{1-\sqrt{5}}{\sqrt{2\,(5-\sqrt{5})}}, \frac{2}{\sqrt{2\,(5-\sqrt{5})}}\right).
\end{aligned}$$

Mit der Matrix

$$B_1 = \begin{pmatrix} -\frac{1+\sqrt{5}}{\sqrt{2\,(5+\sqrt{5})}} & -\frac{1-\sqrt{5}}{\sqrt{2\,(5-\sqrt{5})}} \\ \frac{2}{\sqrt{2\,(5+\sqrt{5})}} & \frac{2}{\sqrt{2\,(5-\sqrt{5})}} \end{pmatrix}$$

gilt deshalb:

$$\tilde{A}_1 = \begin{pmatrix} -\frac{1}{2} - \frac{3}{2}\sqrt{5} & 0 \\ 0 & -\frac{1}{2} + \frac{3}{2}\sqrt{5} \end{pmatrix} = B_1^T\, A_1\, B_1\,.$$

Geht man im $\mathbb{R}^2$ zum Hauptachsensystem $(O, \vec{b}_1, \vec{b}_2)$ über mit den Koordinaten:

$$\begin{pmatrix} x_1 \\ x_2 \end{pmatrix} = B_1 \begin{pmatrix} x'_1 \\ x'_2 \end{pmatrix}$$

so nimmt die angegebene Kurve die Gestalt an:

$$\left(-\frac{1}{2} - \frac{3}{2}\sqrt{5}\right) x'^2_1 + \left(-\frac{1}{2} + \frac{3}{2}\sqrt{5}\right) x'^2_2 = 1$$

bzw.

$$\frac{x'^2_2}{b^2} - \frac{x'^2_1}{a^2} = 1$$

mit

$$a = \sqrt{\frac{2}{1+3\sqrt{5}}}, \quad b = \sqrt{\frac{2}{-1+3\sqrt{5}}},$$

Die Gleichung stellt also im Hauptachsensystem eine Hyperbel mit der Achse $2b$ und den Asymptoten $x_1 = \pm\frac{a}{b}x_2$ dar.

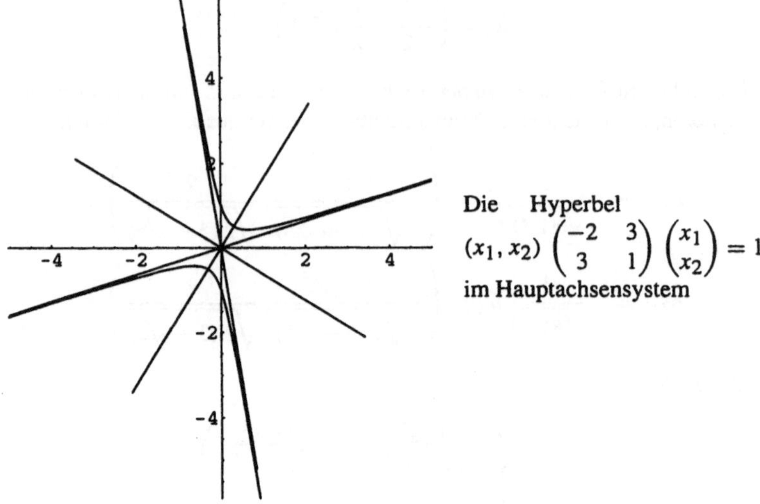

Die Hyperbel $(x_1, x_2)\begin{pmatrix}-2 & 3\\ 3 & 1\end{pmatrix}\begin{pmatrix}x_1\\ x_2\end{pmatrix} = 1$ im Hauptachsensystem

Die Matrix A_2 besitzt das charakterische Polynom

$$\chi_{A_2}(\lambda) = -\lambda^3 + 2\lambda^2 + 2\lambda - 4$$

mit den Eigenwerten

$$\lambda_1 = 2, \quad \lambda_2 = -\sqrt{2}, \quad \lambda_3 = \sqrt{2}.$$

Alle drei Eigenwerte besitzen die algebraische und geometrische Vielfachheit 1. Der Eigenraum von λ_1 wird aufgespannt vom Eigenvektor

$$\vec{u}_1 = (1, 1, 0)\ .$$

Der Eigenraum von λ_2 wird aufgespannt vom Eigenvektor

$$\vec{u}_2 = \left(-\frac{1+\sqrt{2}}{2+\sqrt{2}}, -\frac{1+\sqrt{2}}{2+\sqrt{2}}, 1\right).$$

Der Eigenraum von λ_3 wird aufgespannt vom Eigenvektor

$$\vec{u}_3 = \left(-\frac{1-\sqrt{2}}{2-\sqrt{2}}, -\frac{1-\sqrt{2}}{2-\sqrt{2}}, 1\right).$$

Die Vektoren $\vec{u}_1$, $\vec{u}_2$ und $\vec{u}_3$ stehen senkrecht aufeinander. Normiert man die Vektoren, so entsteht eine Orthonormalbasis des $\mathbb{R}^3$ aus Eigenvektoren:

$$\begin{aligned}
\vec{b}_1 &= \frac{1}{\sqrt{\vec{u}_1\,\vec{u}_1}}\,\vec{u}_1 = \left(\frac{1}{\sqrt{2}}, -\frac{1}{\sqrt{2}}, 0\right),\\
\vec{b}_2 &= \frac{1}{\sqrt{\vec{u}_2\,\vec{u}_2}}\,\vec{u}_2 = \left(-\frac{1+\sqrt{2}}{2\sqrt{3+2\sqrt{2}}}, \frac{1+\sqrt{2}}{2\sqrt{3+2\sqrt{2}}}, \frac{2+\sqrt{2}}{2\sqrt{3+2\sqrt{2}}}\right),\\
\vec{b}_3 &= \frac{1}{\sqrt{\vec{u}_3\,\vec{u}_3}}\,\vec{u}_3 = \left(-\frac{1-\sqrt{2}}{2\sqrt{3-2\sqrt{2}}}, \frac{1-\sqrt{2}}{2\sqrt{3-2\sqrt{2}}}, \frac{2-\sqrt{2}}{2\sqrt{3-2\sqrt{2}}}\right).
\end{aligned}$$

Mit der Matrix

$$B_2 = \begin{pmatrix} \frac{1}{\sqrt{2}} & -\frac{1+\sqrt{2}}{2\sqrt{3+2\sqrt{2}}} & -\frac{1-\sqrt{2}}{2\sqrt{3-2\sqrt{2}}} \\ \frac{1}{\sqrt{2}} & \frac{1+\sqrt{2}}{2\sqrt{3+2\sqrt{2}}} & \frac{1-\sqrt{2}}{2\sqrt{3-2\sqrt{2}}} \\ 0 & \frac{2+\sqrt{2}}{2\sqrt{3+2\sqrt{2}}} & \frac{2-\sqrt{2}}{2\sqrt{3-2\sqrt{2}}} \end{pmatrix}$$

gilt deshalb:

$$\tilde{A}_2 = \begin{pmatrix} 2 & 0 & 0 \\ 0 & -\sqrt{2} & 0 \\ 0 & 0 & \sqrt{2} \end{pmatrix} = B_2^T A_2 B_2 .$$

Geht man im $\mathbb{R}^3$ zum Hauptachsensystem $(O, \vec{b}_1, \vec{b}_2, \vec{b}_3)$ über mit den Koordinaten:

$$\begin{pmatrix} x_1 \\ x_2 \\ x_3 \end{pmatrix} = B_2 \begin{pmatrix} x'_1 \\ x'_2 \\ x'_3 \end{pmatrix} ,$$

so nimmt die angegebene Fläche die Gestalt an:

$$2x'^2_1 - \sqrt{2}x'^2_2 + \sqrt{2}x'^2_3 = 1 .$$

Die Gleichung stellt also im Hauptachsensystem ein einschaliges Hyperboloid dar.

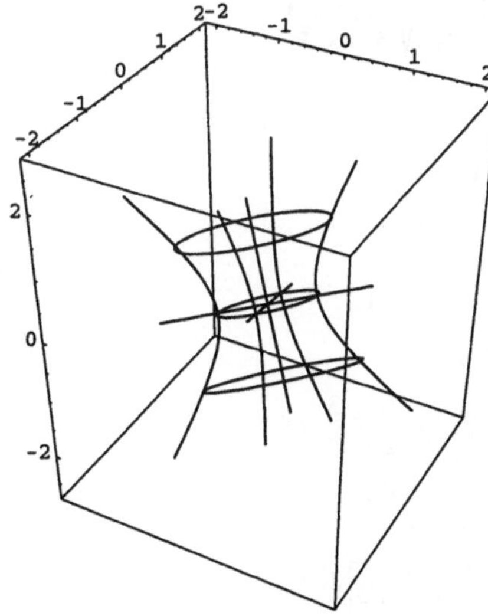

Das einschalige Hyperboloid $\vec{x} \begin{pmatrix} 1 & 1 & 1 \\ 1 & 1 & -1 \\ 1 & -1 & 0 \end{pmatrix} \vec{x}^T = 1$ im Hauptachsensystem, $(\vec{x} = (x_1, x_2, x_3))$

Mathematica:

```
A1 = {{-2, 3}, {3, 1}};
```

```
CharacteristicPolynomial[A1, λ]
```

$$-11 + \lambda + \lambda^2$$

Solve[CharacteristicPolynomial[A1, λ] == 0]

$$\{\{\lambda \to \frac{1}{2}(-1-3\sqrt{5})\}, \{\lambda \to \frac{1}{2}(-1+3\sqrt{5})\}\}$$

NullSpace[A1 − $\frac{1}{2}$(− 1 − 3$\sqrt{5}$)IdentityMatrix[2]]

$$\{\{\frac{1}{2}(-1-\sqrt{5}), 1\}\}$$

NullSpace[A1 − $\frac{1}{2}$(− 1 + 3$\sqrt{5}$)IdentityMatrix[2]]

$$\{\{\frac{1}{2}(-1+\sqrt{5}), 1\}\}$$

Simplify[$\dfrac{\{\frac{1}{2}(-1-\sqrt{5}), 1\}}{\sqrt{\{\frac{1}{2}(-1-\sqrt{5}), 1\}.\{\frac{1}{2}(-1-\sqrt{5}), 1\}}}$ **]**

$$\{-\frac{1+\sqrt{5}}{\sqrt{2(5+\sqrt{5})}}, \sqrt{\frac{2}{5+\sqrt{5}}}\}$$

Simplify[$\dfrac{\{\frac{1}{2}(-1+\sqrt{5}), 1\}}{\sqrt{\{\frac{1}{2}(-1+\sqrt{5}), 1\}.\{\frac{1}{2}(-1+\sqrt{5}), 1\}}}$ **]**

$$\{\frac{-1+\sqrt{5}}{\sqrt{10-2\sqrt{5}}}, \sqrt{\frac{2}{5-\sqrt{5}}}\}$$

Maple:

```
> with(linalg);
> A1:=matrix(2,2,[-2,3,3,1]):

> charpoly(A1,lambda);
```

$$\lambda^2 + \lambda - 11$$

```
> solve(charpoly(A1,lambda)=0);
```

$$-\frac{1}{2} + \frac{3}{2}\sqrt{5}, -\frac{1}{2} - \frac{3}{2}\sqrt{5}$$

```
> nullspace(A1-(-1/2+3/2*sqrt(5))
> *array(identity,1..2,1..2));
```

$$\{\left[1, \frac{1}{2} + \frac{1}{2}\sqrt{5}\right]\}$$

```
> nullspace(A1-(-1/2-3/2*sqrt(5))
> *array(identity,1..2,1..2));
```

$$\left\{\left[1, \frac{1}{2} - \frac{1}{2}\sqrt{5}\right]\right\}$$

```
> evalm([1, 1/2+1/2*sqrt(5)]/
> (norm(vector([1,1/2+1/2*sqrt(5)]),2)));
```

$$\left[\frac{1}{\sqrt{1+(\frac{1}{2}+\frac{1}{2}\sqrt{5})^2}}, \frac{\frac{1}{2}+\frac{1}{2}\sqrt{5}}{\sqrt{1+(\frac{1}{2}+\frac{1}{2}\sqrt{5})^2}}\right]$$

```
> evalm([1, 1/2-1/2*sqrt(5)]/
> (norm(vector([1,1/2-1/2*sqrt(5)]),2)));
```

$$\left[\frac{1}{\sqrt{1+(-\frac{1}{2}+\frac{1}{2}\sqrt{5})^2}}, \frac{\frac{1}{2}-\frac{1}{2}\sqrt{5}}{\sqrt{1+(-\frac{1}{2}+\frac{1}{2}\sqrt{5})^2}}\right]$$

Sachwortverzeichnis

Mathematica-Befehle

Maple-Befehle